人民防空工程设计丛书

人民防空地下室建筑设计

吴涛　谢金容　杨延军　编著

中国计划出版社

图书在版编目（CIP）数据

人民防空地下室建筑设计/吴涛，谢金容，杨延军编著．
北京：中国计划出版社，2006.8（2023.3重印）
（人民防空工程设计丛书）
ISBN 978-7-80177-686-0

Ⅰ．人…　Ⅱ．①吴…　②谢…　③杨…　Ⅲ．人防工程-地下室-建筑设计　Ⅳ．TU927

中国版本图书馆CIP数据核字（2006）第058895号

人民防空工程设计丛书
人民防空地下室建筑设计
吴涛　谢金容　杨延军　编著

中国计划出版社出版发行
网址：www.jhpress.com
地址：北京市西城区木樨地北里甲11号国宏大厦C座3层
邮政编码：100038　电话：（010）63906433（发行部）
三河富华印刷包装有限公司印刷

787mm×1092mm　1/16　11.75印张　288千字
2006年8月第1版　2023年3月第4次印刷

ISBN 978-7-80177-686-0
定价：32.00元
（内部发行）

《人民防空工程设计丛书》编审人员名单

主　　编： 李刻铭　李建民　吴　涛

编写人员：（按丛书顺序，排名不分先后）

杨延军　吴　涛　曹继勇　马吉民　丁志斌
方志刚　邢建春　周壁华　李建民　谢金容
张尚根　朱培根　任俊宏　石立华　王　平
耿世彬　崔陈华　王双庆　杨启亮　李刻铭
郭春信　刘　广　徐其威　王春明　梁德新
唐友怀　陈　彬　高　成　戴佑斌　顾建新

主　　审： 吴步旭　太史功勋　常守民

审查人员：（按丛书顺序，排名不分先后）

朱忠吉　王年桥　刘新宇　常守民　余有山
陈松华　吴步旭　袁正如　尧　勇　杨盛旭
刘凤田　杨腊梅　程宝义　缪小平　郭春信
郭海林　王金全　周壁华　石立华　太史功勋
李建民　吴　涛　丁志斌　邢建春　李刻铭
杨延军　曹继勇　马吉民　王　平　方志刚

编写单位： 解放军理工大学工程兵工程学院
协编单位： 江苏高科应用科学研究所

序

改革开放以来，城市地下空间的开发与利用越来越受到人们的重视，人们对城市综合防灾抗灾、防空袭能力的要求也越来越高。随着我国国民经济的高速持续发展，城市建设规模和建设水平不断地提高，作为与经济建设协调发展、与城市建设相结合的人民防空工程建设，尤其是人民防空地下室工程的建设将得到空前的发展。

由于种种原因，有关人民防空工程设计和管理方面的专业图书资料很少。在中国计划出版社的大力支持下，全国唯一培训人防工程专业人才的解放军理工大学工程兵工程学院，依靠自身优势和专业特点，结合当前人防工程建设发展的实际需要，以及近年来我国人防科研成果及相关文献资料，根据学院及相关单位长期从事人防工程教学、设计及工程实践所积累的经验和成果，从人民防空工程的概论、建筑、结构、通风空调、给水排水、电气、智能系统以及电磁脉冲防护等八个方面，全面系统地论述了人防工程的基本概念、设计原理、设计方法和设计要求，这是我国第一套有关人民防空工程设计方面的专业丛书。

相信这套丛书的出版对我国人防工程的建设将起到积极地推动作用，对人防工程设计、审查和管理的相关工程技术人员，是一套不可或缺的实用工具书，也是一套高校人防工程专业不可多得的实用设计教程。

中国工程院院士 钱七虎

二〇〇六年六月二十六日

前 言

近年来，随着我国国民经济高速、持续地发展，城市建设的规模和水平不断地提高，城市地下空间的利用越来越受到人们的重视。与此同时，人们对城市防灾抗灾、防空袭的认识也不断地增强，我国人民防空事业也进入了自二十世纪六七十年代以来的第二个蓬勃发展的高潮，作为人民防空事业物质基础的人民防空工程（简称人防工程），特别是作为城市人防工程重要组成部分的人民防空地下室的建设总量和规模不断地增大，建设水平也不断地提高。

由于人防工程设计的特殊性和专业性，要设计出“防护可靠、经济合理、平战两用”的人防工程就要求设计人员掌握必要的人防工程设计专业知识。由于历史的原因和涉密方面的限制，目前供从事人防工程设计和管理人员使用的专业图书资料很少，这也给防空地下室设计和设计审查管理人员带来了很大的困难和诸多不便。

根据建设部“2005 年工程建设标准规范制订、修订计划（第一批）”和国家人民防空办公室“人民防空科学技术研究第十个五年计划”的要求，按照 2003 年新修订的“人民防空工程战术技术要求”，人防工程设计规范进行了全面修订，《人民防空工程设计规范》GB 50225—2005 和《人民防空地下室设计规范》GB 50038—2005 自 2006 年 3 月 1 日正式颁布实施，它们代表了我国在人防工程建设方面的最新研究成果。

本套丛书以上述两本设计规范为主要依据，结合当前人防工程建设发展的实际需要，汲取了国内外先进的科研成果和有关文献资料，将解放军理工大学工程兵工程学院长期从事人防工程教学、科研、设计及工程实践的经验与体会加以整理归纳，从概论、建筑、结构、通风空调、给水排水、电气、智能系统以及电磁脉冲防护等八个方面，即《人民防空工程概论》、《人民防空地下室建筑设计》、《人民防空地下室结构设计》、《人民防空工程通风空调设计》、《人民防空工程给水排水设计》、《人民防空工程电气设计》、《人民防空工程智能化系统设计》和《人民防空工程核电磁脉冲防护设计》（该册已由国防工业出版社出版)，全面、系统地论述了人防工程的基本概念、设计原理、设计方法和设计要求。这套丛书的编写几乎是与上述两本规范的修订同步进行的，许多作者同时也是这两本规范的主编人员。丛书结构清晰，深入浅出，结合人防工程实例，重点阐述了设计原理与方法，所举工程实例都是常见的实际人防工程项目，具有一定的普遍性和针对性，是一套实用性很强的设计指导教程，也是我国出版的第一套有关人民防空工程设计方面的专业丛书。

本套丛书主要面向全国人防工程设计、审查、管理及其他相关工程技术人员，可作为人防工程设计、施工、监理及管理的培训教材，亦可作为人防工程相关专业的本科教材使用，对从事人防工程教学和科研人员具有一定的参考价值。

这套丛书的出版得到了工程兵工程学院许多教员尤其是一批老教授的指导和帮助，学院原院长李金勇少将、人防工程系原系主任金丰年教授给予了许多关心和鼓励，特别是中国工程院钱七虎院士为丛书欣然作序，在此表示由衷的谢意！

本书是《人民防空工程设计丛书》的人民防空地下室建筑设计部分，主要按照现行的《人民防空地下室设计规范》GB 50038—2005、《人民防空工程设计防火规范》GB 50098—98、《地下工程防水技术规范》GB 50108—2001 等相关规范，结合工程实例阐述了防空地下室相关建筑设计方面的设计原理与方法。本书由绪论、武器破坏效应及工程防护措施、口部防护设计、工程主体设计、平战功能转换措施、防火建筑设计、工程建筑构造设计、工程范例及设计要点等 8 章内容组成。

本书由吴涛、谢金容、杨延军编著，具体分工：第 2 章与第 7 章由谢金容编写，第 8 章由杨延军编写，其他的章节由吴涛编写。另外，王颖华、诸民、郑苦苦、都述芝等同志为本书的校对、插图编排等做了大量的工作，在此深表谢意。

由于编者水平有限，错误和疏漏之处在所难免，恳请广大读者批评指正。

编　者

2006 年 4 月于南京

目　录

1 绪 论

人民防空（civil air defense）是国防建设的重要组成部分，是指国家根据国防需要，动员和组织群众采取防护措施，防范和减轻空袭灾害，简称“人防”。而人民防空工程（以下简称人防工程）是战时掩蔽人员、物资，保护人民生命和财产安全的重要场所，是实施人民防空最重要的物质基础。

人民防空地下室（以下简称防空地下室）是结合地面建筑修建的人防工程，它是人防工程的重要组成部分，也是人防工程的主体，与其他类型人防工程一样，防空地下室具有国家规定的防护能力和各项战时防空功能。

1.1 人防工程建设与防空地下室

人防工程建设，是指人防工程及与人防工程配套的地面附属设施的新建（扩建、改建）、续建、加固改造及有关的工作。是人民防空防护体系建设的重要内容，是城市人民保障自身安全的可靠手段，也是大多数国家主要的、耗资最大的民防准备活动。

1.1.1 人防工程建设的指导方针与原则

《中华人民共和国人民防空法》明确规定：“人民防空实行长期准备、重点建设、平战结合的方针，贯彻与经济建设协调发展、与城市建设相结合的原则”。这一方针与原则是统揽人民防空建设事业，具体组织与实施人民防空建设的基本依据和行动指南。长期准备，就是在和平时期，居安思危，有计划、有步骤地实施人民防空建设；重点建设，就是在服务经济建设大局的前提下，区分轻重缓急，有重点、有层次地实施人民防空建设；平战结合，就是人民防空建设要在平时和战时发挥作用，实现战备效益、社会效益、经济效益的统一。

新中国成立50多年来，党中央、国务院、中央军委始终把正确确定人民防空建设的任务、方针与原则，作为对全国人民防空建设事业实施宏观指导的首要问题。要适时根据国家安全环境、战争形态的发展变化和国民经济发展的客观实际，从国家战略和军事战略的高度，科学、正确地确立我国人民防空建设的任务、方针与原则。特别是改革开放以来，中央和地方各级人民政府着眼高技术条件下局部战争和社会主义市场经济的特点与规律，把人民防空建设纳入经济建设和社会发展及城市建设总体规划，从过去依靠应急战备搞人民防空建设，转变到有计划、有重点地与经济建设和城市建设协调发展的轨道，人民防空建设事业取得了新的成就。

我国人民防空建设的实践表明，正确确定和全面贯彻落实人民防空建设的任务、方针与原则，对于改革与发展人民防空建设事业，具有极其重要的现实指导意义。

人防工程是战时有效保护城市居民的重要设施，同时对开发利用城市地下空间，促进城市建设和经济发展，增强城市的综合防护能力都具有重要作用，人防工程建设也是城市建设的一个十分重要的组成部分，因此，人防工程建设必须“贯彻与经济建设协调发展、与城市建设相结合的原则”。

为充分发挥防空地下室的战备效益、社会效益和经济效益，在防空地下室建设中，必须贯彻“长期准备、重点建设、平战结合”的方针，并应坚持人防建设与经济建设协调发展、与城市建设相结合的原则；在平面布置、结构选型、通风防潮、采光照明和给水、排水等各方面要兼顾战时和平时的需要，在设计中采取相应的有效措施。

1.1.2 人防工程的建设目标与要求

人防工程建设的基本内容，包括人防指挥工程建设，公用的人员掩蔽工程和疏散干道工程建设，医疗救护、物资储备等专用工程建设，民用建筑下的防空地下室建设，城市的地下交通干道以及其他地下工程的人防配套设施建设。其建设的总目标是：总体布局趋向合理，种类齐全配套，比例更加协调，平战转换措施更加完善。经过一段时间建设，全国人民防空重点城市平均掩蔽面积达到人均 $1.0m^2$，或不少于 $2.0m^3$ 的地下空间。

《中华人民共和国人民防空法》规定：“建设人民防空工程，应当在保证战时使用效能的前提下，有利于平时的经济建设、群众的生产生活和工程的开发利用。”据此，人民防空工程建设的要求是：规模适当，布局合理，防护可靠，功能完善，平战结合。可分解为对人民防空工程目标、对单个人民防空工程建设和对人民防空工程体系建设的要求。

（1）对人民防空工程目标要求

人防工程属于战备工程，人防工程的基本目标是战备目标；同时，人防工程在和平时期要发挥其投资效益，为城市经济、社会发展做贡献。因而，人防工程的从属目标是经济目标和社会目标。人防工程的战备目标是在现有的经济技术条件下，为城市留城人员提供完善的、生存率高的掩蔽防护空间。通常，可用人防工程总面积、掩蔽率、人防工程体系配套率和防护效率四个指标来衡量。人防工程的经济目标是在保障实现战备目标的前提下，在和平时期开发利用，尽可能获得较高的经济效益，从而促进人防工程建设的滚动发展和城市的经济建设。通常，可用人防工程体系总产值及总经济收益、单位面积人防工程产值及经济收益和投资收益率三个指标来衡量。人防工程的社会目标是在保障战备效益的前提下，在和平时期开发利用，为社会服务，尽可能提供较高的社会效益。人防工程的社会服务功能主要体现在提高城市平时的防灾抗毁能力，满足城市商业、交通、文化娱乐等方面的需求和为城市提供就业岗位。可部分地用定量指标衡量，同时，也还需进行定性分析和描述。常用的定量指标有：平时开发使用面积、用于重要项目的开发使用面积、就业岗位等。

人防工程战时的战备效益和平时的经济效益、社会效益，基本上是一致的。概括地说，人防工程的规模大，布局合理，各单项工程符合设计和建设标准要求，则三个效益都会比较高。但具体的人防工程项目，其战备效益、经济效益和社会效益之间，可能会有矛盾。一般说，矛盾发生在工程选址、平面布局以及出入口的位置、形状、尺寸等方面。在这种情况下，应在确保达到战备目标的前提下，尽可能改善其平时的开发使用效能，使其具有较高的经济效益、社会效益。只要不断提高人防工程的设计水平和发展人防工程防护功能平战转换的技术，这一要求是可以达到的。图 1-1 所示为某平战结合人防工程断面示意图。

图 1-1 某平战结合人防工程剖断示意图

（2）对单个人防工程建设的要求

对单个人防工程建设的要求可归纳为：防护可靠、保障使用、适于生存三项。防护可靠，是指对空袭的毁伤效应及次生灾害，具有较高的防护能力；保障使用，是指人防工程在战时能为其掩蔽的各类人员提供必要的使用条件，如内部空间条件、设备设施条件等；适于生存，是指战时人防工程内有较好的环境条件，如设置通风、给水排水和电气三个设备系统，以保障人员的生存。

（3）对人防工程体系建设的要求

对人防工程体系建设的要求可归纳为：规模适当、布局合理、防护可靠、功能完善、平战结合。

规模适当，要求为留城人员每人修建 1 个掩蔽位置，即每人建有 1.0m^2（不小于 2.0m^3 的地下空间）符合防空要求的地下掩蔽工程。在车站、码头、机场、公园、商场、学校、办公等公共场所建设公用人防工程，保证城市遭受空袭时流动人员的掩蔽。

布局合理，就是要求城市及辖属各区、各行业系统的防护分区，各类人民防空工程的位置合理，布局大体均衡。人员掩蔽工程应设在离居民区近的位置，防空专业队工程应设在便于机动、便于迅速执行任务的地点，各主要人防工程之间以干道连通，保障疏散通道顺畅。

防护可靠，就是要求所有的人防工程，都必须按照国家规定的防护标准和质量标准修建，保证工程质量。

功能完善，就是要保证战时人员在人防工程内生存的基本环境条件，即配置通风、给排水和电气等设备系统。战时还应配置防化设备和器材，备用蜡烛、灯具，大型人民防空工程还应自备发电设备和水源，以保证人员的基本生存条件。

平战结合，就是平时要充分开发利用已建人防工程设施，为国家经济建设和城市居民的生产、生活服务，以用促管，维护好人防工程，提高社会效益和经济效益。同时要做好平战功能转换的准备，保证一有战争立即转换为战时使用功能，及时搬出平时使用的物品，清理出人员掩蔽的空间，按战时防护要求迅速加固、封堵平时预留的各种平时出入口或通风口等。城市地下交通和其他地下工程建设以及地下空间开发利用，都必须兼顾人民防空的需要，符合人民防空的要求，保证战时能够用作人员、物资掩蔽工程。

1.1.3 人防工程建设与防空地下室

防空地下室是结合地面建筑修建的人防工程。防空地下室建设，是指住宅、旅馆、招待所、商场、大专院校教学楼和办公、科研、医疗用房等民用建筑，应按照国家有关规定修建战时可用于防空的地下室。结合城市新建民用建筑修建战时可用于防空的地下室，是战时保障城市居民就近就地掩蔽，减少伤亡损失的重要途径。

由于防空地下室便于进入和防护，设计抗力不高，而投资效费比高，注重防空地下室建设已成为世界各国普遍采用的做法。世界上许多国家认为，在现代战争中，由于武器的杀伤、破坏威力大，战争中人员所面临的危险是很大的，而且是多种多样的。因此，第二次世界大战后，各国不惜花费大量投资修建防空掩蔽部，目前仍在继续修建中。美国民防掩蔽部可容纳人数占总人口的80%，全国11个城市的地铁约有1100km，纽约市的长达255km，可掩蔽450万人。俄罗斯民防工程可掩蔽全国人口的80%左右，莫斯科地铁战时可掩蔽350万人。瑞士民防掩蔽部可容纳人数占总人口的89%，以色列民防掩蔽部可掩蔽100%的人口，瑞典民防掩蔽部可容纳人数占总人口的88%。各国修建民防工程的做法，除国家拨专款有计划地修建一些单建式的骨干工事外，主要是结合民用建筑修建防空地下室和结合经济建设、城市建设修建平战两用的民防工程。如地下铁道、地下街、地下物资库、地下车间、公用建筑和私人住宅地下室等。外国特别重视在住宅下面修建地下室，比如美国，75%的住宅都有地下室。英国《民防法》规定："新建楼房均应设计地下室，从1980年开始执行家庭掩蔽部计划，标准至少1.0m^2/人，净空高度不低于2m"。法国《民防法》强制规定，5万人口以上的城镇，都要修建防空地下室。

在我国，国务院、中央军委和国家有关部门先后颁发了一系列关于结合民用建筑修建防空地下室的规定。目前，国家规定：新建10层以上或基础埋置深度达3m以上（含3m）的9层以下的民用建筑，应建"满堂红"（即与地面建筑底层相等的面积）防空地下室；城市规划确定修建的居住区、小区和统建住宅，按一次下达的规划设计任务，地面新建总建筑面积的2%统一规划修建防空地下室；总建筑面积达7000m^2以上按地面建筑2%修建防空地下室。

1.2 人防工程在现代战争中的作用与威胁

人防工程针对现代战争的特点，绝大多数位于岩石、土壤和地面建筑以下，因此兼备防护工程及地下建筑的特点。上世纪90年代以来，现代战争形态正由机械化战争向信息化方向转变，随着各种新型的精确制导武器大量投入战场，导致当今的作战形势已由"早打、大打、打核战争"转变为核生化武器威胁条件下的信息化战争，高技术常规武器空袭将成为未来城市面临的最大威胁。为适应现代战争的需要，应准确分析人防工程在信息化战争条件下所面临的各种威胁，进而寻求适应城市防空袭要求的人防工程建设对策。

1.2.1 人防工程的特点

人防工程属于现代防护工程的重要组成部分，当航空武器出现后，绝大多数防护工程都位于地表以下，成为地下建筑物或构筑物，因此人防工程与地下建筑既有区别又密切相关。欲掌握它们的设计原理，应首先了解它们的特点。

（1）受武器和作战方针影响大

人防工程的主要功能是抵御各类预定武器杀伤破坏作用，对工程在防护方面提出的技术指标称为防护指标或要求，按防护指标设计和建造的工程便具有预定的防护功能。根据工程性质、功能与重要性的不同，其防护指标也不相同，可以是较低的指标，如仅防战斗部弹片或仅防放射性灰尘，也可以是很高的指标，如抗核武器触地爆炸甚至是钻地爆炸。

武器的发展是客观存在的，但防护指标和要求是根据战争和武器发展的特点研究和分析后主观提出的，是工程设计的依据。防护指标和要求的提出，除了受到武器发展和战争形态转变的影响，还受到作战方针与经济条件等的影响。如有的工程主要按抵御核生化武器的各项杀伤破坏因素考虑，而有的工程则只需按常规武器的破坏作用考虑；经济发达国家可能给每个城市居民考虑一个掩蔽位置，而发展中国家由于经济条件的限制则只能保障重点城市或区域；当采取城镇居民以战时人员疏散为主的策略时，则可以少建人防工程，反之则需要多建。总之，防护指标和要求受多种因素制约，各国的差异也较大，它既影响着整个城市防灾抗空袭的方式，又影响着具体工程的防护指标与要求的确定。

（2）受气候、外界环境影响小

包围着地下建筑的岩石和土壤具有良好的热稳定性和密闭性。因此地下建筑可以少受或不受严寒、酷暑和风沙等恶劣气象的影响，也便于形成恒温、恒湿、超净或防震的内部环境。有特殊要求的生产车间、冷库、粮库等建在地下，可以提高产品质量，同时可以降低能源损耗。

工程周围的岩石和土壤还使地下建筑具有良好的抗地震性能。1976 年中国唐山地震时，市区民用建筑严重破坏和倒塌的达 1116. 95 万 m^2，占原有建筑的 95. 53%，全市死亡人数达 24. 2 万人。但市内人防工程、矿山坑道等地下工程却较好地得以保存，特别是防空地下室震后基本完好无损，当时在里面的人员亦无伤亡。

地下建筑的这一特点也有不利的一面，主要包括自然采光与通风难以实现，工程防水、防潮要求高，当其内部发生灾害时人员疏散和扑救困难等。当工程规模越大，上述因素的影响也越大。大型地下建筑特别是地下公共建筑虽然通过各种技术措施和设施可以解决通风、采光及防水除湿问题，但需要大量的通风机械、空调机组以及人工照明等设备，使设备费用和能源损耗极大增加。

（3）具有较好的防护能力

岩石和土壤是廉价甚至是免费的防护层，它可以很容易地实现对弹片、热辐射、毒剂和射线辐射等的防护。较厚的人工防护层可以抵御炮弹、炸弹的杀伤破坏作用，也可以削弱冲击波；十几米厚的自然岩石防护层可完全抵御炸弹或数兆帕冲击波作用；数十以至数百米厚的自然岩石防护层还可以抗核弹触地爆炸的作用。当岩石中工程顶部以上有足够厚度的自然防护层时（需计算确定），则除了出入口部分需要考虑特殊的防护措施以外，其主体部分的冲击波荷载都可以由岩石承受而不再作用在工程之上，这一点在地上即使花费很高代价也是不易做到的。正是由于这种特点，即使是未按预定防护指标设计的地下建筑物，也具有一定的抗力，特别是抗常规武器的能力。

同时，由于工程暴露征候少，因而容易伪装，不易被敌发现，难以被摧毁。

（4）利于改善城市地面环境

城市，特别是大、中城市的市区用地紧张，在繁华地段则是寸土如寸金。修建平战结合的人防工程是解决城市用地紧张的好办法之一。同时，利用地下空间开发的方式可以减少甚至取消高架道路等有碍城市美观的设施，增加城市绿地景观与广场，有效地改善城市环境。

在国内外，为了保存绿地而采用地下建筑的实例已不罕见。图 1-2 所示为某大型地下工程地面环境示意图。

图 1-2 某地下工程上部环境示意图

(5) 施工复杂、造价较高

修建人防工程需要大量开挖或覆盖土、石，才能获得必要的空间。在软土或破碎的岩石中，特别是在地面建筑密集区的软土中开挖，技术更为复杂。包围工程的岩石、土壤还要全部或部分施加荷载于结构之上，使工程结构荷载一般高于地面建筑。除个别情况外，大多数人防工程都要考虑防水防潮问题。地下水位高又不能自流排水的工程可能全部处于地下水位之下，其防水问题尤为重要和复杂。

由于地下工程施工一般较地面建筑复杂，因而投资也较多，而当其他条件相同时，人防工程由于考虑到工程防护的问题，投资要明显高于非防护的地下工程。预定抵御的武器种类越多，防护标准越高，投资也就越大。图 1-3 为某人防工程施工时基坑支护现场照片。

图 1-3 基坑支护施工现场照片

1.2.2 人防工程在现代战争中的作用

和平与发展是当今世界的两大潮流。然而，战争的危险依然存在，各类杀伤破坏武器仍在日新月异地发展。因此，人们在做出制止战争发生的各种努力的同时必须加强城市人防工程的建设，普及人防知识。人防工程在现代战争中的地位与作用具体体现在哪些方面呢？

(1) 第二次世界大战的启示

自从飞机出现后，飞机以及各类航空武器在军事领域得以迅速发展。在第二次世界大战中，各国竞相研制新型飞机和航空武器。各参战国也均遭受到不同程度的轰炸，给人民的生命财产带来了巨大的损失。如从 1940 年开始，德国对英国的城市、港口、工业区等进行了长达 5 年之久的狂轰滥炸，使英国伤亡约 14.7 万人；1944 年以后，同盟国对德国进行了大规模的战略空袭，共出动飞机 512 万架次，投弹 420 万吨，德国 61 个 10 万人口以上的城市全部遭到轰炸，炸死约30万人，炸伤约78万人，占这些城市总人口的34%；1944年6月，美国对日本本土开始了大规模的战略轰炸，共出动飞机3.3万架次，投弹16万吨。日本206个城市中98个大中城市遭到严重破坏，伤亡约55万人。图1-4所示为日本袭击珍珠港后的照片。

图1-4　日本袭击珍珠港后的照片

武器的发展，促使人们寻求新的防护措施。英国是较早重视城市防护工作的国家之一。早在1917年伦敦就成立了“防空指挥部”。二战开始后进一步加强城市和工业区的民防措施，开始有计划地修建各类防空工程。据1940年11月初调查，伦敦全市约有40%的人口在各种掩蔽工事中过夜，其中4%在地铁，9%在公共掩蔽工事，27%的在家庭掩蔽工事中。民防体系发挥的巨大作用大大减少了居民的伤亡，在整个二战期间，英国平均每受弹1吨伤亡仅1人。

二战期间，原苏联也广泛采取了民防措施，对保存战争潜力、夺取城市保卫战的胜利起到了重要作用。列宁格勒是仅次于莫斯科的原苏联第二大城市，是德军侵略原苏联的首要目标之一。在长达3年的保卫战中，全市大量构筑了防空工事，到1942年8月，全市防空掩蔽部和地下室可容纳91.2万人，防空壕可容纳67.2万人，总计可容纳约159万人。在德军轰炸最猛烈的1941年9月和10月中，德军共轰炸了61次，投弹3万余吨，然而全市仅有6536人伤亡，平均受弹1吨只伤亡0.2人。

德国和日本由于采取民防措施较晚，伤亡比较大，平均每受弹1吨分别伤亡1.7人和5.5人。而旧中国几乎没有像样的民防措施，日本侵华8年中共出动飞机2.5万架次，共投弹21.3万余枚，炸死我国人民33万余人，炸伤22万余人，平均受弹1t伤亡8.7人。

第二次世界大战血的教训告诉我们，在大量使用航空武器的今天，城市人防（民防）设施是现代战争的强大盾牌。城市有了大量的人防（民防）工程，战争造成的人员及财产的损失将大大降低。战争的突然性在增强，任何一方为了有效地保护自己，必须长期坚持构筑自己的坚实盾牌－人防（民防）工程。

（2）海湾战争的启示

1991 年 1 月，海湾战争爆发，在 42d 的战争中，以美国为首的多国部队，出动飞机 10 万余架次，平均每天投弹和发射导弹约 2 万吨，爆炸威力空前。

10 多年来，伊拉克花费约 500 亿美元建造了大量的国防、民防设施，其民防设施可容纳几百万人，这些工程通过地道相互连接在一起，一些单个工程的墙厚达 1.0 ~ 2.0m，具有极高的防护能力。巴格达建成有设备、功能完善的地下城，这座地下城在 60 年代开始兴建，1981 年完工，建筑面积约 $50km^2$，在海湾战争中不仅保护了居民的生命财产安全，而且也保护了大量的兵力兵器免遭损失。

伊拉克这样一个面积约 45 万平方公里、人口 1000 余万的国家，能顶得住美、英、法等世界强国组成的多国部队大规模毁灭性的空袭长达一个多月之久，使多国部队一直不敢贸然发动地面进攻，如果伊拉克没有强大的国防、民防设施是不可想象的。

（3）科索沃战争的启示

1999 年 3 月 24 日，美国为首的北约以解决科索沃问题的“最后外交努力”失败为借口，进行代号为“联盟力量”的作战行动，出动大规模海空军力量，对南斯拉夫联盟共和国进行了军事打击，使持续了一个时期以来的危机转化成了公开的战争行动。科索沃战争，开创了自二战以来一个军事集团公开武装干涉一个主权国家的先例。这场战争虽然持续时间不长，但诸多新型武器装备在战争中得到运用，各种新式战法经历了战争的实践检验，是一场典型的高技术条件下的局部战争。在短短的 78d 内，南境内有 40 座城市、400 多个目标遭到了北约的轰炸。

有矛必有盾，科战中始终处于劣势的南军，由于凭借了良好的素质、防空设施和复杂的地形，较成功地保存了相当实力。图 1-5 所示为南联盟军队击落的美国 F－117A 隐性战斗机图片。

图 1-5 美国 F－117A 隐性战斗机图片

科索沃战争中，南联盟城市防空工程能保证 80% 的市民藏身，抗住了北约 78d 的狂轰滥炸，其武装力量并未遭受致命打击，80% 的重型装备得以保存。据空袭后核查，南联盟的实际损失与北约公布的数字相差甚大，北约不得不承认对南联盟空中打击的有效率只有 15% ~20% 。南联盟的军民有效地保存了自己的实力，在高强空袭面前较好地处理了目标安全、歼灭来敌和保存防空实力三者的关系，这对于我们今后加强人民防空建设、保证战争潜力有着深刻的启迪。

虽然南联盟保存了80%的有生力量，但由于忽视对油库、化工厂等重要民用目标的防护，致使国民经济和战争潜力受到严重破坏，持续动员能力严重削弱，无法与北约进行持久作战。

(4) 人防工程在现代战争中的作用

综上所述，人防工程作为国防力量建设的重要组成部分，在现代战争中至少有以下几方面的作用：

和平时期对战争的遏制作用。现代战争中，无论大国或小国都普遍认识到，防御力量和防护能力是国防威慑力量的重要组成部分。进攻武器体系、防御武器体系以及防护工程体系是国防威慑力量的有机整体，进攻武器系统越发展，防护工程体系的作用就越大。因此各国都将防护工程体系的建设提高到战略地位，而人防工程正是防护工程体系中的重要组成部分。

战争初期对敌进攻的迟滞作用。城市人防工程作为防护工程体系中的重要组成部分，可消耗大量价值昂贵的高技术兵器和大量兵力，使战场上的军事力量的对比向有利于自己一方转化，同时为自己充分调动力量应战赢得时间。现代战争空袭是战争初期的基本作战样式，在空袭战中，防御方若能顶得住进攻方的“三板斧”，战争将可能向有利于防御方转化。

对战争潜力、经济发展能力的保护作用。人防工程可以保护城市人员和各类物资的安全，因此对国家战争潜力和经济发展能力提供了高效的保护作用。正如一位美国战略家所指出的那样：“在未来的大战中，最后的胜利者不是握有武器最多的国家，而是经受打击能生存下来并能迅速恢复国家经济的民族。”

1.2.3 现代战争中人防工程面临的威胁

(1) 高技术常规空袭是城市面临的最现实威胁

核武器的主要作用是“威慑”，正如俄罗斯军方的观点，核武器的作用主要是“政治性”的，其实际使用受到多种因素的限制。

战争目的的有限性。上世纪90年代以来，战争以达到政治目的（实现自己的利益，或实现自己的意志）为目标，以敌人屈服为限度。不追求大量杀伤对方军队和占领领土。海湾战争、科索沃战争以及美国对巴拿马、格林纳达的侵略战争都是这样。战争目的的有限性是中外军事学家的共同观点。战争目的有限性形成的主要背景包括政治方面、经济方面和军事方面。政治方面，和平和发展是当前国际形势的主流，对战争目的的极端化具有强大的制约作用；经济方面，世界经济一体化的进展，使得各国的经济利益紧密联系在一起，交战国双方也有着共同的经济利益，并间接影响到更多国家的经济利益，战争越过一定限度，将对各个方面的经济均造成影响和破坏；军事方面，巨大的战争消耗制约战争目的的极端化，战争消耗包括人员伤亡和物质资源的耗损。战争目的有限，方可能限制战争规模和战争消耗，而追求战争目的极端化，则必将导致战争规模无限扩大，这是任何国家都难以承受的。

核武器过于巨大的毁伤能力。核武器过于巨大的毁伤能力及其长期的生态效应和环境效应，使得它难以在战争中实际使用。在强调战争目的有限性的大背景下，核武器更是难有作为。而高技术常规空袭兵器，以其精确打击能力，既能最有效地打击重要目标，又能限制附带毁伤，特别适合于实现有限的战争目的。军事理论家认为高技术常规战争的出现，本身就包含着对核战争发展方向的否定。

（2）核威胁环境不能完全排除

肯定高技术常规空袭是更为现实威胁的同时，核武器的威胁也不能完全排除，毕竟世界上还存着庞大的核武库，主要核国家仍把核武器作为其重要的战争筹码，并继续进行新型核武器的研究；一些周边国家也在加速发展核武器，进行核武装。

美国奉行“绝对核优势”政策。1999 年底美国参议院拒绝批准政府签署《全面禁止核试验条约》，2000 年 4 月，美国防部拒绝俄罗斯关于《将批准第二阶段削减进攻性战略武器谈判与美国国家导弹系统相联系》的倡议，并坚持要修改《反弹道导弹条约》，发展国家导弹防御系统（NMD）和战区导弹防御系统（TMD），这反映美国正在奉行“绝对核优势”政策。这一政策的焦点是夺取技术和战略优势，达到遏制发展中国家，压制俄罗斯和控制其盟国的目的，以维护其一超独霸的地位。

俄罗斯核战略新动向。俄罗斯认为核武器仍然是遏制可能侵略的主要政治武器，也是防止战争的武器，在核力量的运用战略方面，出现了可以先敌使用核武器，以“还击迎击”为主要核作战样式（即判断敌战略导弹已升空，还未落到俄领土之前，俄即运用核力量进行回击），扩大核打击范围，核打击目标发生转变（重新考虑将美国和其他北约国家列为核打击目标）以及对核军控和裁军采取强硬立场等新的动向。

印度加速核武装。印度多年来采取近核战略，储存核武器坯件，悄悄进行核技术实验和实战应用研究。前不久开始执行公开的核战略，连续进行核试验，发展核武器，并积极发展运载工具。除轰炸机外，已成功试射了多种型号的短程导弹和中程导弹。印度长期以来拒绝参加国际裁军会议和签署核不扩散条约，强调必要时“不惜使用核武器”。

显然，在可以预见的阶段内，核威胁不能排除，一部分重要人防城市考虑核威胁环境是必要的，重要城市具有抗核打击能力，也是对敌人的一种威慑作用。

（3）未来高技术局部战争中人防工程不能完全放弃核防护能力

未来的战争是核威慑下的高技术局部战争。如何理解“核威慑”，是人防工程建设必须面对和认真研究的首要问题，因为它决定了工程的战术技术要求。从美国的新核战略来理解，美国声称：“拒绝做出不首先使用，不对无核国家和地区使用和威胁使用核武器的承诺”。事实上，美国也是这样干的。海湾战争爆发前，美国当时的副总统奎尔就曾明确表示，如果伊拉克使用大规模杀伤武器，美国“不排除使用核武器”，当时与伊拉克对抗的美国舰队拥有配备核弹头的巡航导弹。不但如此，其新核战略还声称：“美国核武库不是单纯的国家威慑力量”，“美对北约和太平洋地区盟国继续承担核保护义务”，“核威慑对象由前苏联为主转向全方位”，“以‘可靠且灵活’的核力量预防‘全球性威胁’的重新出现等难以预料的事件”。因此，美国在极力限制其他国家核武器发展并多次打击伊拉克核生化研制能力的同时，从未放弃其核武器现代化。由于北约肆无忌惮地对南联盟这样的无核国家进行军事打击，因此其他国家也继续发展或开始发展核武器提高威慑能力。在北约空袭南联盟的过程中，俄罗斯明确表示放弃原来不首先使用核武器的承诺。2000 年 2 月 4 日，俄国家安全会议正式通过新军事学说草案，它规定，不仅在侵略者使用核武器时俄可以使用核武器反击，而且在反击使用常规武器的大规模侵略时，在俄及其盟国的国家安全危急的情况下，也可以使用核武器；乌克兰也宣布放弃无核国家地位；印、巴相继进行核试验和可带核弹头的导弹试验。

但是还应看到，美国的新核战略同时又宣称：“核武器的作用比以往任何时候要小”，“全球核大战变为有限核打击”，“核打击的重点是：敌方地下指挥中心，领导集团，机动洲际导弹和潜射导弹；核与常规结合，遏制大规模杀伤武器的使用和扩散；有选择打击部分对核武器系统有特殊意义的国防工业基础”。由此可见，美国新核战略中核武器的作用有所降低，核打击重点有所缩小，“只需小核武库”。因此有些不靠近重要军事目标的人防居民掩蔽部，其防护重点看来应是常规武器。

总之，核武器在今后相当长时间内仍将具有战略威慑性，核扩散不可避免，生化武器也依然存在，未来高技术局部战争中人防工程不能完全放弃核防护能力。

1.3 人防工程的分类与分级

人防工程主要是保障人民群众对敌空袭坚持斗争和掩蔽安全的防护性建筑物，其分类主要是按照工程的构筑方式及使用功能分类；另外，不同使用功能的工程以及不同区域内的工程，其抗力级别与防化级别也不相同。

1.3.1 人防工程的分类

（1）按工程构筑方式分类

按工程的构筑方式，人防工程主要分为明挖工程与暗挖工程。

明挖工程是指工程上部自然防护层在施工中被扰动的工程。它受地质条件影响小，使用方便，作业面大，土方量大，与地面建筑及地下管线的关系较为密切。主要适用于抗力要求不高或不宜暗挖使用的条件下使用。明挖工程按上部有无地面建筑又可分为单建式和附建式工程。上部无大型或固定地面建筑物的称为单建式工程；上部有地面建筑的称为附建工程，也称为防空地下室。

暗挖工程是指上部自然防护层在施工中未被扰动的工程。施工中受地面建筑及地下管线的影响小，工程的抗力随防护层厚度的增加有不同程度的提高。结构断面尺寸因有岩土起承载作用而可减小，但施工受地质条件影响较大。暗挖工程按照在山体或平原地区的修建方式可分为地道式和坑道式工程。

（2）按战时使用功能分类

按战时的使用功能人防工程可分为：指挥通信工程、医疗救护工程、防空专业队工程、人员掩蔽工程和配套工程五大类。

指挥通信工程：即各级人防指挥所。人防指挥所是保障人防指挥机关战时能够不间断工作的人防工程。

医疗救护工程：医疗救护工程是战时为抢救伤员而修建的医疗救护设施。医疗救护工程根据作用和规模的不同可分为三等：一等为中心医院，二等为急救医院，三等为救护站。

防空专业队工程：防空专业队工程是战时为保障各类专业队掩蔽和执行勤务而修建的人防工程。根据《中华人民共和国人民防空法》的规定，防空专业队伍包括抢险抢修、医疗救护、消防、治安、防化防疫、通信、运输七种。其主要任务是：战时担负抢险抢修、医疗救护、防火灭火、防疫灭菌、消毒和消除沾染、保障通信联络、抢救人员和抢运物资、维护社会治安等任务，平时协助防汛、防震等部门担负抢险救灾任务。

人员掩蔽工程：人员掩蔽工程是战时主要用于保障人员掩蔽的人防工程。根据使用对象的不同，人员掩蔽工程分为两等：一等人员掩蔽所，指战时坚持工作的政府机关、城市生活重要保障部门（电信、供电、供气、供水、食品等）、重要厂矿企业和其他战时有人员进出要求的人员掩蔽工程；二等人员掩蔽所，指战时留城的普通居民掩蔽工程。

配套工程：配套工程是战时用于协调防空作业的保障性人防工程，主要包括：区域电站、区域供水站、人防物资库、人防汽车库、食品站、生产车间、疏散干（通）道、警报站、核生化监测中心等工程。

（3）按防护特性分类

按防护特性人防工程分为甲类与乙类工程。

甲类人防工程是指战时能抵御预定的核武器、常规武器和生化武器袭击的工程；乙类人防工程是指战时能抵御预定的常规武器和生化武器袭击的工程。甲、乙两类人防工程均应考虑防常规武器和生化武器，其主要区别在于甲类人防工程设计应考虑防核武器，乙类工程不考虑防核武器。在甲、乙两类人防工程设计中主要在防早期核辐射、口部设置和抗力要求等相关方面有所不同。至于工程是按甲类还是乙类设计，主要由人防主管部门根据国家的有关规定，结合该地区的具体情况确定。

1.3.2 几种常见人防工程的主要特点

图1-6所示的是人防工程中常见的坑道式、地道式、掘开式和附建式工程，下面简要介绍其主要特点。

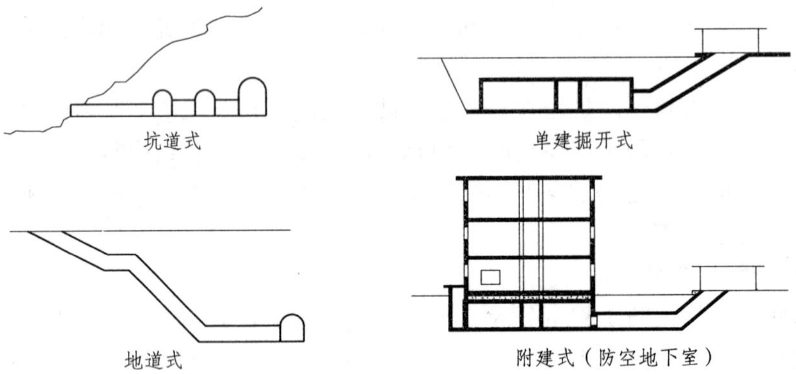

图1-6 按工程构筑方式分类的主要人防工程

（1）坑道式工程

在山体中采用暗挖方法构筑的工程称为坑道工程。坑道工程易于掩蔽伪装，防护能力强，容量大，并便于组织对炮、炸弹、原子、化学和生物武器的集体防护。它是现代防护工程的基本形式之一。其主要特点包括：

防护力强。在施工中坑道上部未被扰动的很厚自然地层，对冲击波、早期核辐射以及炮、炸弹都有较强的防护能力。一般10m厚的中等岩石，可有效地防护美军750磅和原苏军500kg普通爆破弹的破坏作用。坑道毛洞跨度5m，厚约4m的中等岩层，便可达到抗地面冲击波超压1.2MPa的安全防护层要求。因此，对于坑道工程只要做好孔口部位的防护，便可使工程获得较高的防护能力。

节约材料和资金。坑道工程上部较厚的自然地层本身就是十分坚固的结构。在石质条件较好时，有可能直接使用毛洞或只对毛洞做喷射混凝土支护即可。因此，修建同样抗力和规模的人防工程，坑道工程较之其他类型工程可节约大量材料和资金。

便于实现自然通风和自流排水。坑道工程口部通常较之坑道内部地坪低，山体中的地下水、施工用水、工程使用中的生活废水，均可沿排水管道自流排出。通常坑道工程的几个出入口设置在山体的不同方向，因此可较好地组织自然气流通风。

施工受地质条件影响大。在石质较差的地方，因施工困难，自然防护能力弱，不宜构筑坑道工程。

坑道工程的优点是显而易见的，凡具有条件的地区应考虑多构筑坑道工程，特别是防护要求较高的指挥所工程等。

（2）地道式工程

在平原或丘陵地区采用暗挖方法构筑的工程。其主要特点包括：

防护力强。和坑道工程一样，工程埋深一定深度后，能充分发挥自然地层的作用，使工程获得较好的抗力。

受地面建筑和地下管线影响小。地道工程与地面建筑和地下管线的关系是随着工程埋深的增加，其影响程度减小。

受地质条件影响大。通常地道工程作业断面小，施工困难，地质条件好坏对工程施工构筑影响大。

自流排水困难。地道工程由于多构筑于平原地区，主体部分的地坪比出入口低，因此不能采用自流排水的方式，其自然通风也比较困难。

人员设备进出不方便。由于考虑到安全的防护层厚度以及自然承载的形成，工程主体一般埋深较大，其与口部的垂直距离较大，造成人员进出困难，不利于平时工程的使用。

现在，城市中平战结合人防工程基本上不再采用地道式工程，但此类构筑方式多用于城市地下交通设施和市政设施，如地铁、公路隧道、地下市政综合管廊等。

（3）单建掘开式工程

采用明挖法施工，其上部无坚固性地面建筑物的工程为单建掘开式工程，其主要特点包括：

便于平时使用。单建掘开式工程由于埋深浅，出入通路较短，因此便于平时利用，是现在平战结合人防工程常采用的构筑方式。

施工便捷。由于单建掘开式工程可以采用大作业面机械开挖，便于快速施工。

受地面建筑和地下管线影响大。由于单建掘开式工程是地面浅表层开挖，需要的作业场地较大，因此对地面建筑和地下管线影响大。

造价较高。由于单建掘开式工程上部无可利用的自然地层，工程抗力几乎全部由结构自身承担，因此需要耗费较多的建筑材料。

单建掘开式工程是近几年来平战结合人防工程建设的基本形式之一。多建在火车站、汽车站以及城市中心的广场下，平时用于过街或地下商业设施，战时转换为人防工程。

（4）附建式工程（防空地下室）

采用明挖法施工，其上部有坚固性地面建筑物的工程为附建式工程，也称为防空地下室。此类型人防工程是本书主要讲述的工程类型。其主要特点包括：

节约资金。防空地下室与上部建筑同时构筑，便于实现平战结合，节约总造价。构筑防空地下室可减少上部建筑基础投资，同时地下室的面积又是地面建筑面积的有效补充。

上下部建筑互为加强。下部防空地下室使上部建筑的稳定性及刚度有较大的提高，而上部建筑有利于削弱冲击波、早期核辐射以及炸弹的破坏作用。

不单独占用土地。构筑防空地下室可不单独占用土地，这对现代城市发展以及我国人多地少的国情有着特殊的意义。

便于战时人员快速掩蔽。由于人员可以直接从上部建筑物内部直接进入人防工程，因此便于人员在战时快速掩蔽。

工程结构形式与尺寸受上部建筑制约。由于防空地下室的结构形式和尺寸与上部建筑联系密切，因此受到上部建筑的影响，其结构形式与尺寸的排布制约较大，有时工程的利用率较低。

防空地下室是城市人防工程体系的主干力量，在我国按其建筑面积计算占总量的80%以上。西方多数国家也将防空地下室作为城市防护防灾体系的主干力量。

1.3.3 人防工程的分级

（1）抗力分级

人防工程的抗力等级主要用以反映人防工程能够抵御敌人核袭击以及常规武器破坏能力的强弱，其性质与地面建筑的抗震裂度有些类似，是一种国家设防能力的体现。我国人防工程的抗力等级主要按防核爆炸冲击波地面超压以及常规武器破坏作用的大小划分。因此人防工程的抗力指标往往是双重的，如某防空地下室抗常规武器级别为5级（简称常5级），抗核武器级别为6级（简称核6级）。

人防工程的抗力等级与其建筑类型之间有着一定的关系，但没有直接关系。即人防工程的使用功能与其抗力等级之间虽有某种联系，但它们之间并没有一一对应的关系。如人员掩蔽工程可以是核5级，可以是核6级，还可以是核4B级。某抗力等级的人防工程对应的防核爆冲击波地面超压值大小以及常规武器破坏的作用，是根据国家制定的《人民防空工程战术技术要求》的规定确定。目前常见的面广量大的防空地下室一般为防常规武器抗力级别5级和6级；防核武器抗力级别4级、4B级、5级、6级和6B级。

（2）防化分级

防化分级是以人防工程对化学武器的不同防护标准和防护要求划分的等级，防化等级也反映了对生物武器和放射性沾染等相应武器（或杀伤破坏因素）的防护。防化等级是依据人防工程的使用功能确定的，防化等级与其抗力等级没有直接关系，

现行《人民防空地下室设计规范》GB 50038—2005包括了除甲级防化以外的各防化等级有关防护标准和防护要求。

（3）《人民防空地下室设计规范》适用范围

现行《人民防空地下室设计规范》适用于新建或改建的属于下列抗力级别范围内的甲类、乙类防空地下室以及居住小区内结合民用建筑易地修建的甲类、乙类单建掘开式人防工

程的设计。

防常规武器抗力级别 5 级和 6 级。

防核武器抗力级别 4 级、4B 级、5 级、6 级和 6B 级。

由于保密等方面的原因,《人民防空地下室设计规范》对于指挥工程和涉及甲级防化的内容没有提及,因此在设计这类工程时,还需结合使用相关的国家标准和行业标准。

小　结

本章主要阐述了人防工程建设方面的基础知识以及与防空地下室的关系,结合人防工程的特点阐述其在现代战争中的主要地位和作用,以及在现代高技术条件下的战争对人防工程的威胁和今后人防工程发展方向。最后介绍了人防工程的分类和分级,以及现行《人民防空地下室设计规范》的适用范围,便于设计和管理人员掌握。

2 武器破坏效应及工程防护设施

近几十年，用于战争的武器基本上有三大类：即核武器、常规武器和生物化学武器。在工程防护上，对这三类武器的防护措施通常称为“三防”。由于武器的发展以及作战方式的改变，武器的样式和袭击方式也发生了巨大的改变，对于防空地下室，在了解工程防护原则和工程防护措施之前应首先了解各类武器的特点及其破坏效应，有的放矢地采取相应的防护措施。

2.1 武器破坏效应及次生灾害

防空地下室必须能够抵抗一定威力杀伤武器的作用，杀伤武器与工程构成了矛盾的双方。因此，认识了解防空地下室的防护特性，必然要对杀伤武器及其对工程措施的作用特征——即武器杀伤破坏效应要有一定的了解。对防空地下室具有破坏作用的主要杀伤武器包括航空炸弹、炮弹等常规武器，核武器，生物化学武器等，以及城市空袭后产生的房屋倒塌、火灾等次生灾害影响。

2.1.1 核武器简介

1945 年 7 月 16 日，世界上第一颗原子弹在美国新墨西哥州西北阿拉莫戈多空军基地附近的荒漠中爆炸成功。20d 后，也就是 1945 年 8 月 6 日早晨，一枚取名“小男孩”的原子弹在日本广岛上空投下，这枚弹长 3.05m，直径 0.711m，内部装有 60kg 铀，当量为 1.25 万吨的原子弹在离地面约 600m 处的空中爆炸。强烈的光辐射，使成千上万的人双目失明；几千度的高温把附近的一切都化为灰烬；放射性沾染的尘埃使一些人在以后的 20 年中缓慢的死去；冲击波形成的狂风将所有的建筑物摧毁殆尽。由此人类的战争史就因核武器的产生而发生了根本的改变。核武器的巨大威力通过残酷的实践给世人以深刻的印象，无人不谈“核”色变。

图 2-1　某型原子弹爆炸景象

多年以后的今天，核武器已经由初期的原子弹、氢弹发展到中子弹、钻地核弹等特殊类型的核武器，全球的核武器库总当量达到百亿吨以上，相当于投放到广岛上空原子弹的几十万倍。图 2-1 所示为某型原子弹爆炸的景象。

（1）核武器的分类

核武器包括原子弹（重核裂变）、氢弹（轻核聚变）以及中子弹（强核辐射武器，早期核辐射中的中子作用十分突出，爆炸原理类似氢弹）。前两种一般作为战略武器可造成大规模的杀伤和破坏；后者则基本上属于战术核武器，作用集中，主要为了杀伤人员，对工程和武器装备的破坏可以不考虑。从发射系统上来看，核武器还可以分为核导弹、核航空炸弹、核炮弹、核深水炸弹、核鱼雷、核地雷等。

（2）核武器威力表达方式

核武器的爆炸性和武器威力以“梯恩梯当量（TNT）”来衡量。所谓当量是与核爆炸能量相当的普通梯恩梯炸药的重量。例如“1.5 万吨 TNT 当量”的核武器，其爆炸可释放出相当于 1.5 万吨的梯恩梯炸药的能量。核武器的威力大致划分如下：

表 2-1　核武器威力划分

类　　型	当量值（万吨）
小　　型	≤2
中　　型	2 ~ 10
大　　型	10 ~ 50
特　大　型	≥50

原子弹威力一般小于几十万吨，而氢弹的威力一般从几十万吨到几千万吨。

（3）核武器爆炸景象

核武器爆炸时，依次出现闪光、火球和蘑菇状烟云。闪光存在的时间非常短，通常只有千分之几到百分之几秒。随着闪光，在距爆心几十公里到上百公里的地方，还能听到巨雷一般的爆炸声。闪光之后立即有一个极度高温、高压的棕红色发光火球在爆心中出现。她的中心温度有几百万甚至几千万度，压强高达上亿甚至几百亿大气压。火球的光亮程度从几十公里以外看比夏季中午的太阳还要强几十倍。在高温高压下，火球体积迅速膨胀，并不断上升。在几秒或几十秒后，火球冷却成灰褐色的烟团。烟团以较高的速度上升，体积也不断扩大，在烟团上升的同时，地面被掀起尘柱，烟云和尘柱构成高大的蘑菇状烟云。伴随上述过程，核爆炸冲击波向四面传播。

（4）核武器爆炸方式

核武器的爆炸方式通常分为空中爆炸、地面爆炸和地下（水下）爆炸。

空中爆炸。空中爆炸指火球不与地面接触的一种核爆炸，也是防空地下室重点防护的一种核武器爆炸方式。空中爆炸按爆炸的比例爆高不同，分为低空爆、中空爆、高空爆和超高空爆等。

地面（水面）爆炸。核武器发生地面（水面）爆炸时，火球与地表直接接触，火球近似半球形。另外，由于火球接触地面（水面），核爆炸的能量要比空中爆炸时集中。地面（水面）爆炸时，火球发光时间和半径都比空中爆炸大，其烟云的颜色也更深，烟云和尘柱几乎从形成时就连接在一起，弹坑也较之空爆大。

地下（水下）爆炸。核武器发生地下爆炸时一般是看不到火球和烟云的，但是能感受到剧烈的震动和听到巨大的爆炸声。核武器发生水下爆炸时，能形成烟囱形空心水柱和菜花状云团，并能听到低沉的爆炸声；由于其热能大部分被水吸收，所以其发光时间极短。

2.1.2 核武器爆炸的破坏效应

核武器爆炸一般会产生五种杀伤破坏因素，即热辐射、空气冲击波、早期核辐射、核电磁脉冲和放射性沾染等。其作用时间并不相同，前四种破坏效应都在几十秒内，放射性沾染影响时间较长，可能持续几天甚至是更长的时间。近年来，核武器爆炸时产生的冲击与震动也日益受到人们的重视。

不同类型的核武器以及不同类型的爆炸方式，各种杀伤破坏因素所占能量的比例也不相同。原子弹爆炸中各种杀伤破坏因素在爆炸总能量中所占的比例关系如图 2-2 所示。

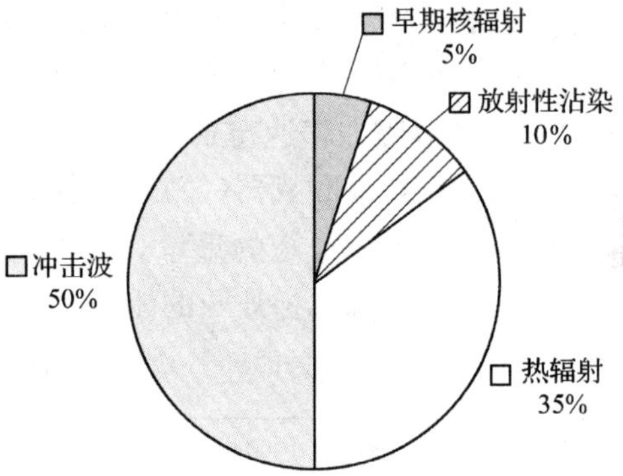

图 2-2 原子弹空爆时能量分配比

（1）热（光）辐射

核爆炸的瞬间，形成高温高压的火球，它比太阳还热还亮。火球不断向外辐射强烈的光和热，称之为热（光）辐射，持续时间大约几秒。太阳中心的温度约 2000 万℃，核爆炸火球内的温度高达 3000 ~4000 万℃，表面温度可达 8000℃。强大的高温能在一瞬间使物体气化、熔解或燃烧。火球的表面温度降到1500 ~2000℃以下时，火球就停止发光，变成烟团，热辐射也就结束。

热辐射可能引起一般民用建筑燃烧，但由于其照射时间较短，其热能只能被物体表面吸收，因而对地面以下的工程影响不大。对于防空地下室，需注意出入口部位应尽可能少用易燃材料，部分易燃材料如密闭胶条等应避免光辐射的直接照射。

（2）早期核辐射

核武器爆炸后，在几秒到十几秒的时间内放射出大量丙种（γ）射线和中子流，称为早期核辐射。它是核武器特有的杀伤破坏因素，其具有较强的贯穿和伤害能力，对于一般物体或建筑物不产生破坏作用，但可穿过建筑物的承重和围护结构对人员造成危害。射线穿过各种材料的能力与材料的密度或容重成反比，因此为了防护一定剂量的射线，需要一定厚度的材料。材料的容重越大，所需的厚度就越小，如表 2-2 所示。土壤、岩石和人防工程的承重结构一般都具有相当大的容重和厚度，因此人防工程本身对早期核辐射已具有一定的防护能力；当防护要求较高时，对覆土较薄或部分露出地面的防空地下室则需进行必要的验算和设计。

表 2-2 削弱早期核辐射所需材料厚度

削弱效果	几种物质的厚度（cm）					
	钢材	混凝土	砖砌体	土壤	水	木材
余十分之一	10	35	47	50	70	90
余百分之一	20	70	94	100	140	180
余千分之一	30	105	141	150	210	270

（3）放射性沾染

核爆炸后，核装料的未裂变部分和裂变后的碎屑，以及爆炸区土壤和其他物体在中子流作用下产生的放射性同位素，都可以造成爆区空气、土壤和一切暴露物体、人员的放射性沾染。其中主要的是在低空和地面爆炸时的放射性沾染，使空气中混有大量放射性尘埃。放射性沾染物随风飘移，可影响核爆炸地区下风向几百乃至几千公里的地区。

沾染程度随时间的延长而逐渐减弱，在有风的晴天则消散更快。放射性沾染对人防工程本身不产生破坏作用，只需防止受沾染的空气经出入口和通风系统进入建筑物内，因此可以通过对化学、生物武器的综合防护措施同时加以消除。

（4）核电磁脉冲

20 世纪 60 年代初，美国在进行核试验时发现 1000 余公里范围内装在许多建筑内部的几百架报警器，突然失常一起发出警报，许多电子设备发生失灵的现象。后来人们反复研究，发现这是由于核爆炸产生的瞬间电磁脉冲引起的。

核爆炸后，在几百万分之一秒内形成电磁脉冲，然后很快消失。在地面冲击波超压小于 0. 3MPa 时，对人防工程中的人员一般无伤害作用，但是在瞬间产生的高强度电场和磁场，能使工程中的供、配电系统和无线电设备受到严重干扰，甚至失效，其严重程度随核爆炸方式而有所不同。地爆最严重，但影响范围小。空爆时较轻，但影响范围大，大当量高空爆炸的电磁脉冲影响范围可达几千千米。例如 100 万吨核武器在美国上空 300km 处爆炸，可影响整个美国并能波及到加拿大及墨西哥。

对电磁脉冲的最常用的防护方法，是用金属材料进行屏蔽。人防工程的钢筋混凝土结构，其中的钢筋网可起到一定的屏蔽作用；屏蔽要求较高时，就需要用金属板进行全面的封罩。

（5）空气冲击波（简称冲击波）

核武器爆炸时，在亿分之一秒的时间内释放出的巨大能量，约有一半作用于周围的空气，形成极大的压力和极高的温度使爆心空气体积迅速膨胀，压缩周围空气，并不断向外扩散，形成空气冲击波。冲击波以超音速向四周传播。对于所遇到的物体、建筑物、人员等施加很大的超压和动压，造成严重的破坏和杀伤。冲击波作用于土壤或岩石时，使土壤或岩石从上向下逐步受到压缩形成压缩波，使处于土中或岩石中一定深度的人防工程仍能受到压缩波的压力，如图 2-3 所示。

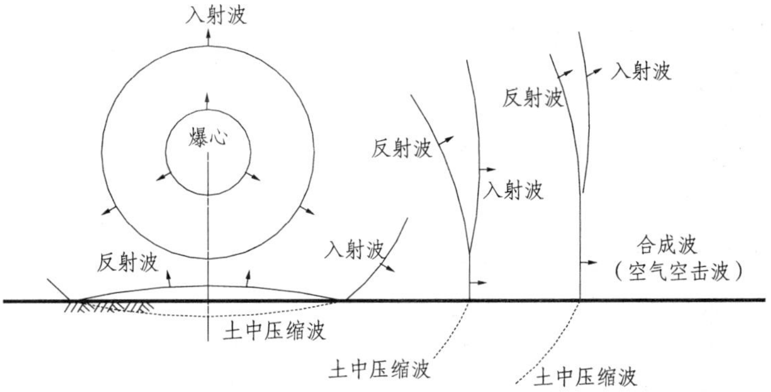

图 2-3 核武器地面冲击波及压缩波的产生原理图

冲击波具有以下特点：

有正有负。由于冲击波中包含有一压缩区，其所到之处对周围产生压力（即所谓超压），该压力在性质上与大气压相似，但比大气压大很多。例如2万吨的核武器爆炸，在离爆心200m处超压值约为2.0MPa。位于地面以下的工程，虽未受到冲击波的直接作用，但冲击波通过地层介质仍将传递至工程结构。冲击波压缩区后形成稀疏区，其压力低于大气压，产生所谓负压（吸力）作用，但负压很小（约为0.2～0.3kg/cm²），对一般防护结构不必考虑，只是在设计防护门或防护密闭门的闭锁、铰页等设施时须给予一定的重视。图2-4所示为某一时刻地面某点冲击波压力示意图。

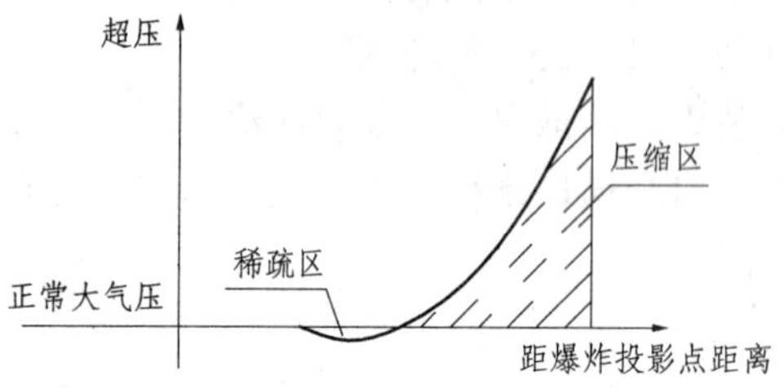

图2-4　某一时刻地面某点冲击波压力示意图

在岩土介质中产生土中压缩波。由于地面冲击波对地面大范围、长时间的作用，使得在岩土介质中产生土中压缩波。土中压缩波的传播会对处于土中的人防工程结构形成巨大的荷载，并且因土质的不同，在地下室的顶板、外墙和底板上的压力也不同。

突然作用。由图2-4所示可知，冲击波所到之处，压力急剧上升至最大超压值，然后缓慢下降。这种突然作用使冲击波的作用具有明显的"动载"特征。人防工程结构抗核武器设计的重要内容之一，就是根据作用的动载，选定结构尺寸与构造。动载的大小不仅与最大压力值有关，与压力随时间变化的规律及正压作用时间也有较大的关系。

无孔不入。由于冲击波通过空气介质传递压力，它可以绕过工程前墙从人防工程的背后破坏工程结构，也可以通过孔、洞、门缝钻入工程内部杀伤人员，破坏设备，因此认为它有"无孔不入"的特性。

遇障反射。当冲击波在前进方向上遇到障碍物时，由于高速运动的空气分子撞击障碍物的迎波面，而产生冲击波的反射现象，这时作用在障碍物反射面上的压力称作反射压力，一般情况下，反射压力大于入射压力。

2.1.3　常规武器

（1）常规武器简介

对人防工程产生破坏的常规武器主要有火炮、飞机投掷的航空炸弹（又可简称炸弹）以及装有常规弹头的导弹。根据破坏效应的不同，常规武器可分为爆破弹、穿甲弹、半穿甲弹、燃烧弹和燃料空气弹等。

炸弹的大小一般按"口径"分级，所谓口径是指炸弹的名义重量，如250kg炸弹、500磅炸弹等。俄军的航弹以公斤表示，例如500kg的爆破弹，其实际全重为478kg。美军以磅表示，例如2000磅低阻式爆破弹实际重量为1015磅。现代战争中使用的炸弹，其口径都较大，一旦命中，炸弹爆炸对结构的局部破坏作用是非常严重的。例如，对于C30的钢筋混凝土，若考虑防500kg普通爆破弹直接命中，其厚度需2.85m左右才能抵抗常规武器的直接命中。这对于面广量大的防空地下室工程不可能做到，因此大多数防空地下室一般不考虑抗炸弹直接命中。图2-5所示为美军战斧式巡航导弹。

图 2-5 美军战斧式巡航导弹

（2）常规武器的破坏作用

常规武器对工程的杀伤破坏作用主要包括冲击、爆炸的局部破坏作用和整体作用。

炸弹直接命中目标时其冲击和爆炸的局部作用，使目标物的正面产生冲击和爆炸漏斗坑。并可能使目标物的反面同时产生冲击和爆炸震塌漏斗坑，如图 2-6 所示。

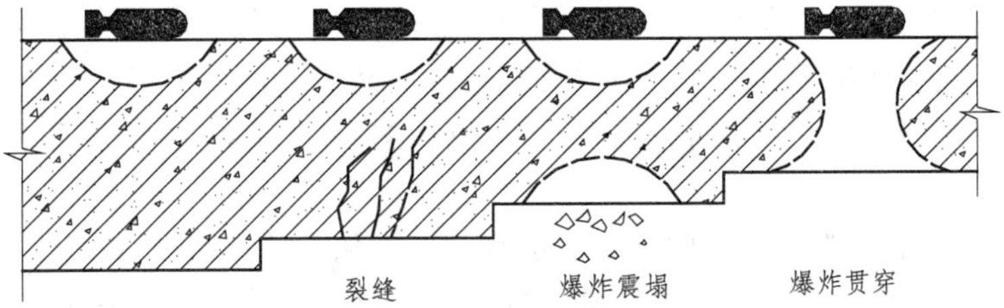

图 2-6 爆炸局部破坏作用

局部作用的特点是破坏总是发生在弹着点附近及其反面，破坏作用的大小，主要与结构材料的性质和厚度有关。

整体作用指炸弹的冲击、爆炸作用对结构产生动荷载，而不产生局部破坏。在动荷载作用下，整个结构将产生内力和变形。破坏作用的大小不仅与结构材料性质有关，而且与结构形式、支座条件有关。防空地下室由于不考虑常规武器的直接命中，因此在常规武器防护方面主要考虑的是整体破坏作用以及利用工程构建防护分区的方式。

（3）现代高技术常规武器特点

现代高技术常规武器对人防工程等防护工程提出了严峻挑战：

精确制导武器的广泛应用。现在美 F－117A 战斗机投一枚精确制导炸弹可以完成二次大战时出动几百架飞机投数千枚炸弹才能确保摧毁的一个任务目标。海湾战争中美军发射的制导弹药虽然只占弹药发射总量的 8%，但所摧毁的目标却占总摧毁目标的 80%。伊拉克被美摧毁一座通信工程的第二枚炸弹是顺着第一枚炸弹的冲击孔进入工程内部将其破坏的。精确制导武器命中精度高，作战效益大，弹药消耗少，这在讲求“首发命中，一举摧毁”的现代战争中具有特殊的地位和作用，并将逐渐成为现代战场上的主要打击武器。精确制导武器在海湾战争、科索沃战争、阿富汗战争和伊拉克战争中的使用量，分别为 8%、35%、55% 和 90%，呈现明显增长趋势。其中 GPS 制导武器在整个精确制导武器中的比例，由海湾战争时的 10% 激增至伊拉克战争时的 98%。据统计，在科索沃战争中，美国利用精确制导武器进行了5400次轰炸，只出现9次失误。图2-7为美国战斧巡航导弹精确击中目标的过程图片。

图2-7 战斧巡航导弹精确击中目标的过程

武器的巨大破坏力。现代战争中炸弹的装药不断提高，已由过去的几磅、上千磅发展到5000余磅和上万磅。许多常规武器破坏威力已接近战术核武器。美军使用的I－2000制导航弹，利用其淬火钢弹体在起爆前瞬间可击穿几米厚的钢筋混凝土墙。在海湾战争中美军曾成功地击毁伊军数百座3m多厚钢筋混凝土墙体构筑的飞机库。GBU－28钻地弹可一举摧毁深达30多米中的钢筋混凝土掩体，对深埋地下的各种防护性建筑物构成极大的威胁。

远距离作用。美国的战斧式巡航导弹最大射程达1300km，目前新型火炮的射程也达到了30～70km。在现代战争中首先受到打击的很可能不再是前沿部队，而是处于纵深和后方的指挥中心、通信枢纽、军用机场、重要经济目标等战役或战术目标。敌人可以从几百或几千公里外对这些目标实施精确打击，那种具有明确的防御方向、前沿、纵深、后方之分，有数道防御阵地或防御地带，由前向后依次排列的阵地体系，在现代战争中显然已越来越不适应。

空中威胁增大。越战以来的几场局部战争，特别从海湾战争开始，至以后的科索沃战争、伊拉克战争可以看出，空中打击越来越成为现代战争的主要作战模式。

2.1.4 生物及化学武器

(1) 化学武器

战争中用来杀伤人员、牲畜，毁坏植物的各种有毒化学物质称为军用毒剂，而装载有毒剂的炮弹、炸弹、火箭弹及其他容器就称为化学武器。化学武器的外壳可能与普通炮炸弹相同，但可通过特殊的标志鉴别。图2-8为化学炮弹结构示意图。

人类使用化学武器的历史比较久远，比如战场上使用的毒箭以及《三国演义》中关于“刮骨疗伤”的故事，但这并不算真正意义上的现代化学武器。人类最早大规模地把化学武器投入战争始于第一次世界大战中的德国。化学武器具有杀伤威力大、中毒途径多、作用时间长、价格低廉和不破坏建筑物及武器装备等特点，是一种大规模杀伤性武器。随着科学技术的发展，二元化学武器和“超毒性”毒剂的出现，化学武器在战场上仍具有重要地位。美俄两国拥有世界上最庞大的化学武器库，英法也拥有中等规模的化学武器贮备。

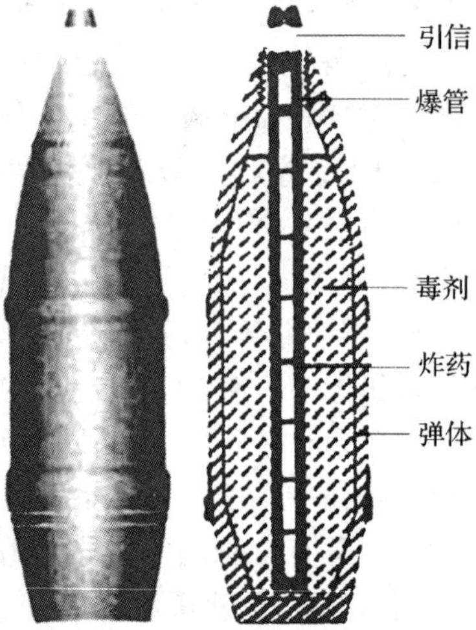

图2-8 化学炮弹结构示意图

战争中可能使用的毒剂种类很多，按照中毒后人员的不同症状可分为神经性、糜烂性、全身中毒性、窒息性、刺激性等毒剂。化学武器具有如下杀伤特点：

1）中毒杀伤途径多。除了通过吸入、皮肤接触及误食等多种途径直接染毒外，还可因染毒空气进入工事或接触染毒人员服装和器材而间接染毒。

2）对工事的渗透作用强。它能通过缝隙进入到各类不密闭的工事内。毒剂云团最容易沿峡谷、城市街道、地道、地下管线传播，并能渗透到不密闭工事、营区、地窖、洞穴、顶楼等内部去。

3）杀伤作用时间长。它比常规武器作用时间长得多。如果遭受沙林弹袭击，除弹坑外，其杀伤作用时间可持续1～2h；芥子气的杀伤作用时间夏季可维持1～2d，冬季可持续6～7d；维埃克斯的杀伤作用时间更长，冬季在数周之内都能保持杀伤作用。而像氢氰酸、光气、苯氯乙酮之类的毒剂的杀伤作用时间通常只有几分钟。

4）受气象条件、地形、地物影响大。城区中由于建筑物、风速、温度等原因，城市遭化学武器袭击后，城区毒剂会长时间聚集在城市上空，造成的危害极大。因此，人防工程的防化措施更为重要。

（2）生物武器

生物武器也叫细菌武器，是一种用生物战剂杀害人、牲畜和毁坏植物的武器。现代战争中的生物武器，是生物战剂及其施放装置的总称。生物战剂一般是指能使人畜致病的微生物或其他生物制剂或毒素。图2-9为日本在第二次世界大战使用的生物战剂航空炸弹。

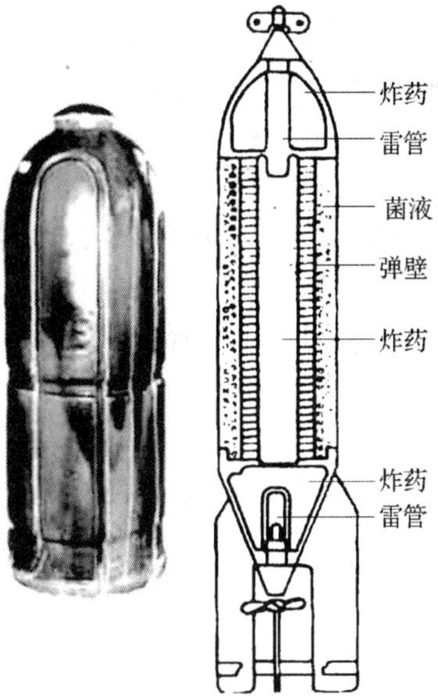

图2-9 日本的生物战剂航空炸弹

生物武器的杀伤力是靠散布生物战剂，使人员、牲畜和农作物致病死亡，以达到大规模杀伤对方有生力量和扰乱、破坏其后方的目的。生物武器是一种战略武器，在特定条件下某些生物战剂也可用于战术目的。以武器相对重量比较，生物武器造成的伤亡率不亚于核武器。目前，美装备部队的战剂多达25种，其中黄热病及委内瑞拉马脑炎病毒、Q热立克次体、炭疽杆菌、野兔热杆菌、猪型布鲁氏杆菌、内毒毒素及葡萄球菌肠毒素等八种战剂，美军已定型作为标准化战剂。近年来，美正进行提高生物战剂的致病力、生物战剂的合成和遗传改变以及降低生物战剂气溶胶衰变的技术等方面的研究，同时还在进一步探索新的、杀伤力更强的生物战剂。

生物武器使用时通常成三种状态：气溶胶；带菌的昆虫、小动物和杂物；菌液和菌粉。气溶胶是悬浮在空气中微小颗粒的一种气雾状态。这种施放方式覆盖面积大，可覆盖数百平方公里甚至上千平方公里的范围。可通过呼吸道、消化道、皮肤、黏膜、破损伤口等多种途径侵入人体，随着空气还能进入不密闭的掩盖工事，较难防护。生物剂气溶胶如烟雾一样，无色无臭，难以识别。

综合起来，生物武器具有如下杀伤特点：

1）面积效应大。用小量生物战剂可以造成大面积的污染。据估计，一架 B－52 轰炸机可攻击的面积，用核武器（2000 万吨当量）为 75～100 平方英里，用化学武器为 100 平方英里，而用 450 磅生物战剂至少可污染 3400 平方英里。

2）危害时间长。一般长达数小时，生物战剂在各种物体表面上可存活若干天，以至更长。

3）只对生物有杀伤作用，对人防工程等防护工程本身并无杀伤作用。

4）成本低廉。据估计，为杀伤居民人口进行一次大规模战斗，使用常规武器时每平方公里的成本约为 2000 美元，用核武器为 800 美元，用神经性化学毒剂为 600 美元，用生物战剂仅需 1 美元。

5）受自然条件限制大。风、雨、雪等都会影响生物战剂的使用，高温、干燥、日晒都可加速微生物的死亡。

2.1.5 城市次生灾害

各种武器除了直接产生杀伤破坏效应外，还会产生次生灾害。在城市中主要造成的次生灾害有城市火灾、房屋倒塌、化学毒剂泄露等。次生灾害也将会对人员产生极大的伤害，有时甚至大于武器的直接伤害。

城市火灾是战时在敌人空袭后产生的次生灾害，它是指在核爆炸或大规模燃烧弹袭击条件下所引发的全城性火灾，而不是指城市中个别的或部分的建筑物火灾。城市火灾的形成条件比较复杂，主要与城市的形状，可燃物的密度，地面的初始风速等因素有关。日本广岛在遭到核袭击后发生了城市火灾，而长崎市在遭到核袭击后就没有发生城市火灾，原因是长畸市是个条状城市，说明城市形状对火灾形成影响较大。城市火灾会在地面上形成长时间的高温，因而会因地下室内部温度过高而使室内人员无法生存，无法转移。最严重的城市火灾又称火风暴，它可使地下室严重缺氧。二次大战时，德国的汉堡就因火风暴使躲在地下室的居民因严重缺氧和高温而大量死亡。

战争状态下，一些储存有有害气体、重毒气体的厂房也有可能被炸毁，从而导致大量的毒剂泄漏，这也会对人防工程中的掩蔽人员带来伤害。因此在现行规范中要求人防工程的修建应远离危险物品厂房及库房。

2.2 工程防护原则及措施

通过前面的分析，防空地下室的设计主要针对核冲击波、常规武器、各种毒剂（化学武器、生物武器、放射性沾染的总称）、早期核辐射、地面建筑坍塌进行相应的防护设计。

2.2.1 工程防护原则

防空地下室应能防御的武器杀伤破坏因素主要包括：

甲类防空地下室：能防御预定的核爆炸地面冲击波及相应的热辐射、早期核辐射、放射性沾染和核电磁脉冲等，也就是说甲类防空地下室不仅能防核爆冲击波，而且也要防核爆炸产生的其他四种杀伤破坏因素；同时应能防御预定的化学武器、生物武器和常规武器的杀伤破坏作用；以及地面建筑物倒塌和城市火灾等次生灾害的杀伤破坏作用。

乙类防空地下室：能防御预定的化学武器、生物武器和常规武器的杀伤破坏作用；以及地面建筑物倒塌和城市火灾等次生灾害的杀伤破坏作用。

防空地下室工程防护原则如下：

对于核武器的防护只考虑一次作用，不考虑核武器的多次重复作用。

对于常规武器不考虑抵御炸弹直接命中的破坏作用。

防空地下室的防化等级由其战时功能确定。

2.2.2 工程防护措施

（1）对地面冲击波的防护（包括对地面建筑物倒塌荷载的防护）

防空地下室对地面冲击波的防护（包括对地面建筑物倒塌荷载的防护）措施包括：

防空地下室的围护结构应具有足够的抗力，满足抗核爆动荷载、常规武器整体作用以及建筑物倒塌荷载的强度要求。

为了把冲击波阻挡在室外，战时出入口应设置防护门或防护密闭门。

为了把冲击波阻挡在室外，战时通风口应设置防爆波活门、扩散室等削波设施。

为了把冲击波阻挡在室外，专供平时使用的出入口、通风口以及其他类型的孔洞应在临战前采取封堵措施。

（2）对化学武器的防护（包括防生物武器和放射性沾染等）

化学武器、生物武器和放射性沾染虽属三种不同性质的杀伤武器，但它们具有共同点，即都必须进入室内才能对人员产生杀伤作用，因此对这三种杀伤武器（或因素）的防护可以采用相近的工程防护措施来处理。

为使防空地下室内部形成一个完整的密闭区，以及在室外染毒情况下能给室内人员提供必要的新风和人员能够进出防空地下室的条件，防空地下室应能满足以下要求和必要的防护密闭设施：

1）人防围护结构要满足密闭要求。一般情况下，工程主体采用钢筋混凝土整浇结构。

2）战时在隔绝防护时间内，为了能给室内人员提供起码的生存条件，防空地下室主体内部应具有足够的人员生存空间。

3）通风系统中设置滤毒通风设施和相应的密闭阀门。

4）战时主要出入口设置密闭门和通风换气设施构成的防毒通道以及洗消间或简易洗消设施。

5）战时次要出入口设置密闭门和密闭通道。

（3）对早期核辐射的防护（包括防热辐射和防城市火灾等）

早期核辐射、热辐射和城市火灾其性质虽然不同，但对这三种杀伤因素的防护可以采用相近的工程防护措施。主要包括：

围护结构要满足一定的厚度要求，必要时在顶板上方进行覆土。

出入口通道设置90°的拐弯，并满足一定的通道长度要求。

（4）对常规武器的防护（包括对地面建筑物倒塌形成堵塞的防护）

对常规武器的防护（包括对地面建筑物倒塌形成堵塞的防护）措施主要包括：

1）为了降低炸弹的命中率，提高防空地下室的生存概率，需要控制主体的规模，对于较大的防空地下室，按照规定在主体内划分防护单元和抗爆单元。

2）为了尽量提高出入口战时的可靠度，每个防护单元的出入口要满足一定的数量（至少两个），其中至少设置一个室外出入口，同时出入口的位置应要尽量分散配置。

为了便于掌握，现将防空地下室设计中的主要防护措施汇总于表2-3。

表2-3 防空地下室工程防护措施汇总表

<table>
<tr><th colspan="3" rowspan="2">武器及次生灾害</th><th rowspan="2">序号</th><th rowspan="2">主　体</th><th colspan="2">口　部</th></tr>
<tr><th>出入口</th><th>通风口</th></tr>
<tr><td colspan="3">化学武器</td><td rowspan="3">2</td><td rowspan="3">围护结构密闭
一定室内空间</td><td rowspan="3">密闭门
防毒通道
洗消间</td><td rowspan="3">密闭阀门
进风设滤毒器</td></tr>
<tr><td colspan="3">生物武器</td></tr>
<tr><td rowspan="7">核武器</td><td colspan="2">放射性沾染</td></tr>
<tr><td colspan="2">早期核辐射</td><td rowspan="3">3</td><td rowspan="3">结构厚度
顶板上方覆土</td><td rowspan="3">通道拐弯
通道长度</td><td rowspan="3">密闭阀门</td></tr>
<tr><td colspan="2">热辐射</td></tr>
<tr><td colspan="2">城市火灾</td></tr>
<tr><td rowspan="3">冲击波</td><td>空气冲击波</td><td rowspan="3">1</td><td rowspan="3">结构抗力</td><td rowspan="2">防护密闭门</td><td rowspan="2">防爆破活门
扩散室</td></tr>
<tr><td>土中压缩波</td></tr>
<tr><td>房屋倒塌</td><td rowspan="2">出入口数量
防倒塌棚架</td><td rowspan="2">防塌通风口
防堵篦子</td></tr>
<tr><td colspan="3">常规武器</td><td>4</td><td>防护单元
抗爆单元</td></tr>
</table>

2.3 工程常用防护设施

防空地下室设计中，最重要的内容就是针对不同的防护对象（各种武器杀伤破坏因素）而采取一种或多种综合的防护措施来保证防空地下室的防护密闭特性。本节通过介绍工程中常用的防护设施及其作用原理和构造要求，借以掌握构成工程防护密闭特性的基本元素，在此基础上结合现行《人民防空地下室设计规范》GB 50038—2005深入掌握防空地下室建筑设计的基本方法和技巧。

2.3.1 防护密闭门与密闭门

防护密闭门与密闭门是防空地下室出入口处非常重要的防护设施之一，通常将其统称为人防门。其设置的正确与否直接影响着工程的防护密闭特性。

（1）防护密闭门与密闭门的组成

1）防护密闭门是指防空地下室出入口处既能防核冲击波又能防止毒剂进入工程内部的一种设备，属于人防门的一种。其主要启闭方式可分为：平开立转式、翻转式、推拉式、升降式多种。防空地下室中主要采用的是平开立转式防护密闭门，图2-10为活门槛防护密闭门示意图。

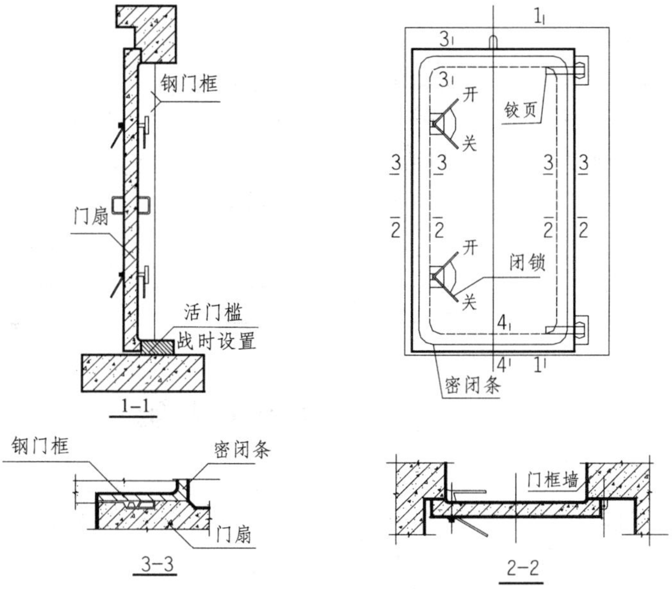

图 2-10　活门槛防护密闭门示意图

防护密闭门通常由门扇、门框、铰页、闭锁、密闭胶条组成。

门扇。门扇开启能保障人员、车辆的进出，关闭时能阻挡冲击波和毒剂，其尺寸比门洞略大，主要材料采用钢筋混凝土，当抗力要求较高或门扇宽度较大时，可采用钢材料或球墨铸铁材料等。

门框与门框墙。门框将门扇传来的压力传给门框墙。门扇与门框接触处需要有一定的宽度，以保证抗压强度。门框主要采用钢材料，而门框墙主要运用钢筋混凝土整浇。

铰页。铰页分门框铰页和门扇铰页。铰页平时承受由门扇自重引起的静荷载，战时除承受门扇自重外还要承受冲击波引起的反向压力。

闭锁。闭锁装置是使门扇紧密关闭的部件，它主要承受冲击波负压和结构反弹等门扇传来的反向压力。

密闭胶条。设置在门扇内侧，关门时位于门扇和门框墙之间，使门扇与门框墙之间形成密封。

2）密闭门是工程出入口防护中不可缺少的重要组成部分，是防止放射性灰尘及化学、生物毒剂进入工程内部的重要密闭措施，由于密闭门不承担冲击波压力，因此密闭门只能配置在防护密闭门后面。密闭门的启闭防护与组成与防护密闭门类似。

（2）防护密闭门与密闭门建筑制图图例

防护密闭门与密闭门都是人防工程中特殊的防护设备，因此在建筑制图中应将其与普通类型的门区分开，具体的图示方法是门扇开启角度为30°，防护密闭门门扇为一条粗线（表示防护）和平行的一条细线（表示密闭），密闭门门扇为两条平行的细线。防空地下室中常用的固定门槛或活门槛的防护密闭门与密闭门平面表示如图 2-11 所示。

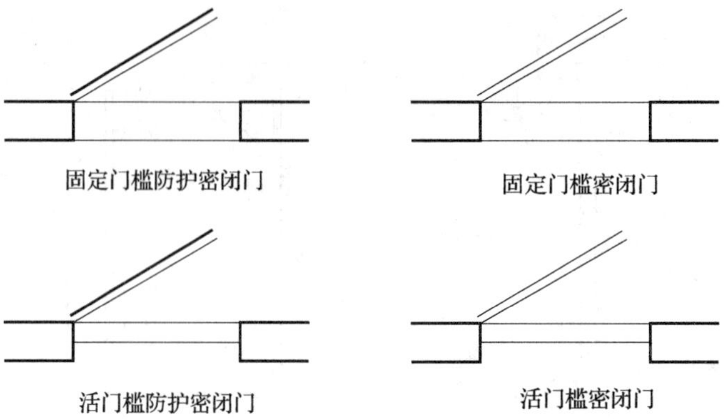

图 2-11 防护密闭门与密闭门的图示

（3）类型编号

在防空地下室建筑设计中，防护密闭门和密闭门主要通过防护设备选用图集的人防门具体编号来选择设计。图集中通常以“FM”表示防护密闭门，以“M”表示密闭门。总的来讲，人防门的类型编号是由其材质（“H”代表钢筋混凝土，“G”代表钢结构）、类型（“S”代表双扇，“H”代表活门槛，“J”代表降落式）、属性（“FM”、“M”）、门洞宽度和高度（以“dm”为单位）以及所属工程的抗力级别共同组成。如防护密闭门的类型编号为 GHSFM4025（6），其意义如图 2-12 所示。其他常用的人防门编号如下：

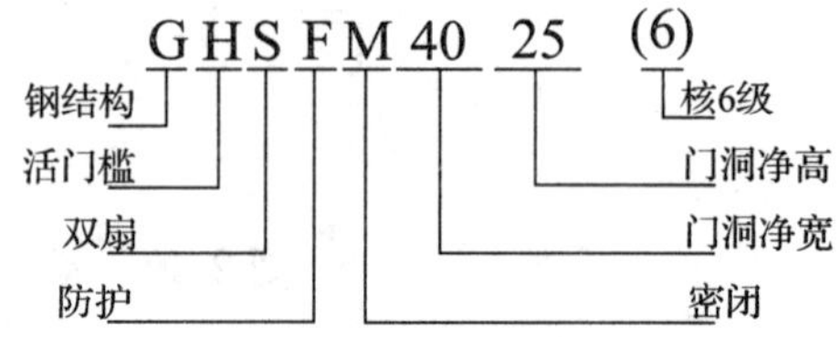

图 2-12 人防门类型编号说明

1）5 级钢结构防护密闭门——GFM1520（5）；

2）5 级钢结构降落式双扇防护密闭门——GJSFM1520（5）；

3）6 级钢筋混凝土活门槛防护密闭门——HHFM1520（6）；

4）钢结构活门槛密闭门——GHM1520。

（4）人防门的设置要求

现行规范对防护密闭门与密闭门的设置要求如下：

1）防空地下室出入口处按由外到内的顺序设置防护密闭门、密闭门，防护密闭门应向外开启，密闭门宜向外开启，如图 2-13 所示。

2）防护密闭门与密闭门的设置要注意铰页边、闭锁边以及门前通道的尺寸要求，如图 2-13 所示为某出入口人防门设置的平面图。为便于人防门的安装

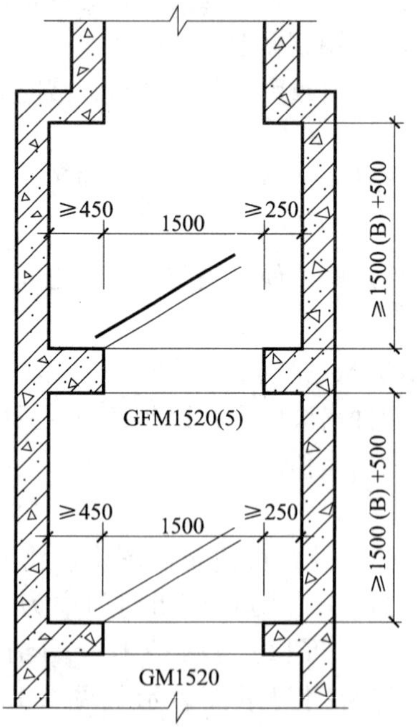

图 2-13 人防门平面设置示意图

和开启角度符合使用要求，以及不影响人员通行等原因，其门框墙的铰页边尺寸应不小于450mm，闭锁边尺寸应不小于250mm，门前通道尺度为大于“门洞净宽+500mm”。

3）防护密闭门和密闭门的门前通道，其净宽和净高应满足门扇的开启和安装要求。当通道尺寸小于规定的门前尺寸时，应采取通道局部加宽、加高的措施，如图2-14所示。

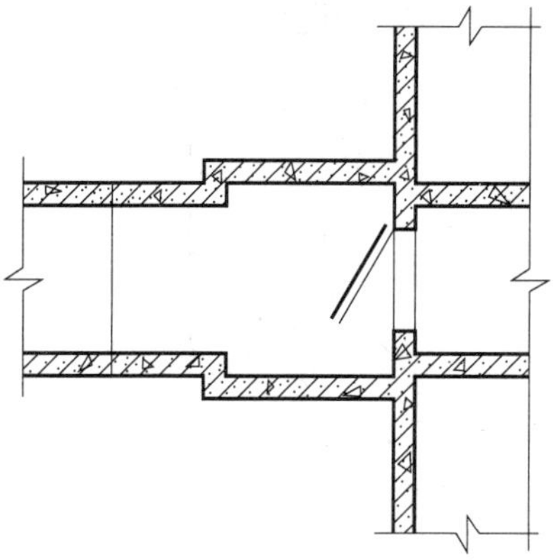

(a)平面图

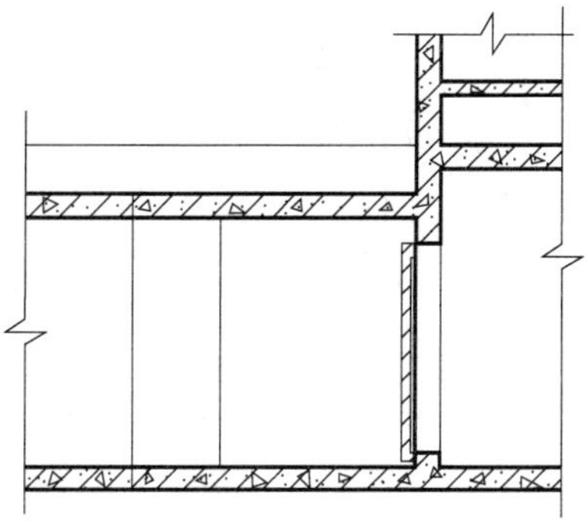

(b)剖面图

图2-14 防护密闭门前通道局部加宽措施

4）防护密闭门沿通道侧墙设置时，其门扇应嵌入墙内设置，且门扇的外表面不得突出通道的内墙面。

5）当防护密闭门设置于竖井处时，其门扇的外表面不得突出竖井的内墙面。

2.3.2 防爆波活门与扩散室

防空地下室通风口主要包括进风口、排风口，以及工程内部电站的排烟口。战时通风口的工作状态与出入口有所不同，空袭警报之后，为了室内的安全，出入口的人防门一直处于关闭状态，但通风不能间断，因此在空袭警报后通风口仍应处于开启状态，但必须保证在核爆冲击波到来时，通风口必须及时关闭，而冲击波过后又能自动开启，以便继续通风。因此，战时通风口采用的防护方法与出入口的不同。目前工程中采用的方法是阻挡与扩散相结合的做法，即采用以防爆波活门为主，结合扩散室设置的消波系统，以削弱冲击波的压力。

（1）防爆波活门类型与工作原理

防爆波活门是工程进排风口、排烟口设置的具有一定的抵抗冲击波并能削弱冲击波超压的一种防护设备，简称活门。防爆波活门可以分为悬板式防爆波活门、胶管式防爆波活门和防爆超压排气活门。由于悬板式防爆波活门的结构简单、工作可靠，是目前防空地下室采用较多的防护设施。悬板式防爆波活门主要由底框、底板、悬板、悬板铰页、缓冲胶垫、限位器等零件组成，门式活门还有门扇、门扇铰页和密封条等，如图2-15所示。悬板式防爆波活门的悬板，平时在自重作用下保持一定的张开角度，通过底板的圆（方）孔进行通风；当冲击波压力作用时，悬板迅速关闭，防止大部分的冲击波进入，而只有少部分（或极少部分）能量从活门“漏入”室内；冲击波作用过后，悬板又恢复了原来的状态。限位器是防止悬板在冲击波负压作用下遭到破坏而设置的。

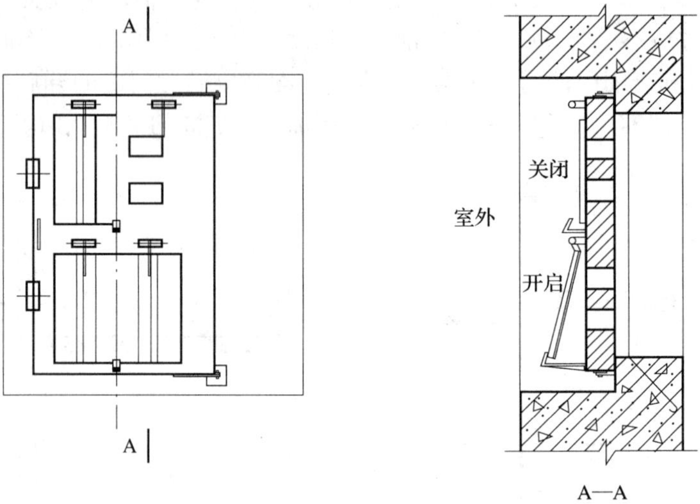

图 2-15 悬板式活门示意图

（2）悬板式防爆波活门的图例与类型编号

悬板式防爆波活门在建筑图中以图 2-16 所示表示。

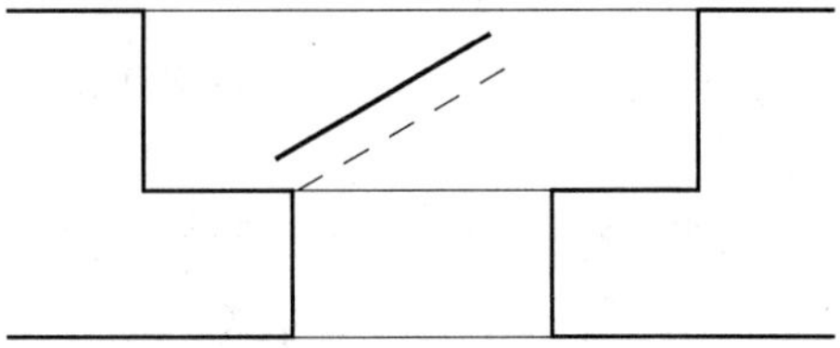

图 2-16 悬板式防爆波活门图示

在防空地下室设计中，主要通过防护设备选用图集的防爆波活门具体编号来选择设计，如图集中以“H”表示式活门，“K”表示门扇可打开，即表示悬板式门式活门。字母后面为活门后接风管的当量直径，以“mm”为单位，末尾为防空地下室的抗力级别。例如 HK400（6）：表示所接风管直径为 400mm，工程抗力为核 6 级的门式活门。

（3）悬板式活门的设置要求

悬板式防爆波活门的设置，除了类似于人防门，注意铰页边、闭锁边以及周边四周的安装尺寸外，特别要注意悬板活门应嵌入墙体不小于 300mm，具体嵌入尺寸还要具体参照相关的人防工程防护设备选用图集。这是因为悬板是在冲击波压力的作用下关闭的，冲击波的传播方向会影响悬板能否及时关闭。为了保证在冲击波到达之时，使活门的悬板能够迅速关闭，要求活门必须嵌入墙内设置，而保证冲击波的正向作用而避免侧向入射的冲击波作用，以增强悬板活门的消波率。悬板式防爆波活门的消波率一般在 70% 左右。

（4）胶管活门

除了常用的悬板式防爆波活门外，较新型的胶管活门也在部分工程中应用。胶管活门是一种在冲击波作用下能迅速关闭的活门，主要由门框、门扇、胶管等组成，门扇上有与胶管直径相同的洞，而胶管有顶无底，顶部侧方有若干小洞，如图 2-17 所示。冲击波来时，胶管迅速变形，将大部分冲击波阻挡在工程外，达到消波目的。胶管活门消波率较高，一般为 90% 左右，但自身能抵抗的冲击波超压不大，同时由于其为塑料或橡胶材质，所以胶管活门不能用于工程的排烟口。

图 2-17 胶管活门实体图

（5）扩散室

悬板式防爆波活门的作用只能削弱冲击波压力，在悬板活门后面还会有冲击波的剩余压力存在。由于通风设备的允许压力一般不大，如进风系统中的过滤吸收器，允许压力只为 0.03MPa，因此剩余压力往往大于通风允许压力。当防空地下室仅设活门而余压仍不满足要求时，可以在活门后面设置扩散室，以便进一步削弱剩余压力，使之满足设备允许压力。

扩散室是利用其内部空间来削弱进入的冲击波能量，其作用特点是使冲击波的高压气流突然扩散从而达到降压的要求。冲击波由断面较小的入口进入断面较大并有一定体积的扩散室时，高压气体迅速扩散、膨胀，使其密度下降，压力降低。

扩散室应采用钢筋混凝土整体浇筑，其平面形状宜采用矩形或正方形。乙类防空地下室扩散室的内部空间尺寸可根据施工要求确定，而甲类防空地下室扩散室的内部空间尺寸应符合下列规定：

1）扩散室室内横截面净面积不宜小于 9 倍悬板活门的通风面积；当有困难时，横截面净面积不得小于 7 倍悬板活门的通风面积。

2）扩散室室内净宽与净高之比（b_s/h_s）不宜小于 0.4，且不宜大于 2.5。

3）扩散室室内净长 l_s 宜满足下式要求：

$$0.5 \leqslant \frac{l_s}{\sqrt{b_s \times h_s}} \leqslant 4.0$$

与扩散室相连接的通风管位置应符合下列规定：

1）当通风管由扩散室侧墙穿入时，通风管的中心线应位于距后墙面的 1/3 扩散室净长处，如图 2-18（a）所示。

2）如果风管由后墙穿入，通风管端部应设置向下的弯头，并使通风管端部的中心线位于距后墙面的 1/3 扩散室净长处，如图 2-18（b）所示。

3）当采用固定式防爆波活门时，扩散室应设置检修孔，其净宽不宜小于 500mm，净高不宜小于 800mm，在检修孔上应设置防护密闭门；当采用门式悬板活门时，可不必再单独设置检修孔。

4）扩散室内应设地漏或集水坑。

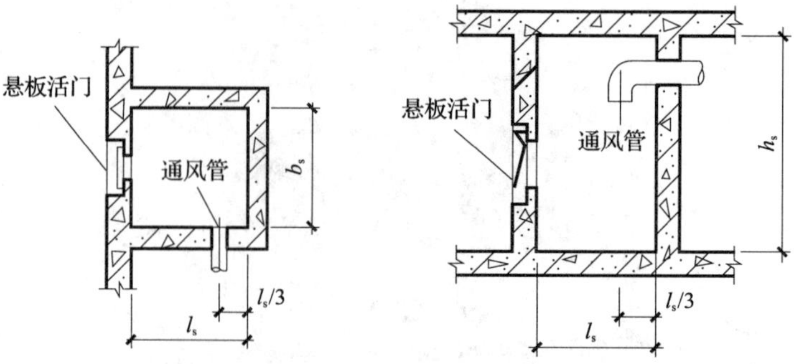

(a)风管由侧墙穿入(平面)　(b)风管由后墙穿入(剖面)

图 2-18　扩散室风管位置

(6) 扩散箱

扩散箱是为了简化口部设计，节省空间，方便施工，降低造价，而研制成的用钢板制作的一种消波设备。它主要用于乙类防空地下室和核 6 级、核 6B 级甲类防空地下室替代扩散室，如图 2-19 所示。其设计要求如下：

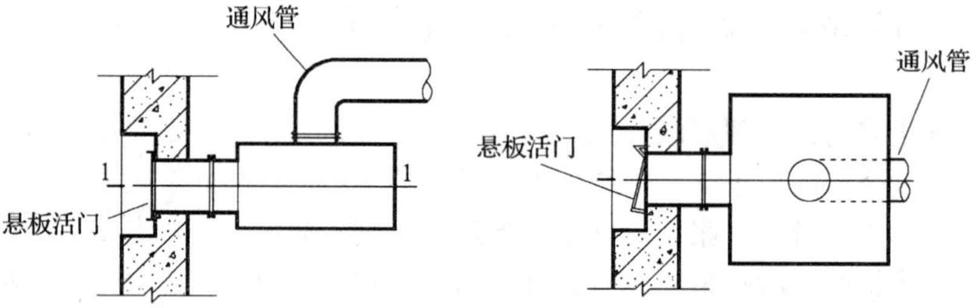

图 2-19　扩散箱

1）扩散箱宜采用钢板制作，钢板厚度不宜小于 3mm，并能满足预定的抗力和密闭要求。

2）扩散箱的箱体应设置泄水孔。

2.3.3　密闭通道与防毒通道

(1) 密闭通道

密闭通道是由防护密闭门与密闭门之间或两道密闭门之间所构成的空间，依靠该空间的密闭隔绝作用阻挡毒剂侵入室内。当室外染毒时，密闭通道的防护密闭门和密闭门始终是关闭的，不允许有人员出入。密闭通道一般和防空地下室的进风口、连通口和备用出入口结合设计，如图 2-20 所示。其设置应符合下列规定：

1）当防护密闭门和密闭门均向外开启时，其通道的内部尺寸应满足密闭门的启闭和安装需要。

2）当防护密闭门向外开启，而密闭门向内开启时，两门之间的内部尺寸不宜小于均向外开启时的密闭通道内部尺寸。

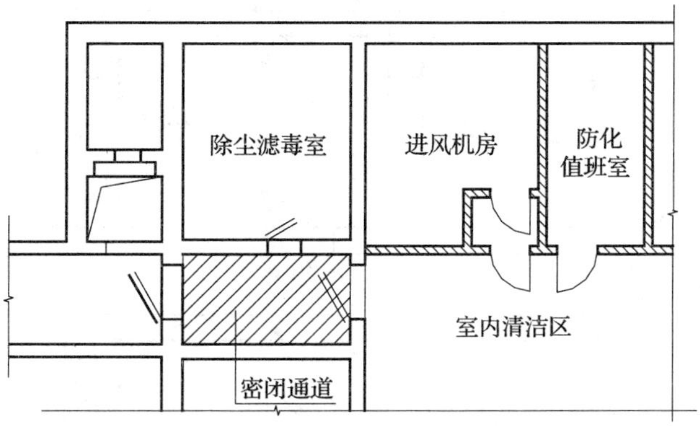

图 2-20　与次要出入口结合的密闭通道

（2）防毒通道工作原理

防毒通道是防护密闭门与密闭门之间或两道密闭门之间所构成的，具有通风换气条件，依靠超压排气阻挡毒剂侵入室内的空间。防毒通道的工作原理是：当外界染毒时，先打开防护密闭门，人员进入防毒通道；然后关闭防护密闭门，利用防毒通道内的换气设备将染毒空气排出室外，使防毒通道内毒剂浓度迅速下降到安全程度，再开启密闭门进入室内，如图 2-21 所示。

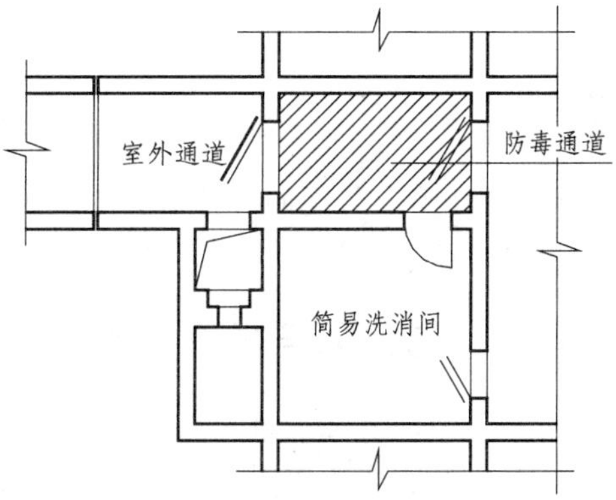

图 2-21　防毒通道示意图

形成防毒通道需满足如下两点：

1）防空地下室设有机械进风系统和滤毒通风设备，在室外染毒情况下，滤毒通风使室内能够维持一定的通风超压。

2）在防毒通道内设有通风换气设备，在超压排风过程中使防毒通道不断通风换气，并将污秽空气不断排至室外。

（3）防毒通道设置要求

防毒通道设置要求如下：

1）防毒通道是具有通风换气功能的通道，宜与防空地下室的排风口结合设置，并设有换气设施。

2）防毒通道内应设置能满足换气次数要求的通风换气设备，在满足使用要求的前提下宜缩小通道容积。通道的换气次数应根据防空地下室的功能确定，如二等人员掩蔽工程的防毒通道，换气次数应不少于每小时 30 ~ 40 次。当主要出入口的防毒通道为两道时，其中仅要求容积最小的防毒通道应满足换气次数要求。对于一般工程，因受滤毒通风风量和通道换气次数的限制，通常防毒通道的容积较小。因此，在确定防空地下室战时主要出入口尺寸时，一方面应满足战时的使用最小空间要求，同时还应满足换气次数的要求。

3）当两道人防门均向外开启时，在密闭门门扇开启范围之外应设置有人员（担架）停留区，如图 2-22 所示。人员通过的防毒通道，其停留区大小不应小于两个人站立的需要；医疗救护工程中担架通过的防毒通道，其停留区大小应满足担架及相关人员停留的需要。

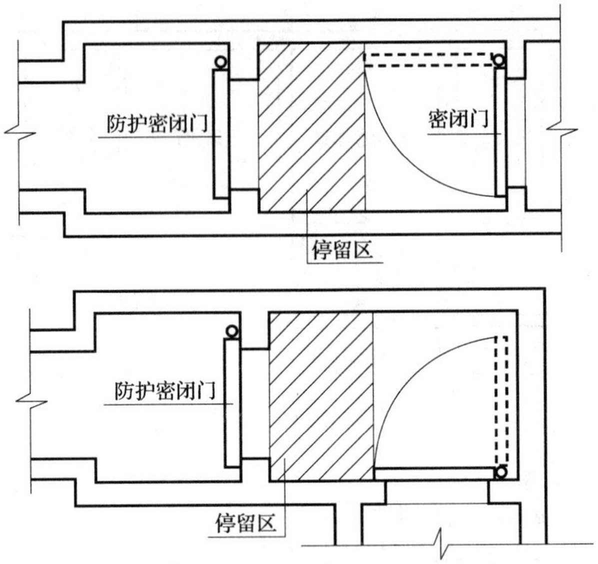

图 2-22　停留区示意

4）当外侧人防门向外开启，内侧人防门向内开启时，两门框墙之间的距离不宜小于人防门的门扇宽度，并应满足人员（担架）停留区的需要。

2.3.4　洗消间与简易洗消

在外部染毒情况下有人员进出的出入口，人员应通过防毒通道进入工程内，但人员皮肤或衣物上还可能沾有放射性沾染或某些毒剂。用清水或化学药品冲洗、消除皮肤上的放射性沾染或毒剂就需要在洗消间或简易洗消间进行。

（1）洗消间

洗消间是供受染人员通过和消除全身有害物的房间，通常由脱衣间、淋浴间和检查穿衣间三部分组成，如图 2-23 所示。脱衣间是洗消人员脱去个人防护器材和各种染毒、沾染衣物的房间，内设密闭柜（密闭袋）；淋浴间是洗消人员进行皮肤消毒和冲洗的房间，内设淋浴器和洗脸盆；检查穿衣间是淋浴冲洗后的人员进行剂量检查、穿清洁衣物的房间。

人员从室外经第一道防毒通道进入脱衣间脱掉身上的染毒衣物，在淋浴间进行全身洗消，洗消后进入检查穿衣间检查，如合格换上清洁衣物，由第二道防毒通道进入室内清洁区。不合格，再进入淋浴间进行洗消。防毒通道的换气设备将洗消间内的染毒空气直接排出室外，不会进入工程内部污染防空地下室清洁区。

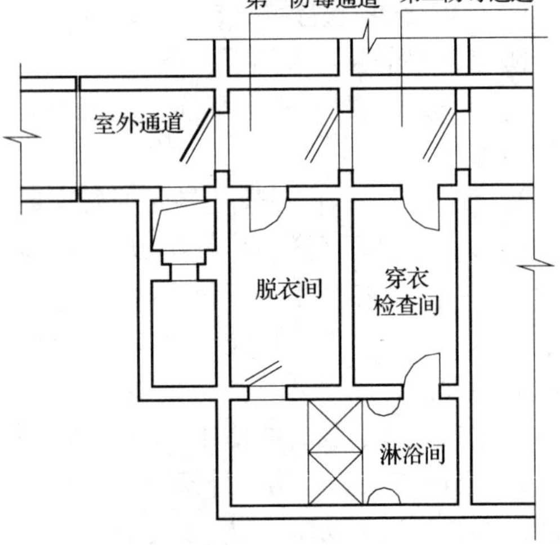

图 2-23　洗消间

《人民防空地下室设计规范》GB 50038—2005 中对洗消间的设计有许多严格规定，主要有以下几方面的要求：

1）洗消间应设置在防毒通道一侧，并和防空地下室的排风口结合设计；

2）脱衣间的入口应设置在第一道防毒通道内；淋浴间的入口应设置一道密闭门；检查穿衣间的出口应设置在第二道防毒通道内。

3）淋浴间内淋浴器的布置应避免洗消前与洗消后人员足迹交叉。

4）医疗救护工程的脱衣间、淋浴间和检查穿衣间的使用面积宜按每一淋浴器 $6m^2$ 计；其他防空地下室的脱衣间、淋浴间和检查穿衣间的使用面积宜按每一淋浴器 $3m^2$ 计。

（2）简易洗消

二等人员掩蔽工程等应设置简易洗消设施，且宜与防毒通道合并设置；当带简易洗消设施的防毒通道不能满足规定的换气次数要求时，可单独设置简易洗消间。简易洗消设施应符合下列规定：

1）带简易洗消设施的防毒通道应由防护密闭门与密闭门之间的人行道和简易洗消区组成，人行道的宽度不宜小于 1.3m；简易洗消区的面积不宜小于 $2.0m^2$，且其宽度不宜小于 0.6m，如图 2-24 所示。

2）单独设置的简易洗消间应设置在防毒通道一侧，其使用面积不宜小于 $5m^2$。简易洗消间与防毒通道之间设置一道普通门，简易洗消间与清洁区之间应设一道密闭门，如图 2-25 所示。

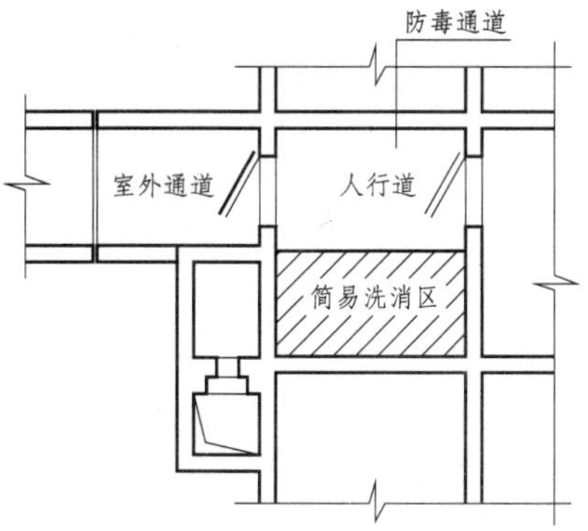

图 2-24　结合防毒通道设置简易洗消

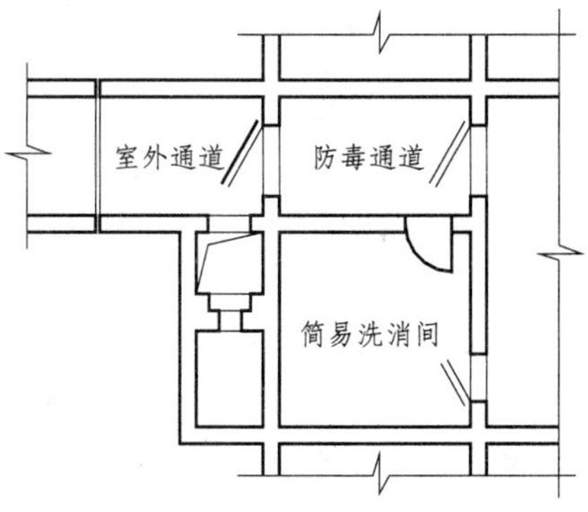

图 2-25　简易洗消间设置

小　　结

本章通过简要介绍核武器、常规武器、生化武器等武器破坏效应的构成及作用原理，阐述了防空地下室抵御武器杀伤破坏效应的防护原则及防护措施；通过讲述防护密闭门与密闭门、密闭通道与防毒通道、通风口消波设施等防空地下室中常用设施的防护原理及构造要求，掌握其基本设计思路与构造要求，为今后学习防空地下室建筑设计的原理和方法打下坚实的基础。

3 口部防护设计

防空地下室的防护通常分为主体防护和口部防护。防空地下室处于地下，为使之与地面或地面建筑保持必要的联系，如人员、设备的进出，工程通风换气，给排水及内外联系所必须设置的各种管线等，必须设置一定数量的出入口、通风口、给排水及内外联系的各种管线孔口。这些孔口统称为工程的口部，它既是工程联系的重要途径，又是容易暴露和遭受敌方攻击破坏的主要目标，同时也是工程防护的最薄弱部位。因此口部防护设计是防空地下室战时防护的关键环节，也是防空地下室设计中的重点和难点。

3.1 出入口的设置及防护

防空地下室出入口是人员、设备等的进出口，是工程口部的重要组成部分。出入口的类别、形式以及数量都是直接影响工程防护特性的主要因素，以下本节结合现行规范介绍出入口的尺寸指标、位置设置以及防护措施设置要求等。

3.1.1 出入口的分类及特点

(1) 按设置位置分类

防空地下室出入口按设置位置可分为：室内出入口、室外出入口和连通口三类。

室内出入口。是指通道的出地面段（即无防护顶盖段）位于防空地下室上部建筑范围以内的出入口。其通常与上部建筑的楼梯间同位置设置，战时空袭后，由于建筑物的倒塌，室内出入口容易被堵塞，因此室内出入口战时只能用作工程战时次要出入口。

室外出入口。是指通道的出地面段位于防空地下室上部建筑范围以外的出入口。由于其出地面段位于上部建筑范围以外，与室内出入口相比，空袭后遭倒塌物堵塞的可能性较小，所以室外出入口一般用作工程战时主要出入口。有些工程虽然敞开段位于上部建筑范围以外，但因过于贴近上部建筑，当上部建筑倒塌时，极易被堵塞，因此需在敞开段上方设置防倒塌棚架。

工程连通口。人防工程（包括防空地下室）之间在地下相互连通的出入口。防空地下室中防护单元之间的连通口又称为单元连通口。

(2) 按战时使用功能分类

防空地下室出入口按战时使用功能可分为：主要出入口、次要出入口、备用出入口和设备安装口等。

主要出入口。战时空袭前后能保证人员或车辆不间断地进出，且使用较为方便的出入口。主要出入口在战时应不易被破坏、堵塞，并应设置必要的防护设施，以便在各种条件下保障人员、车辆方便地进出，因此主要出入口应该选用室外出入口。对于人员掩蔽工程，为了保障人员在染毒的情况下能够进出防空地下室，应在主要出入口设置防毒通道和洗消设施等，其防毒通道应该满足换气次数的要求。因防毒通道的大小受到换气次数的制约，为提高防毒通道的效率其尺度应在满足各种防护设施安装及使用要求的前提下越小越好。主要出入口并不一定是防空地下室中最宽敞的出入口，应以满足战时使用要求和防护要求为前提。

次要出入口。主要供平时或战时空袭前使用，当空袭使地面建筑遭破坏后可以不再使用的出入口。次要出入口可不考虑防堵塞措施，因而室内出入口（如楼梯间）即可作为次要出入口。一个防空地下室或一个防护单元可根据需要设一个或者多个次要出入口。

备用出入口。平时一般不使用，战时在必要时（如其他出入口被破坏或被堵塞时）才被使用的出入口。备用出入口应在空袭条件下不易被破坏、堵塞。备用出入口一般采用竖井式，因而往往与通风竖井结合设置。

设备安装口。与地面建筑的设备安装口相似，是大型设备（如大型通风机、柴油发电机组等）无法由正常出入口进出时，而设置的专用孔口，设备安装完毕，此口即可进行封堵。

3.1.2 出入口的形式及特点

按平面形状出入口分为直通式出入口、单向式出入口和穿廊式出入口。按纵坡度出入口分为水平式出入口、倾斜式出入口和垂直式出入口。选择出入口形式的主要原则：除满足使用条件外，主要针对常规武器和核武器冲击波的破坏作用特点，增强出入口的防堵塞能力，以及减少作用于出入口通道内防护密闭门的压力。下面主要针对按平面形状分类的出入口形式，分析其使用及防护特点。

直通式出入口。防护密闭门外的通道在水平方向上无转折的称为直通式出入口，如图3-1所示。直通式出入口形式简单，出入方便，造价较低，但对防炸弹射入和防早期核辐射及防热辐射不利；特别是遭核袭击后，大量的抛掷物可能会从地面进入通道内，并直接堆积在防护密闭门外，从而影响防护密闭门的开启。现行规范规定，乙类防空地下室和核5级、核6级以及核6B级的甲类防空地下室，其室外出入口不宜采用直通式；核4级、核4B级的甲类防空地下室，其室外出入口不得采用直通式。

单向式出入口（亦称拐弯式）。防护密闭门外的通道在水平方向上有90°左右转折，而从一侧通至地表的称为单向式出入口，如图3-2所示。单向式出入口结构形式简单，人员出入较方便，同时可以避免直通式出入口的诸多缺点，但大型设备进出不便，其造价也略高于直通式。防空地下室经常采用此种出入口形式。

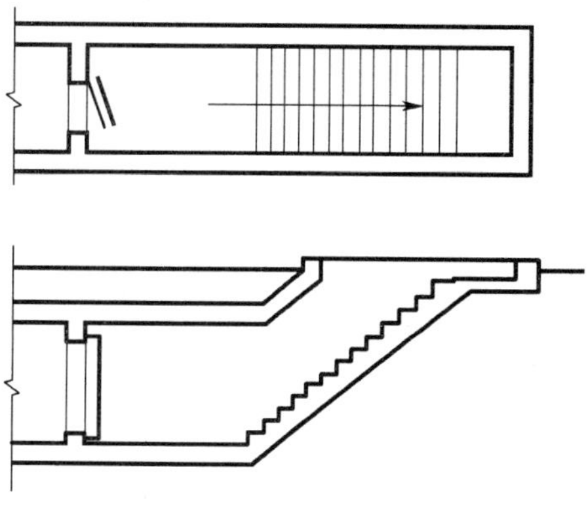

图3-1 直通式出入口

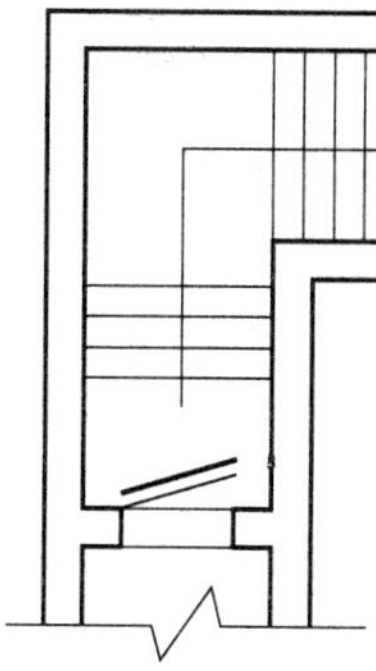

图3-2 单向式出入口

穿廊式出入口。防护密闭门外的通道在水平方向上有90°左右转折，而从两侧通至地表的称为穿廊式出入口，如图3-3所示。穿廊式出入口进出较方便，且不宜被堵塞，并对防早期核辐射、防热辐射均有利。由于核武器冲击波平行而过可避反射的特性，因此设置在穿廊式出入口通道内的防护密闭门上的冲击波压力较小；同时位于地面的敞开段在形式上是两个独立的出入口，因此其防常规武器以及防堵塞能力较高。其缺点是占地面积较大，结构形式复杂，造价较高，一般用于高抗力的人防工程之中。

垂直式出入口。小型垂直式出入口主要是指结合通风竖井设置的应急出入口，如图3-4所示。竖井式出入口占地面积小，造价低，防护密闭门上受到的荷载小，防早期核辐射、防热辐射性能好，但进出十分不便，结合应急出入口的竖井平面净尺寸不宜小于1.0m×1.0m，并应设置爬梯。

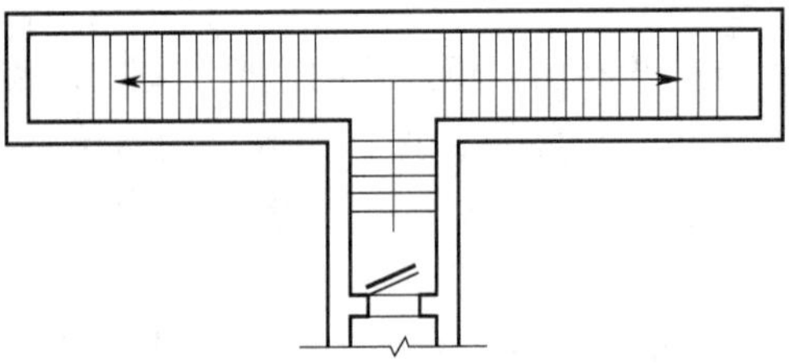

图3-3 穿廊式出入口

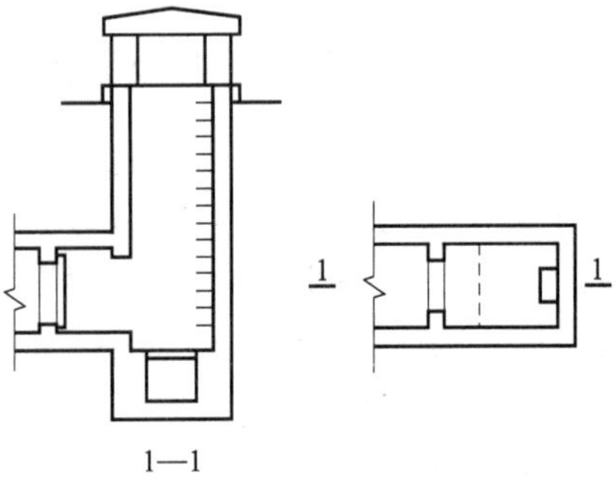

图3-4 竖井式出入口

3.1.3 出入口的数量

出入口的数量对工程的使用、防护性能以及造价影响较大。出入口数量增多，便于人员和设备的进出，同时可以提高工程出入口对常规武器的防护能力；但出入口数量过多，将会影响工程对核冲击波、毒剂等的防护，使防护设施与设备增多，同时增加了非使用性面积，提高了工程造价。因此，确定出入口数量时，应考虑工程的使用性质、规模及容量，以及地面建筑和人员分布情况。现行规范对工程出入口数量规定如下：

（1）通常要求

防空地下室每个防护单元不应少于两个出入口，而且其中至少有一个阶梯式（或坡道式）的室外出入口。且两个出入口中不包括防护单元之间的连通口或竖井式出入口。即一个防护单元至少有一个室外出入口和一个室内出入口，或有两个室外出入口。

（2）某些特殊工程要求

城市遭空袭后，由于地面建筑物的倒塌，出入口极易被堵塞。为确保战时消防专业队装备掩蔽部、大型物资库（指掩蔽面积大于6000m^2的物资库）和中心医院、急救医院使用的可靠性，要求工程宜分别设置两个室外出入口，同时为了尽量避免一枚炸弹同时破坏两个出入口，要求两个出入口设置在不同方向，并在可能的条件下保持最大距离。

（3）相邻两防护单元共用出入口情况

当地面环境不允许工程设置多个出入口时，工程两相邻防护单元可在防护密闭门外共设一个室外出入口，如图3-5所示且应满足下列条件：当相邻防护单元的抗力等级不同时，共设的室外出入口应按高抗力要求设计。

1）当两相邻防护单元均为人员掩蔽工程，或其中一侧为人员掩蔽工程而另一侧为物资库时。

2）当两相邻防护单元均为物资库，且建筑面积之和不大于6000m²时。

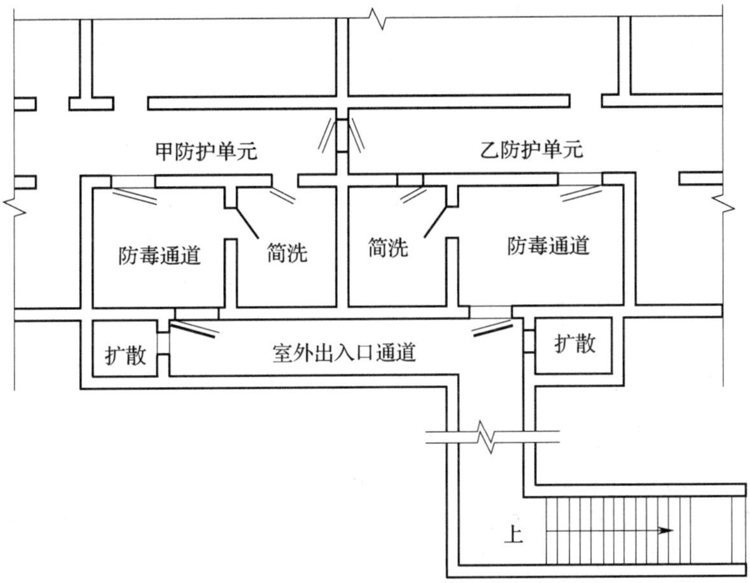

图 3-5 相邻防护单元共设一个室外出入口

需要注意的是：室外出入口的共用段必须设置在两相邻防护单元防护密闭门以外；同时其共用段的宽度应与两防护密闭门宽度总和相适应。

(4) 可不设置室外出入口的情况

根据我国工程建设特点以及城市土地日趋紧张的现实，许多工程地面环境确实难以有位置和条件设置室外出入口，针对这种现状，现行规范按照甲类和乙类工程不同的特点，提出了相应要求及特殊做法，但这并不是十分合理的方式，应从严把握。

当条件限制（主要指地下室已占满红线时）而无法设置室外出入口的核 6 级、核 6B 级的甲类防空地下室，当符合下列条件之一时可不设置室外出入口：

1）与具有可靠出入口（主要指防空地下室的室外出入口或单建掘开式人防工程的直通地面出入口）的，且抗力等级不低于该防空地下室的其他人防工程相连通。

2）当上部地面建筑为钢结构或钢筋混凝土结构，且工程主要出入口处的首层楼梯间直通室外地面，其通往地下室的阶梯上端至室外的距离不大于 2.0m；在首层由梯段至通向室外的门洞之间，应设置与地面建筑的结构脱开的防倒塌棚架；出入口的首层楼梯间直通室外的门洞外侧上方，应设置挑出长度不小于 1.0m 的防倒塌挑檐（当地面建筑的外墙为钢筋混凝土剪力墙结构或壁式框架结构时可不设），如图 3-6 所示；主要出入口与其中的一个次要出入口的防护密闭门之间的水平直线距离不小于 15.0m。

乙类防空地下室当符合下列条件之一时可不设置室外出入口：

1）与具有可靠出入口（主要指防空地下室的室外出入口或单建掘开式人防工程的直通地面出入口）的，且抗力等级不低于该防空地下室的其他人防工程相连通。

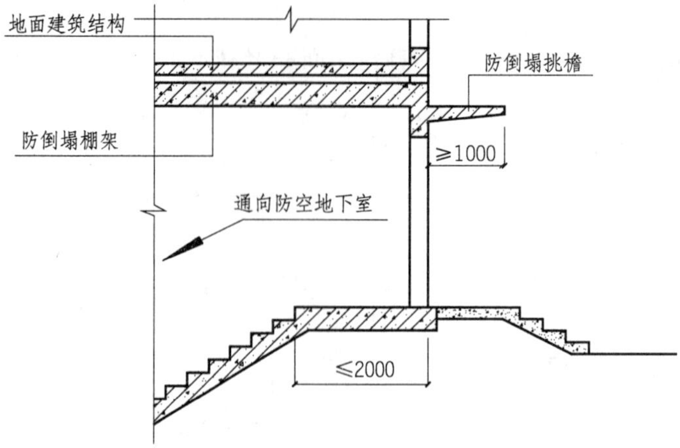

图 3-6 可视为室外出入口的防空地下室室内出入口剖面示意

2）上部地面建筑为钢筋混凝土结构或钢结构的常 6 级乙类防空地下室，当工程主要出入口的首层楼梯间直通室外地面，且其通往地下室的阶梯上端至室外的距离不大于 5.0m；主要出入口与其中一个次要出入口的防护密闭门之间的水平直线距离不小于 15.0m；两个出入口楼梯的结构均按主要出入口的要求设计。

3.1.4 倒塌范围及室外出入口的设置

核武器爆炸所造成的地面建筑破坏范围很大，因此甲类防空地下室应重视地面建筑倒塌的影响，作为设置在室外出入口处的战时主要出入口，其口部建筑的设置方式与结构形式主要取决于地面建筑相关联的倒塌范围值。倒塌范围的取值主要依据防空地下室的抗力等级和地面建筑的结构形式。

（1）倒塌范围的取值

在冲击波作用下地面建筑物是否倒塌主要取决于核武器冲击波超压值的大小和建筑物的结构形式。在相当于核 5 级、6 级和 6B 级地面冲击波作用下，钢筋混凝土结构或钢结构形式的地面建筑不致造成倒塌，但其填充墙体可能会出现局部塌落现象；由于钢筋混凝土结构的延性和整体性，即使命中一两枚常规武器，整个建筑物也不会彻底倒塌。所以对于核 5 级、核 6 级和核 6B 级的甲类防空地下室，倒塌范围值设定为 5.0m，而地面建筑外墙为剪力墙结构时，可不考虑其倒塌影响。

对砌体结构形式的地面建筑，从安全考虑，不管是否属抗震型结构均考虑一定的倒塌范围值。甲类防空地下室设计的倒塌范围取值按表 3-1 确定。

表 3-1 地面建筑的倒塌范围取值

防核武器抗力等级	地面建筑结构类型	
	砌体结构	钢筋混凝土结构钢结构
4、4B	建筑高度	建筑高度
5、6、6B	0.5 倍建筑高度	5.0m

表 3-1 中的“建筑高度”是指室外地面至地面建筑檐口或女儿墙顶部的高度。如图 3-7 所示。另外，在考虑倒塌范围时，地面建筑不仅指防空地下室的上部建筑，而且还应包括出入口敞开段周围相邻的所有地面建筑物。

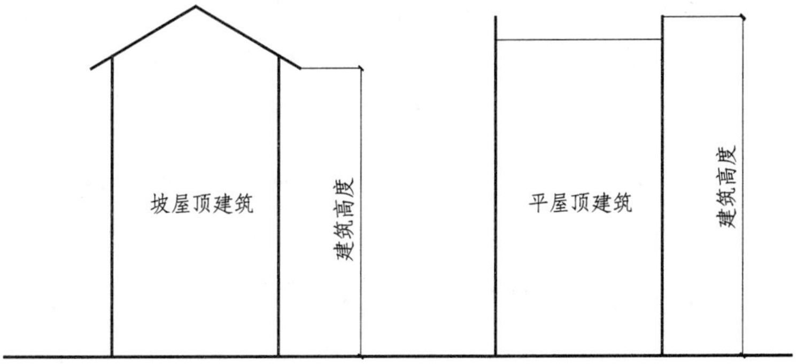

图 3-7 “建筑高度”示意

（2）室外出入口的口部建筑形式

甲类防空地下室中，战时作为主要出入口的室外出入口，其通道出地面段（无顶盖段）宜布置在地面建筑的倒塌范围以外。其口部建筑应满足下列要求：

1）当室外出入口的通道出地面段设置在地面建筑倒塌范围以外时，可根据平时使用要求不设置口部建筑，但要设置相应的安全围护设施，如图 3-8 所示；也可根据平时使用需求设置单层的轻型口部建筑，轻型口部建筑是指采用轻质薄壁材料建造，且容易被冲击波吹散的建筑物。

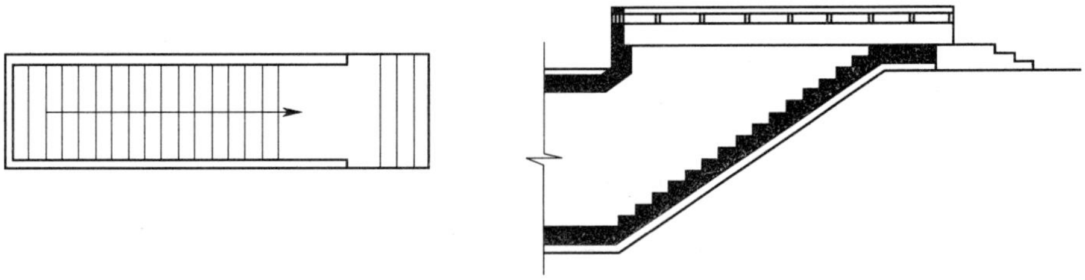

图 3-8 开敞式室外出入口形式

2）因受条件限制，室外出入口的通道出地面段设置在地面建筑倒塌范围以内时，核 4 级、核 4B 级的甲类防空地下室，口部建筑应采用防倒塌棚架，防倒塌棚架是在预定的冲击波压力和建筑物倒塌荷载的分别作用下，使口部建筑不致坍塌而采取的一种结构做法，如图 3-9 所示。核 5 级、核 6 级以及核 6B 级的甲类防空地下室，当平时设置口部建筑时应采用防倒塌棚架；当平时不宜设置口部建筑时，应在临战时在倒塌范围内的通道出地面段上方设置装配式防倒塌棚架。

室外出入口是保证防空地下室战时能够发挥作用的重要部位，因此要求尽可能布置在倒塌范围之外，以免被倒塌物堵塞。由于投弹点和倒塌物飞散的任意性，即使在倒塌范围之外，仍需注意防堵塞问题。目前，有的室外出入口虽然设在地面建筑的倒塌范围之外，但为了便于平时使用，随便增加建筑面积，使口部建筑成为一幢小型地面建筑物，有的甚至成为一幢具有相当规模的建筑，这样的室外出入口，实际上变成了“室内出入口”，这种做法是不符合战时使用要求的，所以在倒塌范围之外的口部建筑一般采用轻型建筑，因为轻型建筑一旦遭核袭击，很容易被冲击波“吹走”，不会使塌落物直接造成堵塞。如果在密集的建筑群中，室外出入口确无条件布置在地面建筑倒塌范围之外时，则其口部建筑应按防倒塌棚架设计，其顶盖和柱子应该具有足够的抗力，使其在倒塌荷载和预定冲击波荷载的分别作用下均不会倒塌。

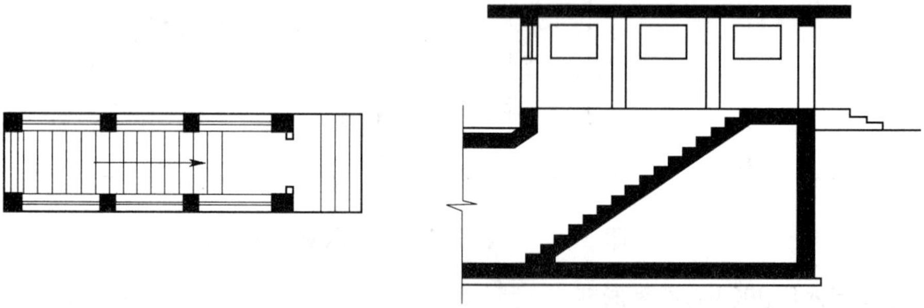

图 3-9　室外出入口的防倒塌棚架

（3）其他设置要求

防空地下室的室外出入口应考虑防雨措施，同时在有暴雨或有江河泛滥可能的地区，应考虑室外出入口防地面水倒灌措施，主要内容有：

1）出地面的平台应高出自然地面，其值按当地具体条件确定，一般取值为 450mm；

2）在踏步最外侧的自然地面处设置雨水截水沟，如图 3-10 所示；

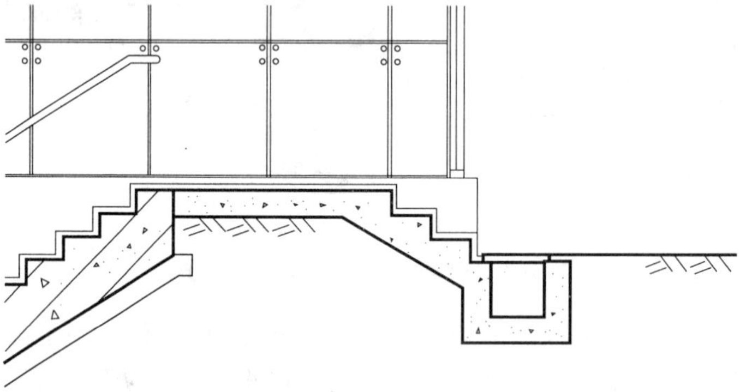

图 3-10　室外出入口外设置雨水截水沟示意

3）敞开式出入口应考虑一定的围合设施，同时在防护密闭门外的通道内及踏步平台处增设雨水截水沟。

防空地下室一般都建设在城市地下，由于地面上布满了各种建筑物、道路等，因而分散在各处的室外出入口容易做到对空隐蔽，在室外出入口设置与周边环境相协调的口部建筑，即可起到良好的伪装作用，如图 3-11 所示。

图 3-11 与环境协调的口剖建筑

3.1.5 室内出入口及电梯等井道的设置

室内出入口的设置，主要取决于防空地下室及地面建筑平时的使用要求。当上部建筑底层与防空地下室的平时使用功能一致时（如上、下均为商场的营业厅等），室内出入口可设置在建筑楼梯间内，以便于上下连通，有益于平时的管理和使用；当防空地下室的平时功能与上部建筑关联不大时，其平时使用的室内出入口宜与上部建筑的出入口分开设置，这样既可避免相互干扰，又方便防空地下室的管理。

随着我国经济发展迅猛，高层甚至是超高层建筑越来越多，电梯成为建筑必不可少的重要交通联系设施。战时由于供电没有保证，而且在空袭中地面建筑又容易遭到破坏，故防空地下室战时不考虑使用电梯，为便于平时使用，电梯通向防空地下室内部时，必须将电梯间设置于防护密闭区以外。图 3-12 所示为某小高层住宅下的防空地下室室内出入口，电梯与楼梯均位于防护密闭门外的非防护区中。当电梯的位置在防空地下室内部时，可采用图 3-13 所示的做法，设置一个钢筋混凝土现浇构筑的前室，在出入口的门框上同时设置防护密闭门和密闭门，同时为满足工程防火设计的要求，在门框墙内侧设置防火门。除了电梯外，高层建筑中还有许多设备所用的各类管道竖井，处理它们的方式与电梯相似，应组织好各类管线及管道，尽可能集中设置，而后将其置于防护密闭区以外。在高层建筑中利用建筑核心筒四周剪力墙将非防护密闭区围合起来，这样楼梯、电梯及相关管道井都围合其中，该做法是最简便、防护最可靠的处理方式。

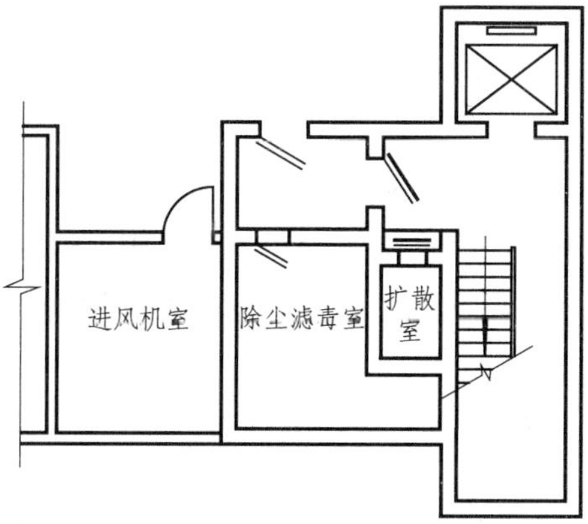

图 3-12 小高层住宅电梯处理方式

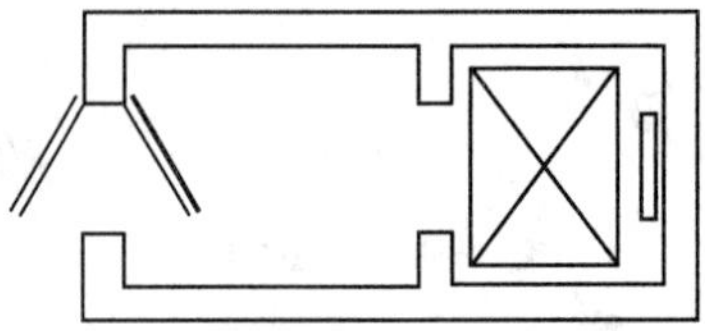

图 3-13 主体内部电梯间处理方式

3.1.6 出入口尺寸指标

（1）出入口的尺寸

防空地下室出入口的通道、踏步和门洞尺寸应根据其战时及平时的使用要求，并结合防护密闭门、密闭门的定型尺寸确定。

防空地下室人员出入口根据战时的使用需要，其最小尺寸按表 3-2 的规定确定。

表 3-2 战时出入口最小尺寸（m）

工程类别	门洞		通道		楼梯
	净宽	净高	净宽	净高	净宽
人员掩蔽工程、配套工程	0.8	2.0	1.5	2.2	1.0
医疗救护工程、专业队队员掩蔽部	1.0	2.0	1.5	2.2	1.2

注：战时备用出入口的门洞最小尺寸可按宽 × 高 =0.7m × 1.6m；通道最小尺寸可按 1.0m × 2.0m。

战时人防汽车库的车辆出入口的最小尺寸应根据车辆的车型尺寸确定，最小尺寸当单车行驶时不宜小于 3.5m，双车行驶时不宜小于 7.0m。

人防物资库的主要出入口尺寸宜按物资进出口设计，建筑面积小于等于 2000m^2 物资库的进出口门洞净宽不宜小于 1.5m；建筑面积大于 2000m^2 物资库的进出口门洞净宽不宜小于 2.0m。

（2）人员掩蔽工程出入口宽度

为保障地面人员能够迅速、顺利地进入防空地下室，防空地下室中人员掩蔽工程战时出入口（不包括竖井式出入口、连通口和防护单元之间的连通口）的门洞净宽之和应按掩蔽人数每 100 人不小于 0.3m 计算确定。为了避免人员过于集中，每樘门的通过人数不应超过 700 人。即虽然门洞宽大于 2.1m，也只能按通过 700 人考虑。与人员出入口相对应的通道和楼梯净宽不应小于该门洞的净宽。

例如，某防空地下室人员掩蔽部建筑面积 2000m^2，掩蔽人员 1200 人。按照上述指标计算，工程门洞净宽之和必须大于 3.6m，当工程设置两个战时人员出入口时，其最小的某个门洞净宽必须大于 1.5m。当条件不允许设置 1.5m 宽的门洞时，只有采取增加人员出入口数量的方法。

当人员掩蔽工程的两相邻防护单元共用一个出入口时，共用通道和楼梯的净宽应按两个出入口预定通过总人数的每 100 人不小于 0.3m 计算确定。

例如，甲防护单元入口虽然净宽 1.0m，预计此口通过人数 250 人；乙防护单元入口净宽也是 1.0m，但预计通过人数 200 人。合计通过人数 450 人，计算共用通道净宽为 1.35m，若按两门门洞净宽之和则需要2.0m。

（3）人员掩蔽工程出入口梯段做法

人员掩蔽工程是战时供人员掩蔽使用的公共场所，人员集中，进入的时间短促，人们精神紧张，所以除对人员掩蔽工程的出入口数量、宽度等指标有要求外，还需要对梯段的踏步、扶手的设置等提出必要的要求，才能保证掩蔽人员在规定的时间内顺利、安全地进入掩蔽工程。

人员掩蔽工程的战时阶梯式出入口应满足下列要求：

1）每个梯段的踏步不应超过18级，且不应少于3级；

2）踏步高不宜大于0.18m，踏步宽不宜小于0.25m；

3）阶梯不宜采用扇形踏步，但踏步上下两级所形成的平面角小于10°，且每级离扶手0.25m处的踏步宽度大于0.22m时可不受此限；

4）楼梯应至少在一侧设扶手，楼梯净宽达2.0m时应在两侧设扶手，宽度大于2.5m时应加设中间扶手。

3.1.7 出入口防护密闭门（防护门）荷载取值

为了防止核武器或常规武器爆炸冲击波通过出入口，破坏整个工程和伤害人员，一方面保证出入口有一定的结构强度，另一方面应阻止冲击波从口部进入工程内部。防空地下室防止冲击波进入工程内部的基本措施是设置防护密闭门（防护门），在冲击波到来之前，关闭防护密闭门（防护门），将冲击波阻挡在工程外面。防护密闭门（防护门）应向外开启。

确定作用在出入口防护密闭门（防护门）上的冲击波超压是选用或设计防护密闭门的重要依据。从冲击波作用机理及人防工程防护原理知道，由于各种因素的影响，作用在防护门上的冲击波超压，一般大于地面冲击波超压。一般情况下，作用防护密闭门（防护门）上的冲击波荷载，应根据冲击波的方向和大小、环境条件、出入口形式以及人防门的位置，由计算确定。为了设计方便，《人民防空地下室设计规范》GB 50038—2005针对各种出入口形式、通道长度等因素，分别按照抗常规武器和核武器等级，直接给出了防护密闭门（防护门）的抗冲击波超压值。虽然这些给定的值比较粗略和保守，但基本反映了常规武器或核武器冲击波作用在防护密闭门（防护门）上压力值的一般规律，设计时可直接选用。有时为了设计工作简单，也有在设计任务书中直接给出作用在第一道防护密闭门上冲击波超压值，如$\Delta P_m = 1.2\text{MPa}$。

（1）防常规武器

按照防常规武器冲击波，防空地下室的防护密闭门设计压力取值应符合表3-3的规定。

表3-3 乙类防空地下室出入口防护密闭门的设计压力值（MPa）

<table>
<tr><td colspan="3">防常规武器抗力级别</td><td>常5级</td><td>常6级</td></tr>
<tr><td rowspan="3">室外出入口</td><td rowspan="2">直通式</td><td>通道长度≤15（m）</td><td>0.30</td><td>0.15</td></tr>
<tr><td>通道长度>15（m）</td><td rowspan="3">0.20</td><td rowspan="3">0.10</td></tr>
<tr><td colspan="2">单向式、穿廊式、竖井式、楼梯式</td></tr>
<tr><td colspan="3">室内出入口</td></tr>
</table>

表 3-3 中的通道长度是指直通式、单向式、穿廊式出入口按有掩盖段通道中心线在平面上投影的折线长计；多跑楼梯按自梯段起始点至防护密闭门的各梯段（及休息平台）中心线的折线长计；竖井式出入口按竖井高加水平通道中心线的折线长计。

（2）防核武器

按照防核武器冲击波，防空地下室的防护密闭门设计压力取值应符合表 3-4 的规定。

表 3-4 甲类防空地下室出入口防护密闭门的设计压力值（MPa）

<table>
<tr><td colspan="2">防核武器抗力等级</td><td>核 4 级</td><td>核 4B 级</td><td>核 5 级</td><td>核 6 级</td><td>核 6B 级</td></tr>
<tr><td rowspan="2">室外出入口</td><td>直通式、单向式</td><td>0.90</td><td>0.60</td><td rowspan="3">0.30</td><td rowspan="3">0.15</td><td rowspan="3">0.10</td></tr>
<tr><td>竖井式、穿廊式、楼梯式</td><td rowspan="2">0.60</td><td rowspan="2">0.40</td></tr>
<tr><td colspan="2">室内出入口</td></tr>
</table>

3.1.8 出入口早期核辐射防护措施

早期核辐射是核爆炸最初十几秒内放出的对人体有害的射线和中子流。它具有穿透力强，能发生散射和作用时间短等特点。穿透力强，就是说早期核辐射能穿透较厚的物质层，能够穿透人体内部造成伤害。但是，早期核辐射在传播过程中，要受到各种物质的削弱作用。能发生散射，就是说早期核辐射刚射出时，基本上是直线传播的，但是它在通过空气（或其他物质）时与其分子相碰撞而改变运动方向，即发生散射。由于这种散射作用，工事孔口即使不对向爆心，也会有早期核辐射散射进来。

根据早期核辐射特点，防空地下室对早期核辐射的防护应从两方面进行。一是保证有足够的防护层（包括自然防护层和结构厚度），二是防止过大剂量核辐射从孔口散射进去。对早期核辐射的防护，实际上还包括防热辐射和防城市火灾。由于辐射的防护与建筑设计属于不同的学科，因此，为便于土建专业的设计人员掌握，我们只提出满足防空地下室出入口相关早期核辐射防护设计的有关要求，如结构厚度、通道长度以及通道做法等方面的具体要求，对其防护原理不加深入研究。甲类防空地下室的剂量设计限值（以下简称计量限值）应按表 3-6 确定。

表 3-6 甲类防空地下室的剂量限值（G_y）

类　别	剂量限值
医疗救护工程、专业队队员掩蔽部	0.1
人员掩蔽工程和食品站、生产车间、区域供水站、柴油电站、物资库、警报站等配套工程中有人员停留的房间与通道	0.2

注：G_y 为人员吸收放射性剂量的计量单位，称戈瑞。

（1）室外出入口通道长度

不同抗力等级的防空地下室，对应的早期核辐射室外地面剂量也不同，因此抗力等级不同的防空地下室，其室外出入口的做法和长度要求也不同。规范的具体要求是：

1）无论什么级别的防空地下室，考虑工程的安全性，特别是常规武器的作用，要求其室外出入口的防护密闭门外通道长度（其长度可按防护密闭门以外有防护顶盖段通道中心线的水平投影的折线长计，对于楼梯式、竖井式出入口可计入自室外地平面至防护密闭门洞口高 1/2 处的竖向距离，如图 3-14 所示）不得小于 5.0m。

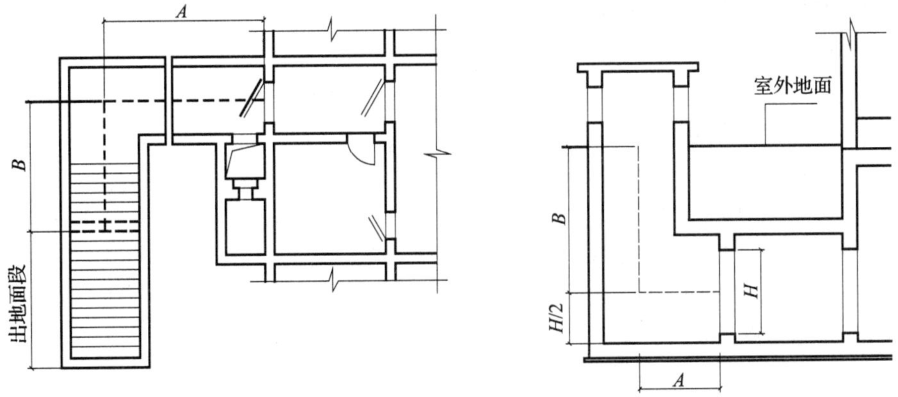

单向式通道长度
$A+B\geqslant 5.0m$

竖井式通道长度
$A+B\geqslant 5.0m$

图 3-14　防护门外通道长度要求示意图

2）核4级、核4B级的甲类防空地下室不得采用直通式的出入口。室外出入口采用单向式、穿廊式、楼梯式和竖井式的核4级、核4B级、核5级的甲类防空地下室，当其室外出入口通道净宽不大于2.0m时，其通道最小长度应满足表3-7的要求；而核5级的甲类防空地下室采用直通式出入口时，其通道最小长度应满足表3-8的要求。

表 3-7　具有 90°拐弯的室外出入口通道最小长度（m）

城市海拔（m）	剂量限值（G_y）	防核武器抗力级别					
		钢筋混凝土防护密闭门			钢结构防护密闭门		
		5	4B	4	5	4B	4
≤200	0.1	5.0	6.5	8.0	7.0	9.0	12.0
	0.2		6.0	7.0	6.0	8.0	10.0
>200 ≤1200	0.1		7.0	9.0	8.0	10.0	14.0
	0.2		6.0	7.5	6.0	8.0	11.0
>1200	0.1		7.5	10.0	9.0	11.0	16.0
	0.2		6.5	8.5	7.0	9.0	13.0

表 3-8　核 5 级直通式室外出入口通道最小长度（m）

城市海拔（m）	剂量限值（G_y）	钢筋混凝土防护密闭门	钢结构防护密闭门
≤200	0.1	5.5	9.5
	0.2	5.0	7.0
>200 ≤1200	0.1	7.0	12.0
	0.2	5.0	8.5
>1200	0.1	9.0	15.5
	0.2	6.5	11.0

3）当通道净宽大于2.0m的室外出入口，其通道最小长度应按照表3-6和表3-7的通道最小长度值乘以修正系数ξ_x，其值可按下式计算：

$$\xi_x = 0.8b_T - 0.6$$

式中 ξ_x——通道长度修正系数；

b_T——通道净宽（m）。

表3-7和表3-8中的通道长度也是指出入口有顶盖段通道中心线的折线长度。

（2）附壁式室外出入口通道长度

附壁式室外出入口是防空地下室中常见的一种室外出入口方式，如图3-15所示。现行规范对于防空地下室室外出入口早期核辐射防护的具体要求如下：

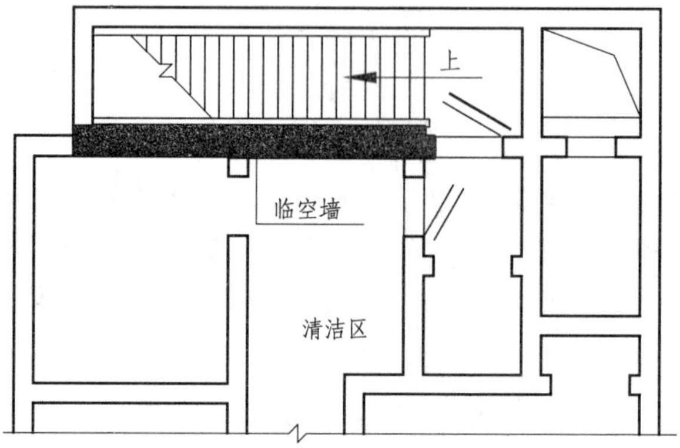

图3-15 防空地下室中临空墙示意

1）考虑到常规武器作用，附壁式室外出入口的防护密闭门外通道长度（其长度可按防护密闭门以外有防护顶盖段通道中心线的水平投影的折线长计）不得小于5.0m。

2）乙类防空地下室的附壁式室外出入口的自防护密闭门至最后一道密闭门之间通道最小长度（亦称内通道），可按建筑需要确定；战时有人员停留的甲类防空地下室，其附壁式室外出入口的内通道最小长度应满足表3-9的要求。

表3-9 附壁式室外出入口的内通道最小长度（m）

城市海拔（m）	剂量限值（G_y）	防核武器抗力级别						
		钢筋混凝土防护密闭门			钢结构防护密闭门			
		5、6、6B	4B	4	6、6B	5	4B	4
≤200	0.1	按建筑需要定	4.0	5.5	按建筑需要定	4.5	6.5	9.5
	0.2		3.5	4.5		3.5	5.5	7.5
>200 ≤1200	0.1		4.5	6.5		5.5	7.5	11.5
	0.2		3.5	5.0		3.5	5.5	8.5
>1200	0.1		5.0	7.5		6.5	8.5	13.5
	0.2		4.0	6.0		4.5	6.5	10.5

（3）室内出入口通道长度

现行规范对于防空地下室室内出入口早期核辐射防护的具体要求如下：

1）战时有人员停留的核6B级及装有钢筋混凝土人防门的核6级甲类防空地下室和乙类防空地下室，其室内出入口形式和自防护密闭门至密闭门之间的通道（亦称内通道）长度可按建筑需要确定。

2）战时室内有人员停留的核4级、核4B级、核5级的甲类防空地下室和装有钢结构人防门的核6级甲类防空地下室，其室内出入口不宜采用无拐弯形式，图3-16表示的是室内出入口有和无拐弯示意；当室内出入口具有一个90°拐弯时，其内通道的最小长度应符合表3-10的规定。

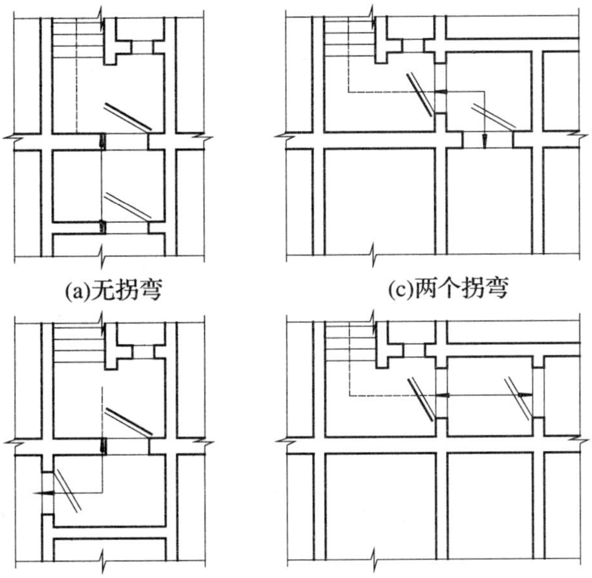

(a)无拐弯　(c)两个拐弯

(b)一个拐弯

图3-16　室内出入口作法有无拐弯示意

表3-10　具有一个90°拐弯室内出入口的内通道最小长度（m）

城市海拔（m）	剂量限值（G_y）	防核武器抗力级别						
		钢筋混凝土防护密闭门			钢结构防护密闭门			
		5	4B	4	6	5	4B	4
≤200	0.1	2.0	3.0	4.0	2.0	4.0	6.0	8.0
	0.2	—	2.5	3.0	—	3.0	5.0	6.0
>200 ≤1200	0.1	2.5	3.5	5.0	2.5	5.0	7.0	10.0
	0.2	2.0	3.0	3.5	2.0	4.0	6.0	7.0
>1200	0.1	3.0	4.0	6.0	3.0	6.0	8.0	12.0
	0.2	2.5	3.5	4.5	2.5	5.0	7.0	9.0

注：表中“—”系指内通道长度可按建筑需要确定。

（4）临空墙防护要求

临空墙是指防空地下室中一侧直接受核爆冲击波作用，而另一侧不接触岩、土的墙体。它是工程防护中的薄弱部位，结构计算复杂，同时也是早期核辐射防护的重点部位，如图 3-15 所示。现行规范相关临空墙的规定如下：

1）战时室内有人员停留的乙类防空地下室的室内出入口临空墙厚度不应小于 250mm；战时室内有人员停留的甲类防空地下室的室内出入口临空墙最小防护厚度应满足表 3-11 的要求，表中的厚度是按钢筋混凝土墙确定的。

表 3-11　甲类防空地下室室内出入口临空墙最小防护厚度（mm）

城市海拔（m）	剂量限值（G_y）	防核武器抗力级别			
		6B、6	5	4B	4
≤200	0.1	—	300	600	800
	0.2	250	250	500	700
>200 ≤1200	0.1	—	350	700	850
	0.2	250	250	600	750
>1200	0.1	—	450	750	900
	0.2	250	350	650	800

2）战时室内有人员停留的乙类防空地下室附壁式室外出入口临空墙厚度不应小于 250mm；战时室内有人员停留的甲类防空地下室附壁式室外出入口临空墙最小防护厚度应满足表 3-12 的要求。

表 3-12　甲类防空地下室室外出入口临空墙最小防护厚度（mm）

城市海拔（m）	剂量限值（G_y）	防核武器抗力级别			
		6B、6	5	4B	4
≤200	0.1	—	650	1000	1150
	0.2	250	550	900	1050
>200 ≤1200	0.1	—	700	1050	1200
	0.2	250	600	950	1100
>1200	0.1	—	750	1100	1250
	0.2	250	650	1000	1150

3）乙类防空地下室的独立式室外出入口临空墙厚度不应小于 250mm；甲类防空地下室独立式室外出入口临空墙最小防护厚度应满足表 3-13 的要求。

表 3-13　独立式室外出入口临空墙最小防护厚度（mm）

<table>
<tr><td rowspan="2">剂量限值（G_y）</td><td colspan="4">防核武器抗力级别</td></tr>
<tr><td>4</td><td>4B</td><td>5</td><td>6、6B</td></tr>
<tr><td>0.1</td><td>400</td><td>350</td><td rowspan="2">250</td><td>—</td></tr>
<tr><td>0.2</td><td>300</td><td>250</td><td>250</td></tr>
</table>

当甲类防空地下室的钢筋混凝土临空墙的厚度不满足最小防护厚度时，可按下列方法之一进行处理：

1）采用临战时砌砖加厚墙体的方式解决。实心砖砌体的厚度不应小于最小防护厚度与临空墙厚度之差的 1.4 倍；空心砖砌体的厚度不应小于最小防护厚度与临空墙厚度之差的 2.5 倍。

2）对于不满足最小防护厚度要求的临空墙，其内侧只能作为防毒通道、密闭通道、洗消间和简易洗消间等战时无人员停留的房间和通道等。也就是说，临空墙内侧的房间，战时不得作为人员工作或掩蔽使用。

3.1.9 出入口毒剂等防护措施

化学毒剂、细菌和放射性沾染的性质虽然不同，但它们都是通过各种孔口（包括缝隙）进入工程内部来杀伤人员，因此工程对它们的防护原理基本是相同的。出入口既要保障人员和设备的进出，同时又要防止染毒（放射性物质等）空气从中进入工程，根据工程、出入口的使用要求以及工程的防化等级，应采用密闭门（包括防护密闭门）、密闭通道、防毒通道、洗消间或简易洗消间等防护设施。

（1）防护密闭门及密闭门的设置

密闭门是出入口的主要防毒设施，为加强工程的密闭特性，一般情况下防毒的工程至少要设置两道密闭门，而第一道密闭门也要兼顾工程防冲击波的作用，因此一般防空地下室的第一道门为具有防冲击波和防毒双重作用的防护密闭门。防护密闭门和密闭门的设置取决于防空地下室的类别和出入口的功能。其设置应符合表 3-14 中的数量规定，并按由外到内的顺序，设置防护密闭门、密闭门。防护密闭门应向外开启，密闭门宜向外开启。

表 3-14 出入口人防门设置数量

类别	工程类别			
	医疗救护工程、专业队队员掩蔽工程、一等人员掩蔽工程、生产车间、食品站		二等人员掩蔽工程、电站控制室、物资库、区域供水站	专业队装备掩蔽部、汽车库、电站发电机房
	主要口	次要口		
防护密闭门	1	1	1	1
密闭门	2	1	1	0

（2）密闭通道、防毒通道以及洗消间和简易洗消间的设置

按照现行规范，防空地下室的战时出入口应按表 3-15 的规定，设置密闭通道、防毒通道、洗消间和简易洗消设施。

表 3-15 中的“其他口”包括战时的次要出入口、备用出入口和与非防护地下建筑的连通口等。

表 3-15 战时出入口的密闭通道、防毒通道和洗消设施

工程类别	医疗救护工程、专业队掩蔽工程、一等人员掩蔽工程、加工车间、食品站		二等人员掩蔽工程、电站控制室		物资库、区域供水站
	主要出入口	其他口	主要出入口	其他口	各出入口
密闭通道	—	1	—	1	1
防毒通道	2	—	1	—	—
洗消间	1	—	—	—	—
简易洗消间	—	—	1	—	—

其中，防毒通道、洗消间和简易洗消设施是为保障在室外染毒情况下，人员能够进出防空地下室而设置的，因此这些设施只能设置在工程战时主要出入口处。

（3）洗消污水集水坑的设置

对于遭受化学武器（包括生物武器和放射性沾染）袭击的防空地下室，经一段时间之后，在室外染毒浓度下降到容许浓度时，需要对主要出入口通道进行冲洗，因此，在工程出入口的防护密闭门外通道内以及进风口的竖井或通道内，需设置洗消污水集水坑，以便存放洗消污水。由于战时电源没有保证，故集水坑内的污水，可按使用手摇泵排水（或移动式电动排水设备）设计，如图 3-17 所示。坑深不宜小于 0.6m，容积不宜小于 $0.5m^2$。若平时使用时也设置有集水坑（如平时地下停车库）时，战时洗消污水集水坑可合并设置。

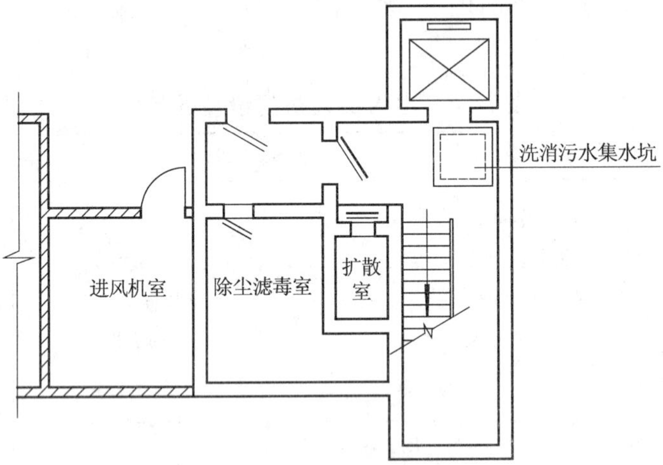

图 3-17 洗消污水集水坑示意

3.2 通风口等设备孔口的设置及防护

为满足防空地下室的使用功能，必须设置相应的通风、给排水、电气以及通信等系统。因此防空地下室除了设置必要的人员、设备进出口以外，还应设置各种内部设备系统的专用孔口。这些孔口也是工程防护的重点。

3.2.1 通风口简介

防空地下室通风口主要包括进风口、排风口，以及工程内部电站的排烟口。根据通风设备的工作状态，其通风方式可分为三种：

清洁式通风。工程外无毒剂等沾染时的通风称为清洁式通风。自然通风只能在清洁式通风时使用。

滤毒式通风。工程外部染毒（沾染）情况下仍需要进行通风的工程，在进风系统上需安装滤毒设施，以使毒剂等不通过进风系统进入工程内部。此种通风方式称为滤毒式通风。滤毒式通风只能采用机械通风。此时除正在进行通风的进排风口外，其余孔口均应关闭。

隔绝防护。工程外染毒时，所有孔口均关闭，人员靠工程内部空间储存的空气维持工作和生活，这种措施称为隔绝防护。其适用于下述情况：工程内无滤毒通风设施，如人防物资库；或工程内虽有滤毒通风设施，但工程外毒剂性质未查明或滤毒器不能过滤某种毒剂时；因火灾，工程周围空气温度剧烈上升或严重缺氧时。所有有防毒要求的工程，均应采取隔绝防护措施。

3.2.2 通风口的数量及位置

对平时开发利用的防空地下室，由于其平时的通风量与战时的通风量相差较大，工程平时和战时通风方式也有所不同，因此，平时进风口及排风、排烟口宜单独设置。鉴于上述原因，在设计平战两用的防空地下室时，通风口的设计内容主要包括平时专用的进风口、排风排烟口，战时专用的进风口、排风口和排烟口（柴油电站专用），及平战两用的通风口等。如图 3-18 为某人防工程战时进风系统平面示意图。

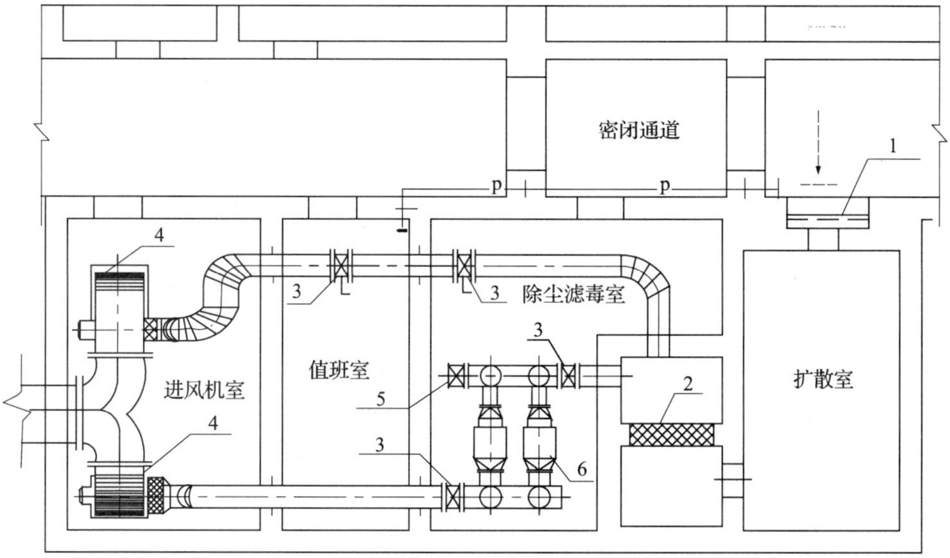

图 3-18 某人防工程进风系统平面示意图

1—防爆波活门；2—滤尘器；3—密闭阀门；4—进风机；5—换气阀门；6—过滤吸收器

（1）通风口数量

防空地下室平时通风口的数量主要由工程的规模以及防火分区划分等因素确定。防空地下室战时进风口的数量主要由工程的规模、防护分区数量以及通风量所确定。一般情况下，工程每个防护单元的进风口数量为1～2个；对于通风可靠性要求高，或风量需求较大的工程，其数量也可以增多。

防空地下室的战时排风口不宜过多，一般情况下，每个防护单元的排风口数量为1个。因为滤毒通风时风量较小，且需要排风量小于进风量，有的工程还要利用排出的空气给防毒通道和洗消间换气，设置一个排风口完全能满足使用要求。

（2）通风口的位置要求

通风口中的柴油电站机组的排烟口应在室外单独设置，进风口和排风口宜在室外单独设置。由于平时门扇不是经常处于关闭状态，若进风口设在出入口通道内，容易形成通风短路，室内新风量不易保证，即使门扇能够关闭，南方地区的夏季通风会使出入口通道产生结露，而北方地区的冬季通风又会使出入口通道（或楼梯间）的温度明显降低，因此，平时进风口宜单独设置。另外，平时排风口如果设在出入口通道内，将会严重影响出入口通道的空气质量，因此，平时排风口应单独设置。

室外通风口一般采用位于上部建筑投影范围之外，并与其具有一段距离的独立式室外通风口。当不具备设置独立式室外通风口时，可采用设在防空地下室外墙外侧的附壁式室外通风口；或者采用设置在外墙内侧，但上端风口朝向室外的附壁式通风口，如图3-19所示。所有通风口应采取防雨及防地表水等措施，同时供战时使用以及平战两用的通风口当设置在倒塌范围以内时，应采取防倒塌、防堵塞措施。

室外进风口宜设置在排风口和电站排烟口的上风侧。进风口与排风口之间的水平距离不宜小于10.0m；进风口与电站排烟口之间的水平距离不宜小于15.0m，或高差不宜小于6.0m。

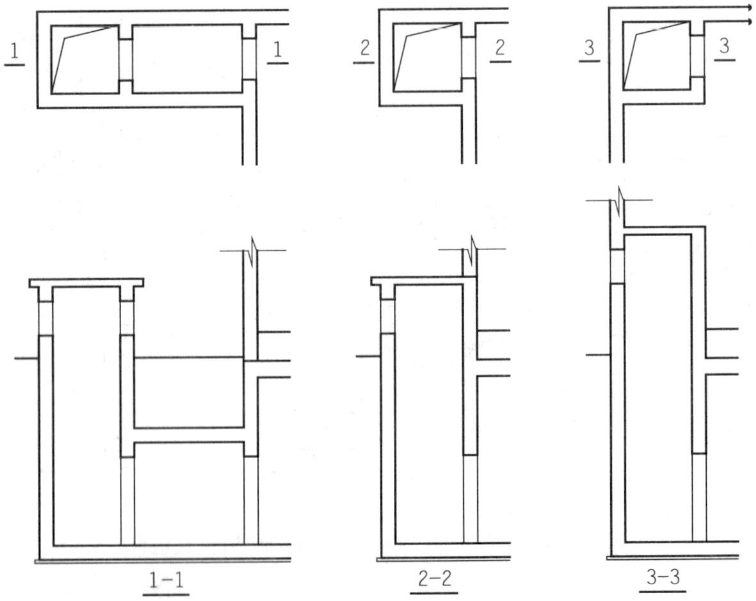

图3-19 室外通风口示意

(3) 通风口与出入口的关系

医疗救护工程、专业队队员掩蔽部、人员掩蔽工程以及食品站、生产车间、电站控制室等战时设置有防毒通道、洗消间或简易洗消间的工程，其战时排风口应与战时主要出入口（室外出入口）相结合设置。这是因为洗消间、简易洗消间和防毒通道都要利用通风超压通风换气，并把污秽空气及时排到室外，因而要求洗消间、简易洗消间和防毒通道要与排风口相结合，当然排风口也应设在作为主要出入口的室外出入口附近（最好将排风口设排风竖井，不要设在出入通道内）。

对于用作二等人员掩蔽部的乙类防空地下室和核5级、核6级、核6B级的甲类防空地下室，当室外确实没有单独设置进风口的条件时，其风口可以结合室内出入口设置，但在防爆波活门外侧的上方楼板结构应按防倒塌设计，或在防爆波活门的外侧采取防堵塞措施，如图3-20所示。

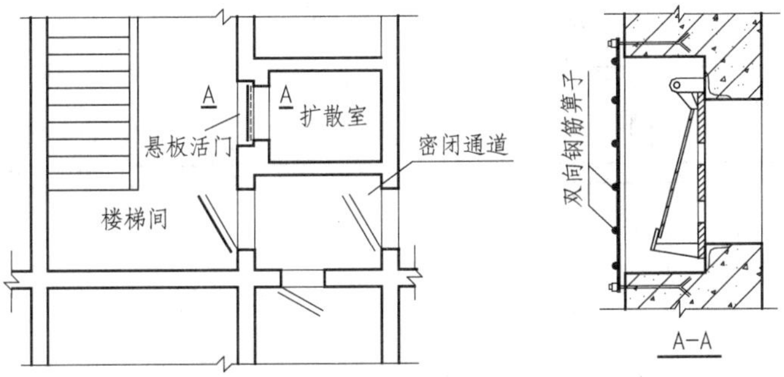

图3-20 设在室内出入口的进风口防堵塞措施

“有防毒要求但不设洗消间和简易洗消间的防空地下室”主要是指物资库。在室外染毒情况下，这类工程没有人员出入，而且因内部人员很少，可以在较长时间内与室外隔绝，保持密闭状态。故其主要出入口可不设防毒通道和简易洗消间，其进风系统中也可不设滤毒通风，只设清洁通风和隔绝通风，因此在无条件单独设置室外进风口时，其战时进风口可设在室外出入口（即主要出入口）；为了防止厕所污浊空气的扩散，排风口宜靠近厕所设置，如图3-21所示。

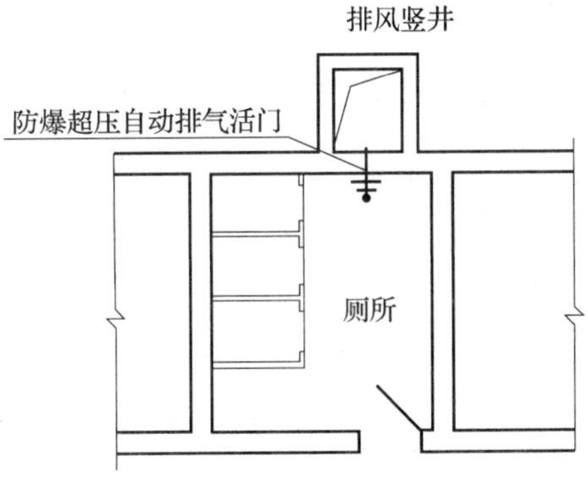

图3-21 排风口设置在厕所示意

3.2.3 通风口对冲击波的防护

防空地下室所有通风口都要考虑对冲击波的防护，只用于平时的通风口可采用口部封堵方式，平战两用的通风口要考虑平战转换措施（详见第5章有关内容）；而战时通风口的防冲击波措施按照工程不同的使用功能可采用以下方式：

1）医疗救护工程、专业队队员掩蔽部、人员掩蔽工程以及食品站、生产车间、电站控制室等战时要求不间断通风的防空地下室，其战时进风口、排风口、电站排烟口宜采用“防爆波活门+扩散室（或扩散箱）”的消波措施，乙类防空地下室和核6级、核6B级甲类防空地下室消波措施可采用扩散箱。

2）人防物资库等战时要求防毒，但不设置滤毒通风，且空袭时可暂停通风的防空地下室，其战时进、排风口或平战两用的进、排风口可采用“防护密闭门+密闭通道+密闭门”的防护措施，如图3-22（a）所示。

3）专业队装备掩蔽部、人防专用汽车库等战时允许染毒的防空地下室，其战时进、排风口或平战两用的进、排风口可采用“防护密闭门+集气室+普通门”的防护措施，如图3-22（b）所示。当通风口为平战两用时，普通门应采用防火门。

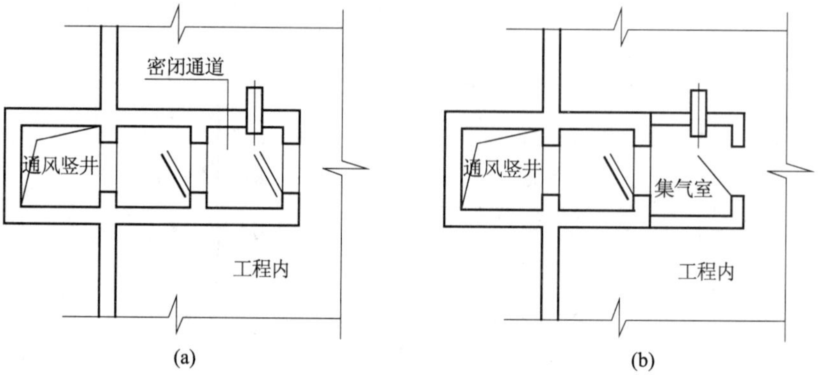

图3-22 进、排风口防护做法

其中防爆波活门以及防护密闭门上的设计压力与出入口的防护密闭门的确定方法是相同的，因此可以按照第3.1.7条相关内容的规定确定。

3.2.4 通风口对毒剂等的防护

前面已经阐述过，根据工程的不同要求，防空地下室通风系统对毒剂的防护主要采用隔绝式防护和滤毒式通风两种方式。对通风口而言，隔绝式防护就是将进风及排风口的密闭阀门关闭，做到既不进风也不排风。而滤毒式通风就是在进风系统上安装除尘滤毒设备，采用过滤吸收的方法，消除毒剂、生物战剂及放射性物质。普通防空地下室的除尘滤毒设备主要包括滤尘器和过滤吸收器，滤尘器主要用于滤除空气中的灰尘；过滤吸收器主要用于滤除和吸收毒烟、毒雾、生物战剂以及各种毒剂的蒸汽，图3-23所示为SR型过滤吸收器。

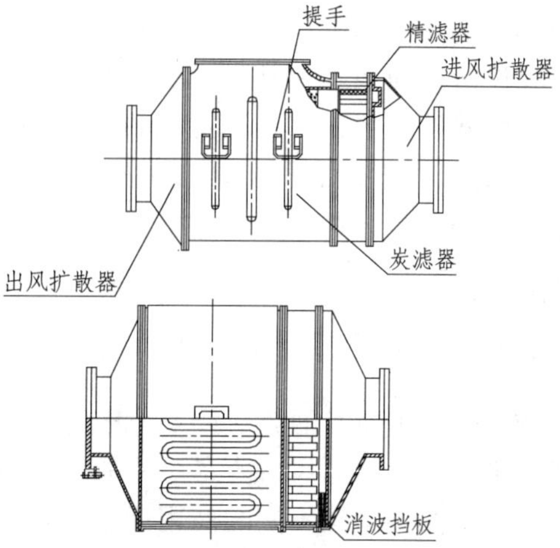

图3-23 SR型过滤吸收器

为安放除尘滤毒设备，要求在防空地下

室的进风口处设置除尘室和滤毒室（根据工程情况可合并设置为除尘滤毒室）。由于战时室外染毒情况下，过滤吸收器使用一定时间后毒剂达到饱和状态，当更换过滤吸收器时，除尘滤毒室可能会染毒，故除尘滤毒室应设在染毒区。为了不污染清洁区，要求在更换过滤吸收器时，应该在不经过清洁区的情况下，把染毒的过滤吸收器直接送到室外。为了使工作人员方便地进出清洁区，应将除尘滤毒室的门设在既能通往室外，又能通往室内清洁区的密闭通道（或防毒通道）内，并设置密闭门。为缩短负压管段的长度，一般将除尘滤毒室邻近进风口且宜与进风机室相邻设置。为了便于操作和管理，进风机室应设在清洁区，如图 3-24 所示。

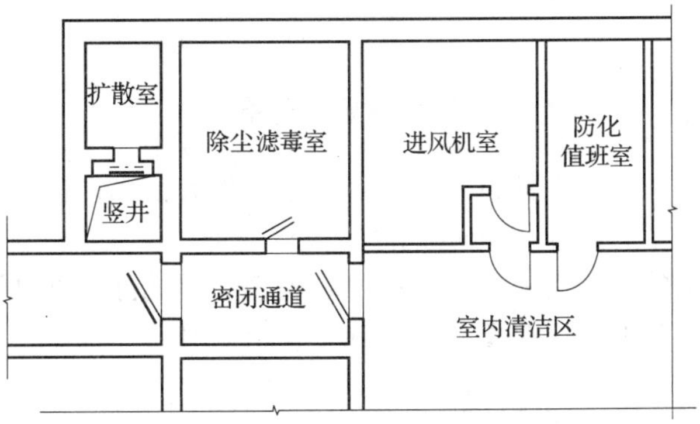

图 3-24　除尘滤毒室与进风机室布置

除尘滤毒室尺寸大小除满足设备及安装位置外，还应考虑设备检修的距离；其密闭门的尺寸应满足过滤吸收器等设备进出的最小尺寸要求。

3.2.5　其他孔口的设置及防护

(1) 给排水孔口

从安全考虑，引入管应从防空地下室的出入口引入，这样可将管道上的防爆波阀设在防毒通道内，一旦外部水管遭到破坏，不会通过引入管使毒剂进入室内。但在具体工程设计中，当室外供水管线远离出入口时，也可考虑从外墙直接引入，但应在引入管靠近外墙的内侧设置防爆波阀。防爆波阀门是一种既能消除冲击波又能阻挡冲击波的安全阀门，其优点是能保证连续供水，自动操作，管理方便。

排水系统的压力排出管应在水泵出口处设止回阀和闸板阀。止回阀是为防污水倒灌，闸板阀是为防冲击波。自流排出管可根据防护等级，分别按以下方式处理：

1）核 4B 级及以上工程采用防毒消波槽。它的工作原理是：当冲击波自出水管冲入消波槽后，位于水面以下的入口将冲击波导入水内，利用槽上部的空腔，使水体受到的冲击波能量被大量消耗，从而起到消波作用；这种装置保证进水口和出水口都设置在水面以下，因此可起到水封作用，还能防止毒剂的侵入。

2）核 5 级、核 6 级及核 6B 级采用防爆水封检查井，它的构造和工作原理和防毒消波槽相同。其差别在于它所受到的冲击波压力较小，因此槽的长度可以减短，一般有 1.0m 长即可，如图 3-25 所示。

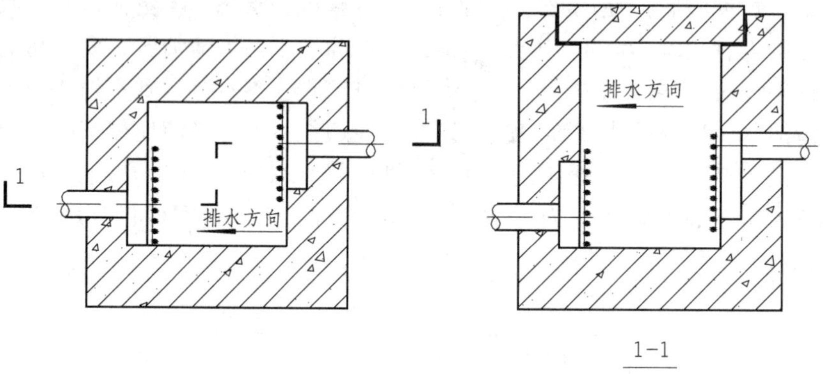

图 3-25　防爆水封检查井

防毒消波槽和水封井设计应注意进、排水管埋入设计液面以下至少 300mm，以保证水封作用。设计液面以上至少应有 250mm 的净空，以保证其消波作用。以上两种消波装置可与化粪池合并，此时槽的尺寸应根据化粪的要求确定，同时也应满足消波槽（水封井）在构造方面的要求，图 3-26 所示为防爆波化粪池土建示意图。

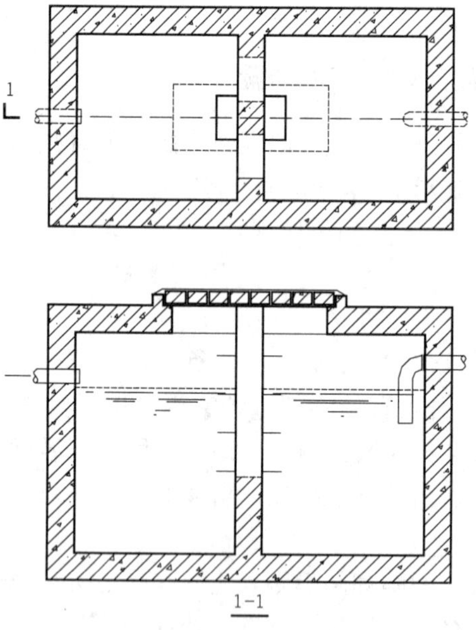

图 3-26　防爆波化粪池

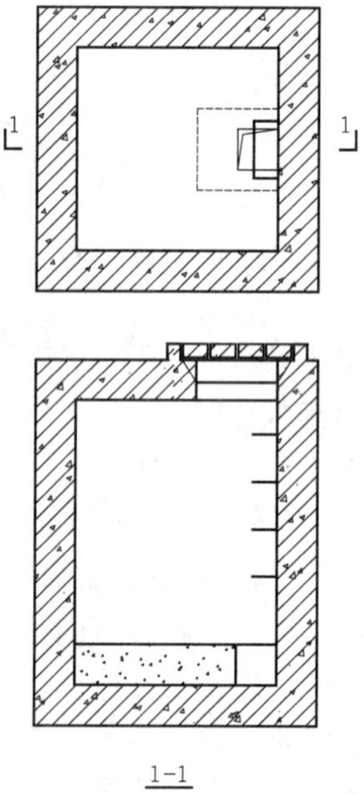

图 3-27　防爆波电缆检查井

（2）电气孔口

进、出防空地下室的电气线路防护主要考虑以下几点：

1）为防核冲击波，凡引入或穿出防空地下室的电气线路，应一律用埋地敷设的电缆并经电缆防爆波井引入，并预留备用穿线管。试验证明，架空与埋地的防护性能有很大差别，因此，不允许架空敷设各类电缆。图 3-27 所示为防爆波电缆检查井土建示意图。

2）防护密闭墙（多为出入口处的门框墙或临空墙）负有防冲击波和防毒双重功能，因此，穿过围护结构的电缆不能破坏防护功能。其防护设置的关键部位是电缆与墙体孔之间的间隙。图 3-28 所示是一种常用的管线穿越防护密闭墙的做法。

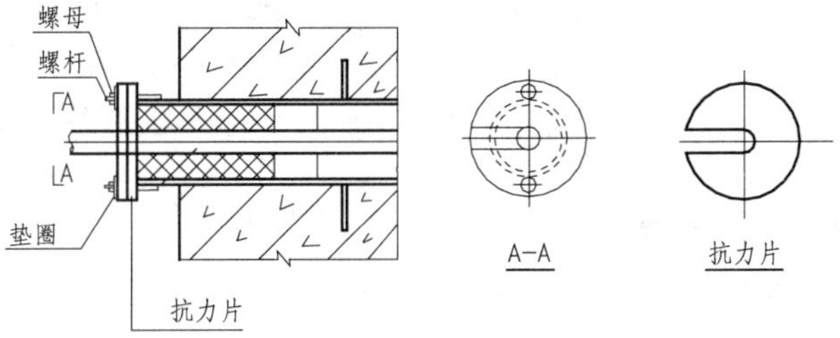

图 3-28 电缆穿越防护密闭墙做法示意

3.3 口部防护设施的综合布置

前面介绍了出入口等口部防护的各种措施。在实际工程设计中，各种防护设置应该统一考虑，根据不同条件，采取各种不同的综合布置方案。尽管条件不同，一些共性问题在进行口部综合布置时是应当重视的，主要有以下几点：

1）合理确定防护等级与防护要求。各种防空地下室项目，一般根据所在城市的设防要求、工程重要程度以及所在位置环境等因素，按照《人民防空工程战术技术要求》确定工程防护等级，口部防护则根据与规定等级相应的各项防护标准和要求进行布置和设计。

2）防护设施应具有相等的防护能力。在确定工程防护等级以后，应特别注意使各种防护设施都具有相同的防护能力，避免某些设施在低于规定的防护等级时先被破坏而使其他防护设施不能充分发挥作用。

3）布置紧凑，轮廓简单，简化结构，便利施工。口部防护设施种类较多，要求复杂，应先从工程全局出发，确定每个出入口的分工以及具体的防护设施内容，而后在分别对每个出入口进行布置与设计。

要做好口部房间的综合布置，必须明确口部房间的组成和各类房间的相互关系。表 3-15 是防空地下室的防毒要求汇总表。

表 3-15 防空地下室防毒要求一览表

防毒要求	滤毒通风	建筑类别	主要出入口	进风口	其他出入口
要求防毒	设置滤毒通风	医疗救护工程、专业队队员掩蔽工程、一等人员掩蔽工程	防毒通道×2 洗消间	密闭通道 滤毒室	密闭通道
		二等人员掩蔽工程	防毒通道 简易洗消间		
	不设滤毒通风	物资库	密闭通道	—	
允许染毒		汽车库 柴油发电机	防护密闭门	—	防护密闭门

3.3.1 与工程主体排风口结合设计的战时主要出入口

战时主要出入口是指战时空袭前后，人员、车辆或设备进出较有保障，且使用方便的出入口。对于人员掩蔽工程而言，战时主要出入口要考虑到当工程外界染毒时，在保证工程主体安全前提下能允许有少量人员进出，这就需要借助于排风系统的防毒通道和洗消设施。因此，防空地下室战时主要出入口，特别是人员掩蔽工程的战时主要出入口应与工程主体排风口结合设置。

(1) 设置洗消间的战时主要出入口

主要工程类型：医疗救护工程、专业队队员掩蔽工程和一等人员掩蔽工程。

房间组成：排风口或排风竖井、扩散室、第一防毒通道、脱衣间、淋浴间、检查穿衣间和第二防毒通道等，如图 3-29 所示。

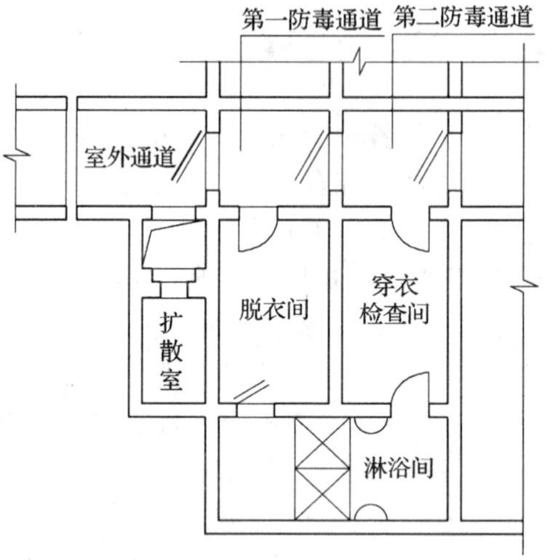

图 3-29 设置洗消间的战时主要出入口

人防门设置要求及房间关系：第一防毒通道的外端设防护密闭门，第一防毒通道与第二防毒通道之间设密闭门，第一防毒通道与脱衣间之间设普通门，脱衣间与淋浴间之间设密闭门，淋浴间与检查穿衣间之间设普通门，第二防毒通道与清洁区之间设密闭门。各组成设施或房间的主要关系如图 3-30 所示，其中一定要注意扩散室的侧壁应与第一防毒通道或脱衣间共用一道墙体，以保证超压排风系统工作的顺畅。

(2) 设置简易洗消的战时主要出入口

主要工程类型：二等人员掩蔽工程。

房间组成：排风口或排风竖井、扩散室、防毒通道、简易洗消间或简易洗消区等，如图 3-31 所示。

人防门设置要求及与房间关系：防毒通道的外端设防护密闭门，防毒通道与简易洗消间之间设普通门，简易洗消间与清洁区之间设密闭门，防毒通道与清洁区之间设密闭门。扩散室与防毒通道或简易洗消间相邻，排风竖井与扩散室相邻。

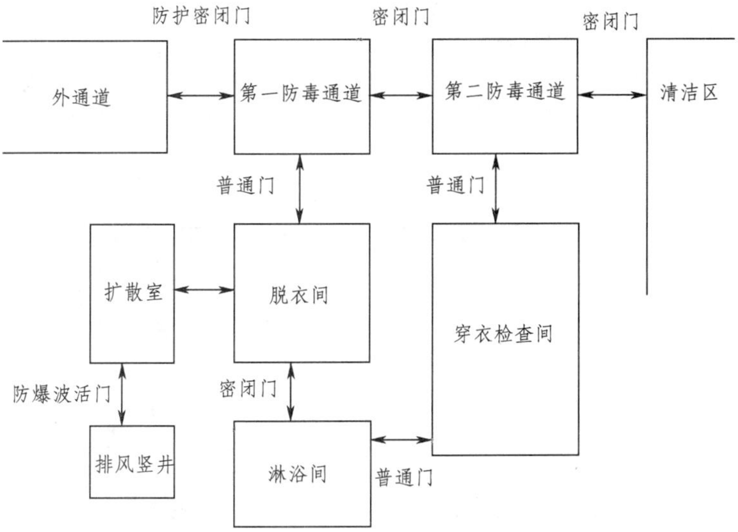

图 3-30　设置洗消间的战时出入口各房间设施关系图

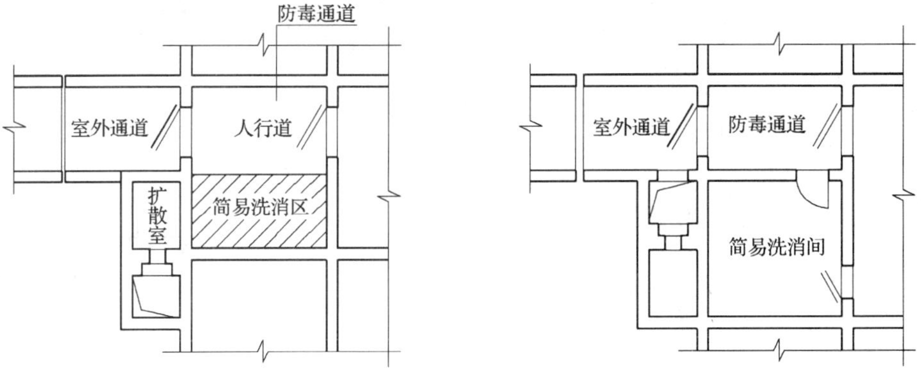

图 3-31　设置简易洗消的战时主要出入口

3.3.2　与工程主体进风口结合设计的战时次要出入口或应急出入口

战时次要出入口是指战时主要供空袭前使用，在因空袭使地面建筑遭破坏时可不用的出入口；应急出入口一般与通风系统的通风竖井结合设置。医疗救护工程、人员掩蔽工程等的进风系统应设置滤毒系统，考虑到在战后处理已染毒的滤毒器等设备设施时应不通过清洁区，因此要求此类型工程的进风口应结合出入口设置；为避免因建筑倒塌影响工程进风系统的正常工作，结合设置时应考虑防倒塌和堵塞设施。

（1）与工程主体进风口结合设计的战时次要出入口

房间组成：进风口或进风竖井、扩散室、密闭通道、滤毒室和进风机室等，如图 3-24 所示。从图 3-24 中可以看出，滤毒室与进风机室分室布置，滤毒室设在染毒区，滤毒室的门设置在密闭通道内。

人防门设置要求及房间关系：密闭通道的外端设防护密闭门，滤毒室的门为密闭门，密闭通道与清洁区之间设密闭门，进风机室设置在清洁区，其门洞设普通（隔声）门。进风竖井与扩散室相邻，扩散室与滤毒室相邻，滤毒室与进风机室相邻。

（2）与工程主体进风口结合设计的应急出入口

房间组成：进风竖井（设置人行爬梯）、扩散室、密闭通道、滤毒室和进风机室等，如图 3-32 所示。

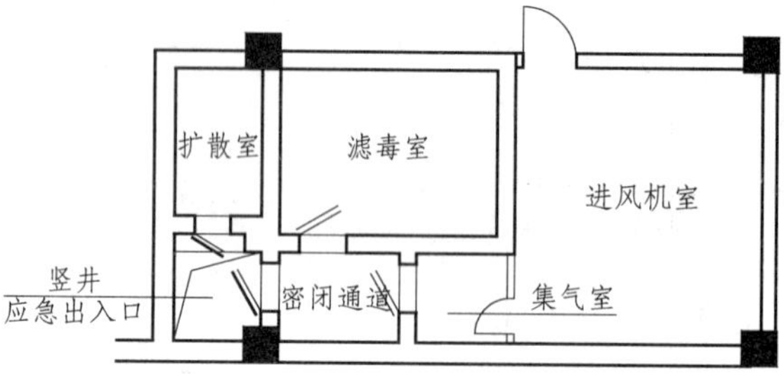

图 3-32　与工程主体进风口结合设计的应急出入口

人防门设置要求及房间关系：密闭通道的外端设防护密闭门，滤毒室的门为密闭门，密闭通道与清洁区之间设密闭门，进风机室设置在清洁区，其门洞设普通（隔声）门。进风竖井与扩散室相邻，扩散室与滤毒室相邻，滤毒室与进风机室相邻。密闭通道的外端与通往室外地面的竖井式出入口相邻。

3.3.3　其他形式口部的综合布置

（1）与通风口无关的出入口

与通风口无关的出入口只设一道密闭通道，如图 3-33 所示，即密闭通道的外端设防护密闭门，密闭通道与清洁区之间设密闭门。此类型出入口主要应用于物资掩蔽库的主次要出入口，医疗救护工程、防空专业队人员掩蔽工程以及人员掩蔽工程的次要出入口等。

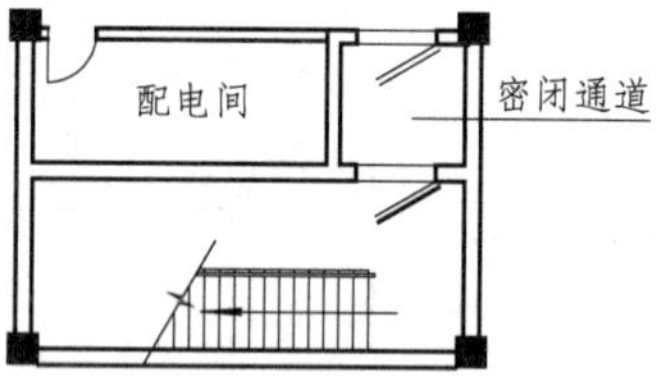

图 3-33　与通风口无关的出入口

（2）战时汽车库的出入口

战时汽车库允许染毒，其出入口设置比较简单，一般情况下室外与室内之间设一道防护密闭门即可。

如果采用空袭时暂停的通风方式，排风口可不设扩散室，若排风口设防护密闭门（即空袭时关闭防护密闭门，通风时开启防护密闭门），应将排风竖井与排风机室相邻设置。

（3）电站机房出入口

医疗救护工程或其他工程中设置的柴油电站是允许染毒的，因此其直通地面的出入口室外与室内之间可只设一道防护密闭门，但考虑到电站工作期间有时需要人员进出，因此较好的办法是将电站的出入口与工程战时主要出入口结合设置，可以利用工程战时主要出入口的防毒通道和洗消间等设施，既防护可靠，使用方便，同时也可以节省一个与清洁区相连通的防毒通道（要设置简易洗消设施），如图 3-34 所示。

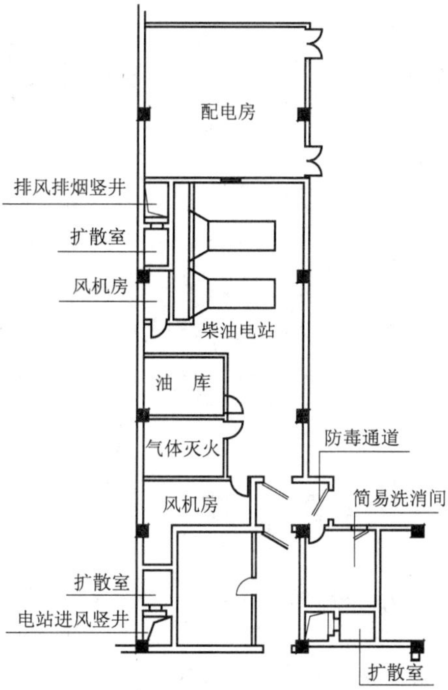

图 3-34 与工程战时主要出入口结合设置的电站出入口

电站内部的通风设施的主要要求有：进排风口要分别单独设置通风竖井、扩散室以及通风机房；排烟口的排烟竖井也可与排风竖井合用，而后接扩散室。

小 结

本章结合《人民防空地下室设计规范》主要讲述了口部设计的相关内容，特别是出入口和通风口在核武器、常规武器以及生化武器等杀伤破坏因素防护方面的具体措施与技术要求。主要内容包括出入口的分类与形式、数量确定，倒塌范围的概念及对出入口的要求，出入口处防护设备荷载取值，出入口防早期核辐射措施以及防毒剂措施，通风口对冲击波、毒剂等防护措施，最后结合防空地下室特点，以及出入口与通风口的特殊关系，分类阐述了口部防护设施的综合布置方法与相关要求。

4 工程主体设计

防空地下室的“主体”是指防空地下室中能满足战时防护和主要功能要求的部分，对于有防毒要求的防空地下室，即指最后一道密闭门以内的部分。由于防空地下室现在几乎都具有平时与战时的双重使用功能，工程的平时使用功能反映到主体设计中，在平面布局、功能组织、交通联系等方面的指标与设计原理基本与地面建筑相类似，因此本章所讲的主体设计，主要是从防空地下室的战时功能、防护特性以及特殊房间设施等方面进行重点阐述。

4.1 基本要求

防空地下室主体设计是工程形成防护空间的重要部分，根据《人民防空工程战术技术要求》以及地下工程的特点，工程主体设计除了要遵循相应的原则外，随着工程战时功能不同，其规模及各项技术指标都不相同。本节结合现行规范主要介绍主体设计的主要原则、工程相关规模与指标，以及特定的尺度要求等。

4.1.1 主体设计的主要原则

防护要求、使用要求、地质条件以及周边环境等对防空地下室主体设计有较大影响，设计中必须根据工程战术技术要求和客观条件正确处理各种矛盾，使设计达到适用、防护可靠、经济，并达到相应的美观要求。主体设计应遵循以下主要原则：

（1）满足防护要求

防空地下室主体设计必须具有可靠的预定防护能力。在设计中应利用一切可利用的客观有利条件，尽可能提高工程的防护能力。如合理选定平面布局、结构尺寸，利用天然材料增加自然防护层，合理伪装，合理布置工程内部各个组成部分，合理划分防护分区等。

（2）满足使用要求

防空地下室主要是为战时各种人员、物资器材的防护与储备而建造的，应坚持人防建设与经济建设协调发展、与城市建设相结合的原则，充分发挥其战备效益、社会效益和经济效益。因此平战两用的防空地下室除满足战时使用要求外，还需要满足平时的使用要求。在设计中应正确处理及协调两种要求之间的矛盾，尽量做到使两种不同的使用功能对平面布局、空间尺寸以及环境要求相近，力求使建筑空间在平时和战时都能充分发挥作用。规范要求：对于平战结合的常5级、常6级的乙类防空地下室和核5级、核6级、核6B级的甲类防空地下室设计，当其平时使用要求与战时防护要求不一致时，设计中允许采用防护功能平战转换措施。平战功能转换措施的详细论述参见本书第5章的相关内容。

（3）与上部条件相适应

防空地下室与其他人防工程类型相比，最为显著的特征就是其上有地面建筑。在工程主体设计时，特别是防空地下室的平面布局、结构选型、柱网尺寸以及承重墙等必须与上部建筑协调。同时，应将充分利用上部建筑在战时的防护作用，减少其基础的投资作为防空地下室主体设计的重要手段之一。

（4）具有良好的经济效果

防空地下室单位面积造价显著高于普通地下室，工程防护措施应用合理与否对工程造价的影响也很大。应在满足使用要求和防护要求的条件下力求经济是防空地下室设计的重要原则。提高建筑空间利用率，注重与上部建筑协调，采取适宜的层数、跨度和断面形式，力求各部位抗力协调等都有利于降低工程的造价。

4.1.2 工程相关规模与指标

（1）医疗救护工程

医疗救护工程根据作用不同分为三等：一等为中心医院，二等为急救医院，三等为救护站。医疗救护工程的规模应按不同的等级，以及依据防空地下室的实际条件确定。表 4-1 为规范中医疗救护工程规模确定的参照表。

表 4-1 医疗救护工程的规模

<table>
<tr><th rowspan="2">类　别</th><th colspan="3">规　模</th></tr>
<tr><th>有效面积（m^2）</th><th>床位（个）</th><th>人数（含伤员）</th></tr>
<tr><td>中心医院</td><td>2500～3000</td><td>150～250</td><td>390～530</td></tr>
<tr><td>急救医院</td><td>1700～2000</td><td>50～100</td><td>210～280</td></tr>
<tr><td>救护站</td><td>900～950</td><td>15～25</td><td>140～150</td></tr>
</table>

注：中心医院、急救医院的有效面积中含电站，救护站不含电站。

医疗救护工程净高除了手术室等特殊房间应按照设备及使用要求确定外，一般房间的净高为 2.6～2.8m，通道净高为 2.2～2.4m。

（2）防空专业队与人员掩蔽工程

防空专业队工程和人员掩蔽工程的面积标准和室内净高应符合表 4-2 的要求。其他防空地下室（除医疗救护工程外）的室内净高（指结构板底至室内地面的高度）不宜小于 2.4m，战时作为各种用途的防空地下室的室内梁底或管底至地面的净高不得小于 2.0m。图 4-1 所示为防空专业队工程中装备掩蔽部以及人防汽车库净高取值标准；图 4-2 所示为防空专业队队员掩蔽部以及人员掩蔽部等其他防空地下室净高取值标准。

表 4-2 防空专业队、人员掩蔽工程的面积标准和室内净高

<table>
<tr><th>项目名称</th><th colspan="3">面积标准</th><th>净　高</th></tr>
<tr><td rowspan="3">防空专业队工程</td><td rowspan="2">装备掩蔽部</td><td>轻型车</td><td>40～50m^2/台</td><td rowspan="2">梁底和管底至地面净高
≥车高+0.2m</td></tr>
<tr><td>中型车</td><td>50～80m^2/台</td></tr>
<tr><td>队员掩蔽部</td><td colspan="2">3.0m^2/人</td><td rowspan="2">室内净高≥2.4m</td></tr>
<tr><td colspan="2">人员掩蔽工程</td><td colspan="2">1.0m^2/人</td></tr>
</table>

注：表中的面积标准均为掩蔽面积；防空专业队装备掩蔽部宜按停放不小于轻型车设计。

掩蔽面积是指供人员掩蔽使用的有效面积，其值为防空地下室的有效面积（供人员、设备使用的面积，其值为防空地下室建筑面积与结构面积之差）中扣除以下各部分面积后的面积：

口部房间、通道面积；

通风、给排水、供电等专业设备房间面积；

厕所、盥洗室面积。

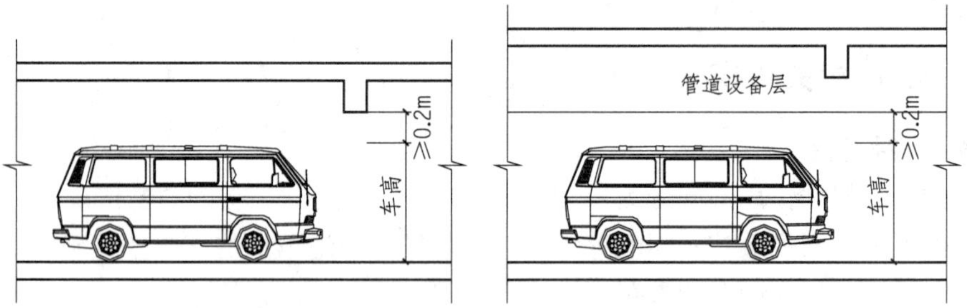

(a)预部无设备管道　　(b)顶部有设备管道

图 4-1　车辆掩蔽净高示意

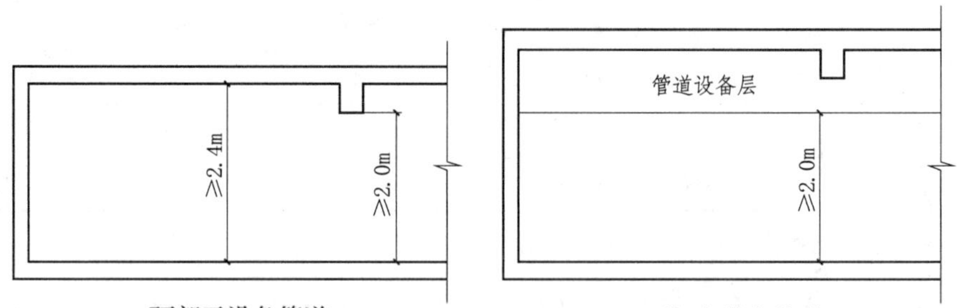

(a)预部无设备管道　　(b)顶部有设备管道

图 4-2　人员掩蔽净高示意

4.1.3　防早期核辐射主体构件尺寸要求

防空地下室与地面建筑相比，一个重要的区别在于对工程各构件尺寸大小的选择有诸多因素的影响，除了包括静荷载、爆炸动荷载、覆土荷载、倒塌荷载等主要荷载影响因素外，还有早期核辐射防护、防水保护层、结构保护层等特殊因素。主要荷载通过结构计算确定，这里就不再阐述了；而防空地下室外侧结构保护层厚度一般取 50mm。本条主要介绍防空地下室防早期核辐射所要求的主体构件最小尺寸以及相应的构造措施，如顶板上覆土厚度、结构厚度等。

（1）顶板

为了保证室内人员不受早期核辐射的伤害，防空地下室的顶板应满足必要的厚度要求。

战时室内有人员停留的防空地下室中，乙类防空地下室的钢筋混凝土顶板厚度不宜小于 250mm。甲类防空地下室，当顶板上方有上部建筑时，钢筋混凝土顶板的最小防护厚度（d_d）应满足表 4-3 的要求；当顶板上方无上部建筑时，钢筋混凝土顶板的最小防护厚度（d_d）应满足表 4-4 的要求。

表 4-3 有上部建筑的甲类防空地下室顶板最小防护厚度（mm）

城市海拔（m）	剂量限值（Gy）	防核武器抗力等级			
		6B、6	5	4B	4
≤200	0.1	250	460	820	970
	0.2		360	710	860
>200 ≤1200	0.1		540	860	1010
	0.2		430	750	900
>1200	0.1		610	930	1070
	0.2		500	820	960

表 4-4 无上部建筑的甲类防空地下室顶板最小防护厚度（mm）

城市海拔（m）	剂量限值（Gy）	防核武器抗力等级			
		6B、6	5	4B	4
≤200	0.1	250	640	1000	1150
	0.2		540	890	1040
>200 ≤1200	0.1		720	1040	1190
	0.2		610	930	1080
>1200	0.1		790	1110	1250
	0.2		680	1000	1140

甲、乙类防空地下室的顶板厚度均可计入顶板结构层上的混凝土地面厚度。当顶板厚度不满足要求时，甲类防空地下室应在顶板上面覆土，覆土的厚度（h_t）不应小于最小防护厚度与顶板厚度（d_1）之差的1.4倍。即当顶板厚度d_1小于d_d时，其顶板上方的覆土厚度h_t应满足式4-1的要求：

$$h_t \geq 1.4(d_d - d_1)$$

式中 h_t——覆土的厚度；

d_d——最小防护厚度；

d_1——顶板厚度。

对于核4级、核4B级、核5级的甲类防空地下室，当顶板厚度不满足表4-3的要求时，若其上方设有管道层（或普通地下室），如图4-3所示，满足下列各项要求时，顶板上面可不覆土：

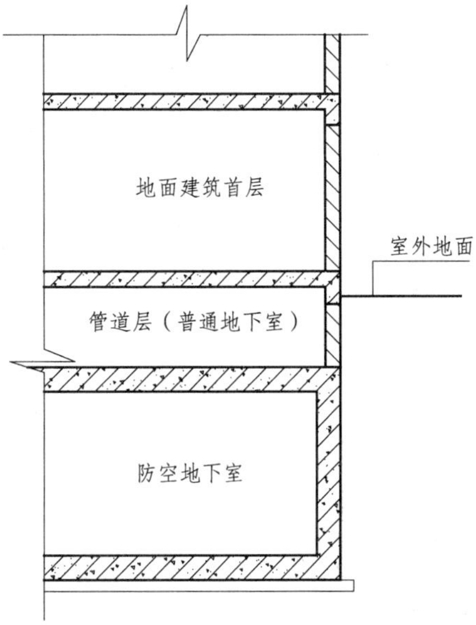

图 4-3 有管道层（普通地下室）剖断示意

1）管道层（或普通地下室）的外墙，战时没有门窗等孔洞。

2）管道层（或普通地下室）的顶板厚度与防空地下室顶板厚度之和不小于最小防护层厚度；当管道层（或普通地下室）的顶板为空心楼板时，应已折算成实心楼板的厚度计算；

3）当管道层（或普通地下室）的顶板高出室外地面时，其高出室外地面的外墙折算厚度与防空地下室顶板厚度之和不小于最小防护层厚度；高出室外地面的外墙折算厚度等于外墙的厚度乘以材料换算系数（材料换算系数：混凝土、钢筋混凝土和石砌体可取1.0；实心砖砌体可取0.7；空心砖砌体可取0.4）。

（2）外墙

战时室内有人员停留的顶板底面不高出室外地平面（即全埋式）的防空地下室，其外墙顶部应采用钢筋混凝土。乙类防空地下室外墙顶部的最小防护距离 t_s（如图4-4所示）不应小于250mm；甲类防空地下室外墙顶部的最小防护距离不应小于表4-3。

战时室内有人员停留的顶板底面高于室外地平面（即非全埋式）的乙类防空地下室和非全埋式的核6级、核6B级甲类防空地下室，室外地平面以上的钢筋混凝土外墙厚度不应小于250mm。

当防空地下室的外墙顶部不能满足最小防护厚度时，应在外墙顶部的外侧或内侧采取局部加厚措施，墙外侧加厚做法可以通过平战功能转换措施实现，如图4-5所示。

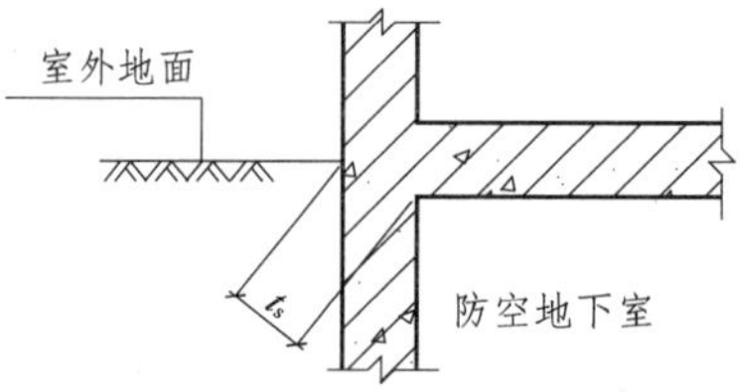

图4-4 甲类防空地下室外墙顶部最小防护厚度

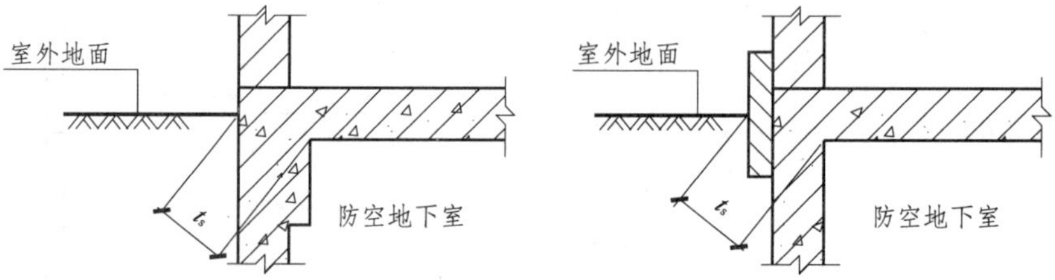

图4-5 外墙顶部的局部加厚做法

4.1.4 防空地下室的埋深

（1）防空地下室埋深的概念

防空地下室的埋深是指从自然地表面到工程底板结构最下侧的距离。由于防空地下室的埋深直接影响着工程的使用性能、工程造价，因此设计中应在满足工程防护及使用功能的前提下，尽可能降低防空地下室的埋深。防空地下室的埋深值的主要构成包括覆土层厚度、顶部结构厚度（主要指顶板梁高）、管道设备层厚度、工程使用功能要求的净高值以及工程底部结构层厚度等，如图4-6所示。

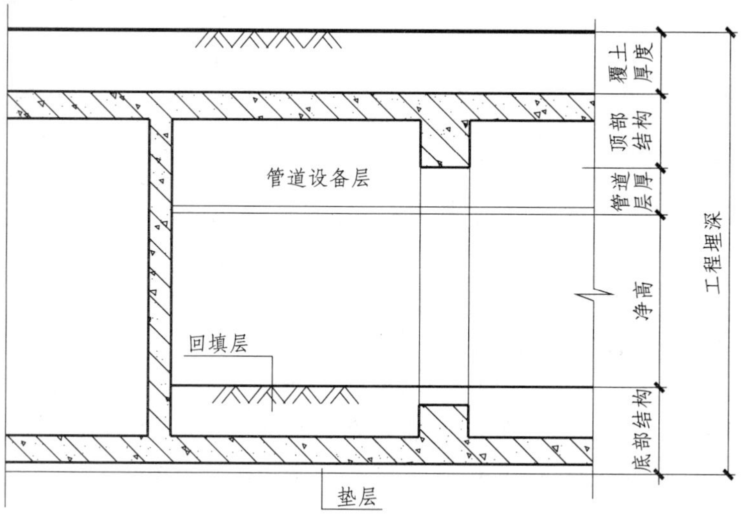

图 4-6 防空地下室埋深示意图

覆土层厚度：主要是根据地面建筑管道或室外管道避让深度。当工程顶板防早期核辐射最小厚度不满足要求时所需的覆土厚度，以及室内中庭等部栽种植物所需深度等要求确定。

顶部结构厚度：考虑到各类动荷载作用，一般比普通地面建筑要大。当地下室顶部无管道设备层或采用箱型结构时，影响工程埋深的顶部结构层厚度主要是顶板厚度；当工程采用梁板柱结构，同时设置有管道设备层及吊顶时，影响工程埋深的顶部结构层厚度主要是顶部主梁的高度。

管道设备层厚度：当防空地下室设置有机械通风以及自动喷淋系统时，在工程顶部一般需要设置管道设备层，设备层内主要包括各类进风、排风、排烟通风管道，自动喷淋系统的各类供水管及喷头，以及电缆桥架等，其厚度一般为 0.6～1.2m。

工程净高：主要根据工程平战时使用要求确定。

工程底部结构层厚度：主要包括防空地下室底部的结构底板厚度、垫层厚度以及回填层厚度等。

（2）埋深构造要求

顶板下表面不高于室外地面的防空地下室称为全埋式。一般的防空地下室都是按全埋式设计。从有利于防护的角度考虑，防空地下室顶板底面不宜高出室外地面。

对于甲类防空地下室，当上部建筑为钢筋混凝土结构时，在冲击波作用下，上部钢筋混凝土结构会给防空地下室传来较大的水平荷载，防空地下室的外墙荷载发生明显变化，使防空地下室结构设计复杂化，对防护不利，因此要求其顶板底面不得高出室外地面；当上部建筑为砌体结构时，其顶板底面可高出室外地面，但必须满足下列要求：

1）核 5 级的甲类防空地下室，当地应具有取土条件，且顶板底面高出室外地面的高度不得大于 0.5m，并应在临战时按图 4-7 所示的要求覆土。在建筑密集的地区，特别是在北方寒冷地区，冬季很长，冻土层很厚，取土困难，因此防空地下室的顶板底面是否能够高出室外地面，一定要根据当地的具体条件确定并严格限制。

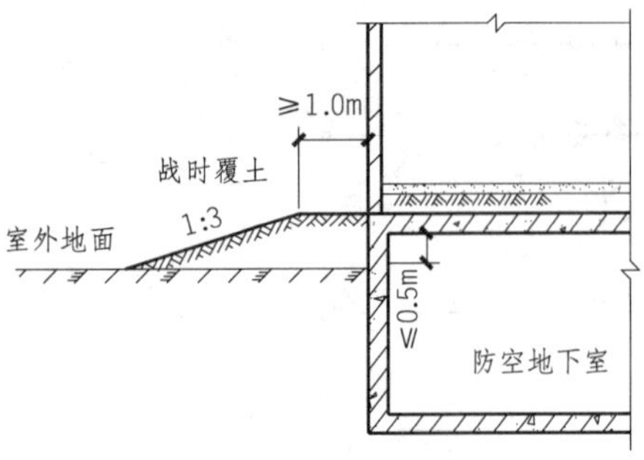

图 4-7 临战时覆土

2）核 6 级、核 6B 级的甲类防空地下室承受的冲击波地面超压和早期核辐射剂量比核 5 级防空地下室要小得多，因此只要结构强度能够满足核爆动荷载的要求，战时可以不再堆土，但地下室顶板底面高出室外地面的高度不得大于 1.0m。高出室外地面的外墙必须满足战时防常规武器爆炸、防核爆炸、密闭以及防早期核辐射等各项防护要求。

对于乙类防空地下室，考虑到其不受到核爆冲击波作用，对顶板底面是否高出室外地面的要求较为宽松。要求高出室外地面的高度不得大于防空地下室净高的 1/2，且高于室外地面的外墙必须满足战时防常规武器爆炸、密闭和墙体相关厚度等各项防护要求。

4.1.5 管线穿越限制

对于防空地下室中承受冲击波或土中压缩波直接作用的顶板、墙体和底板，通常称为人防围护结构。由于上部建筑在战时极容易遭到破坏，为了保证防空地下室围护结构的整体强度及其密闭性，与防空地下室无关的管道，不宜穿过人防围护结构。上部建筑的生活污水管、雨水管、燃气管不得进入防空地下室，其他管道穿过防空地下室顶板、临空墙以及门框墙，其公称直径不得大于 150mm。专供上部建筑使用的设备房间宜设置在工程的防护密闭区以外。凡进入防空地下室的管道及其穿过的围护结构，均应采取防护密闭措施。

为此，在设计中应尽量把专供上部建筑平时使用的设备房间，设置在防空地下室的防护范围之外，这样可以大大提高防空地下室围护结构的安全度。为了尽量减少围护结构遭破坏的几率，防空地下室所需的管道，尽量不由顶板穿入，而以墙体穿入为宜。上部建筑的污水管、雨水管、燃气管等不得穿越防空地下室，一般采取适当集中，并设置单独的管道井，将污水管设于防护范围以外的方法来处理，如图 4-8 所示。

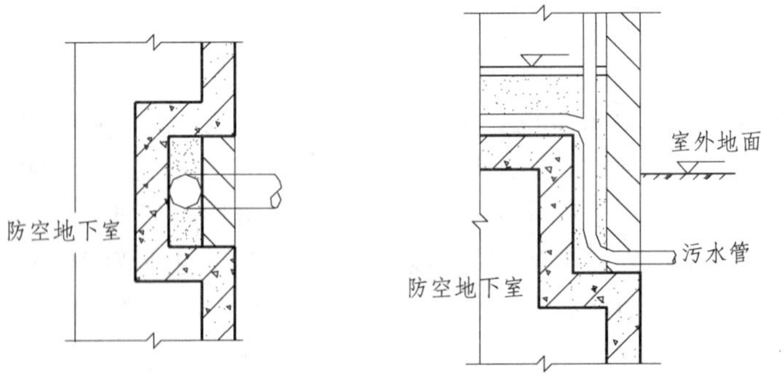

(a)平面　　(b)剖面

图 4-8 污水管做法示意图

4.2 工程防护分区

常5级及以下的防空地下室其结构不具备抗炸弹直接命中的能力，因此此类防空地下室主要通过设置防护单元以及抗爆单元等防护分区来抗击常规武器的打击，以提高战时工程抗破坏能力和掩蔽人员及物资的安全。

4.2.1 防护分区设置原则与指标

(1) 防护分区设置原理

常5级及以下的防空地下室主要通过设置防护单元将工程划分为若干个独立自成体系、具有完备防护密闭特征的单元，以缩小炸弹破坏的范围，提高工程的抗打击及破坏能力。工程在每个防护单元中按照一定的要求设置抗爆挡隔墙，划分若干个抗爆单元，以提高掩蔽人员与储备物资的生存概率。如图4-9所示，当常规炸弹直接命中“人员掩蔽单元一”中的“抗爆单元二”时，“人员掩蔽单元一”被破坏，但由于工程设置了三个防护单元，每个防护单元又自成体系，因此其他两个单元不仅没有被破坏而且依然具有一定防护密闭能力；由于防护单元内部设置了抗爆单元，因此“人员掩蔽单元一”中除“抗爆单元二”外，其他三个抗爆单元中的掩蔽人员由于抗爆挡隔墙的防护作用具有一定的安全度，在“人员掩蔽单元一”被破坏后可以向其他防护单元或人防工程转移。

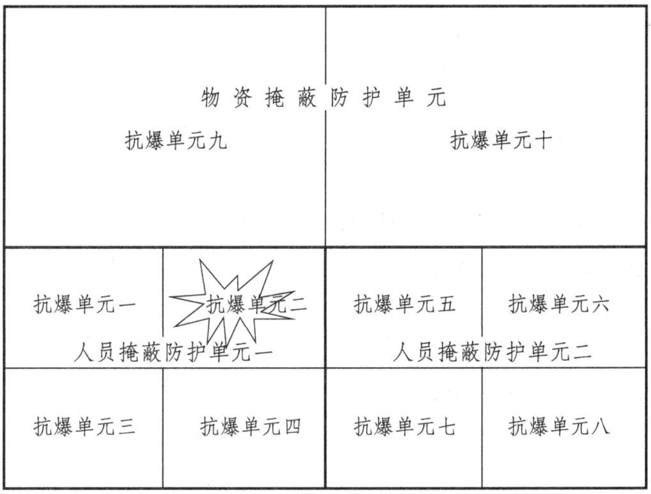

图4-9 防空地下室防护分区作用原理示意图

(2) 防护分区面积指标与设置原则

防护单元、抗爆单元的面积指标是划分防护分区最重要的依据。若面积指标设定的太小，同等条件下就会增加多个防护单元，也就增加了出入口数量、防护设备设施等。不仅对工程平时使用功能、城市建设造成影响，增加工程造价，而且由于常规武器内爆炸效应，其威力可能破坏多个防护单元或抗爆单元，反而会影响工程的生存概率。若面积指标设定的太大，划分防护单元和抗爆单元的意义就会大打折扣。

现规范规定医疗救护工程、防空专业队工程、人员掩蔽工程和配套工程应按表4-5的要求划分防护单元和抗爆单元。

表4-5 防护单元、抗爆单元建筑面积（m^2）

工程类型	医疗救护工程	防空专业队工程		人员掩蔽工程	配套工程
		人员掩蔽部	装备掩蔽部		
防护单元	≤1000		≤4000	≤2000	≤4000
抗爆单元	≤500		≤2000	≤500	≤2000

注：防空地下室内部为横墙承重的房间布置时，可不划分抗爆单元。

考虑到当上部建筑层数较多，其多层楼板共同作用可以起到一定的遮弹作用，因此规范规定当防空地下室的上部建筑的层数为十层或多于十层（防空地下室上方的地下室层数可计入上部建筑层数）时，可不划分防护单元和抗爆单元。当此类高层建筑有低于十层的裙房或没有上部建筑，若建筑面积不大于200m^2时，可不划分防护单元和抗爆单元；当建筑面积超过200m^2时，应按表4-5的要求划分防护单元和抗爆单元。

对于多层的乙类防空地下室和多层的核5级、核6级、核6B级的甲类防空地下室，当其上下相邻楼层分别划分为不同防护单元时，位于下层及以下的各层可不再划分防护单元和抗爆单元。

4.2.2 防护单元及单元隔墙构造

（1）防护单元的设置要求

防空地下室内部设置防护单元首先是为防止由于规模过大，遭敌人炸弹命中的概率高，生存概率低；其次是为防止由于规模大，掩蔽的人员、物资多，一旦遭破坏使得室内人员伤亡（物资损坏）过大；最后是为防止一旦遭破坏，整个防空地下室丧失使用功能。如果将规模较大的防空地下室划分成若干防护单元，可大大提高工程的生存概率，减少伤亡人数，减小遭破坏范围。

为保证防空地下室的生存概率，防空地下室中的每个防护单元应满足下列要求：

1）防护单元内防护设施和内部设备应自成系统。也就是说每个防护单元都应设置独立的进排风、供电、给排水、人员生活以及相应的防护密闭等设施。

2）防护单元内部不应设置伸缩缝或沉降缝。为保证每个防护单元的防护密闭特性，单元内部不能设置伸缩缝或沉降缝。若工程由于某种需要设置伸缩缝或沉降缝时，应在防护单元之间利用双单元隔墙进行设置。

3）每个防护单元不应少于两个出入口（不包括竖井式出入口、防护单元之间的连通口），其中至少设置一个阶梯式（或坡道式），直通地面的战时主要出入口。

（2）防护单元隔墙

相邻防护单元之间应设置防护密闭隔墙，亦称为防护单元隔墙。防护单元隔墙应为整体浇筑的钢筋混凝土墙。一般情况下为单墙，当相邻防护单元之间设有伸缩缝或沉降缝时，单元隔墙应采用双墙。并应满足下列要求：

1）甲类防空地下室的防护单元隔墙的厚度应按照相应的抗力要求计算得出。

2）乙类防空地下室防护单元隔墙的厚度常 5 级不得小于 250mm；常 6 级不得小于 200mm。

（3）单防护单元隔墙连通口设计

为保证战时维护管理以及疏散人员方便，两相邻防护单元之间应至少设置一个连通口。在单防护单元隔墙上开设连通口时，应在其两侧各设置一道防护密闭门，或在连通口处设置一道连通口专用双向受力防护密闭门。若相邻防护单元的防护等级不同，高抗力的防护密闭门应设置在低抗力防护单元一侧，低抗力的防护密闭门应设置在高抗力的防护单元一侧，如图 4-10 所示。为保证两道门均能同时关闭，墙两侧设有防护密闭门的门框墙厚度不宜小于 500mm。

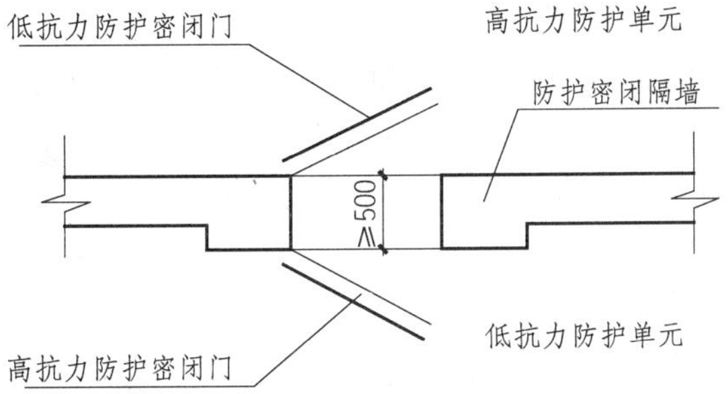

图 4-10 单防护单元隔墙连通口做法

对于有防毒要求的防护单元，无论出入口还是连通口，都要求设置两道密闭门，以保障工程的防毒密闭性能。如图 4-10 所示，当高抗力防护单元被常规武器破坏后，位于高抗力防护单元一侧低抗力防护密闭门作为低抗力防护单元的防护密闭门，而高抗力防护密闭门则作为低抗力防护单元的密闭门使用；反之，当低抗力防护单元被常规武器破坏后，位于低抗力防护单元的高抗力防护密闭门作为高抗力防护单元的防护密闭门，而低抗力防护密闭门则作为高抗力防护单元的密闭门使用。

乙类防空地下室防护单元之间连通口的防护密闭门设计压力值宜为 0.03MPa。甲类防空地下室防护单元之间连通口的防护密闭门设计压力值应符合下列规定：

1）当两相邻防护单元的防核武器抗力等级相同时，其连通口的防护密闭门设计压力值应符合表 4-6 的规定。

表 4-6 抗力相同相邻防护单元连通口防护密闭门的设计压力值（MPa）

防核抗力等级	6B	6	5	4B	4
防护密闭门设计压力	0.03	0.05	0.10	0.20	0.30

2）当两相邻防护单元的防核武器抗力等级不同时，其连通口的防护密闭门设计压力值应符合表 4-7 的规定。

连通口防护密闭门与相应抗力等级的出入口防护密闭门设计压力相比要小许多，这是因为考虑到当常规武器命中某防护单元后，虽然防护单元被破坏，但可以将其考虑成为一个大的扩散室，因此当核爆冲击波来临时，作用在连通口上的冲击波压力是经过扩散削弱后的压力。

表 4-7　抗力不同相邻防护单元连通口防护密闭门的设计压力值（MPa）

防核抗力等级	6B 级与 6 级	6B 级与 5 级	6 级与 5 级	5 级与 4B 级	5 级与 4 级	4B 级与 4 级
低抗力一侧设计压力	0.05	0.10	0.10	0.20	0.30	0.30
高抗力一侧设计压力	0.03	0.03	0.05	0.10	0.10	0.20

（4）双防护单元隔墙连通口设计

当两相邻防护单元之间设有伸缩缝或沉降缝，且需要开设连通口时，其防护单元之间的连通口设计如图 4-11 所示，在两道防护密闭隔墙上应分别设置防护密闭门，且防护密闭门至变形缝的距离（L_m）应满足防护密闭门门扇开启的要求。

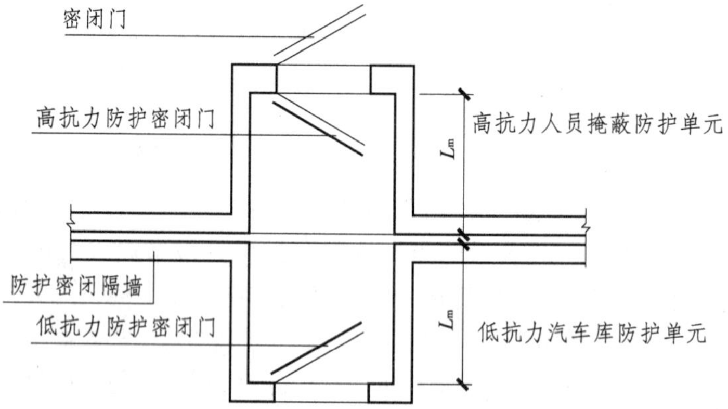

图 4-11　有变形缝防护单元隔墙连通口设置方式

现在分析按照图 4-11 所示设置连通口防护设施的原理。当常规武器命中低抗力汽车库防护单元后该单元被破坏，当核爆炸冲击波来临时，低抗力防护密闭门由于安装反向被破坏，高抗力防护密闭门作为高抗力人员掩蔽防护单元的防护密闭门，为保证该单元的防毒密闭特性，因此在同一门框上增设一道密闭门，门框厚度不得小于 500mm；而当常规武器命中高抗力人员掩蔽防护单元后该单元被破坏，当核爆炸冲击波来临时，密闭门由于没有防冲击波超压能力，同时高抗力防护密闭门安装反向，因此两道门均被破坏，由于人防汽车库不考虑防毒，因此一道低抗力防护密闭门作为低抗力汽车库防护单元的防护密闭门就达到防护要求。

此类情况下，乙类防空地下室防护单元之间连通口的防护密闭门设计压力值宜为 0.03MPa。甲类防空地下室当两相邻防护单元的防核武器抗力等级相同时，其连通口的防护密闭门设计压力值应符合表 4-6 的规定；当两相邻防护单元的防核武器抗力等级不同时，其连通口的防护密闭门设计压力值应符合表 4-8 的规定。

表 4-8 抗力不同相邻防护单元连通口防护密闭门的设计压力值（MPa）

防核抗力等级	6B 级与 6 级	6B 级与 5 级	6 级与 5 级	5 级与 4B 级	5 级与 4 级	4B 级与 4 级
低抗力一侧设计压力	0.03	0.03	0.05	0.10	0.10	0.20
高抗力一侧设计压力	0.05	0.10	0.10	0.20	0.30	0.30

（5）上下相邻防护单元设置要求

在多层防空地下室中，当上下相邻两楼层被划分为两个防护单元时，其相邻防护单元之间的楼板应为防护密闭楼板。当防护单元之间连通口设置在上层楼层时，应在防护单元隔墙的两侧各设一道防护密闭门，如图 4-12 所示；当防护单元之间连通口设置在下层楼层时，应在防护单元隔墙的上层单元一侧设一道防护密闭门，如图 4-13 所示。这是因为当防护单元之间连通口设置在上层楼层时，有部分下层单元的空间位于上层，因此设置双防护密闭门是当下层单元可能被破坏后保证上层单元的防护密闭特性要求；当防护单元之间连通口设置在下层楼层时，下层防护单元完全位于上层单元之下，因此常规武器打击后只有上层单元最可能被破坏，因此只需设置一道开向上层单元的防护密闭门即可满足防护要求，但为了保证下层单元的防毒密闭特性，有防毒要求的下层防护单元应增设一道密闭门。此类情况下，防护密闭门的设计压力值应符合上述单防护单元隔墙上连通口防护密闭门设计压力值。

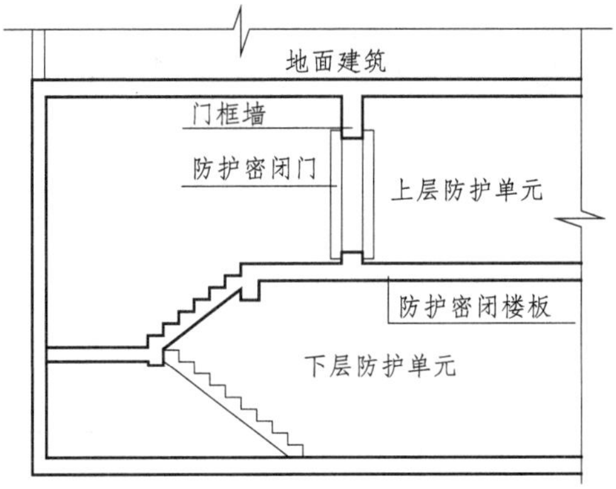

图 4-12 连通口设置在上层做法

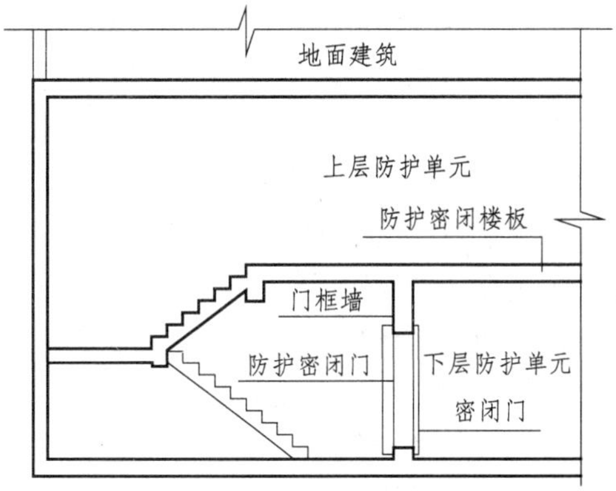

图 4-13 连通口设置在下层做法

多层防空地下室划分防护单元比较复杂，设计时应考虑各种因素的影响，如上下层交通联系方式、使用功能需要以及造价等因素。图 4-14 所示为某双层防空地下室，其平时为商场，战时作为人员掩蔽。考虑到平时使用方便，在两处位置设置了上下连通的自动扶梯。在这种情况下，垂直方向上划分防护单元要比水平方向上划分防护单元无论在防护可靠度、使用功能以及造价等方面都比较合理。主要原因如下：

1）不需要封闭或者封堵上下楼层连通的各类垂直交通，简化了平战功能转换措施，便于实现可靠的防护密闭特性。

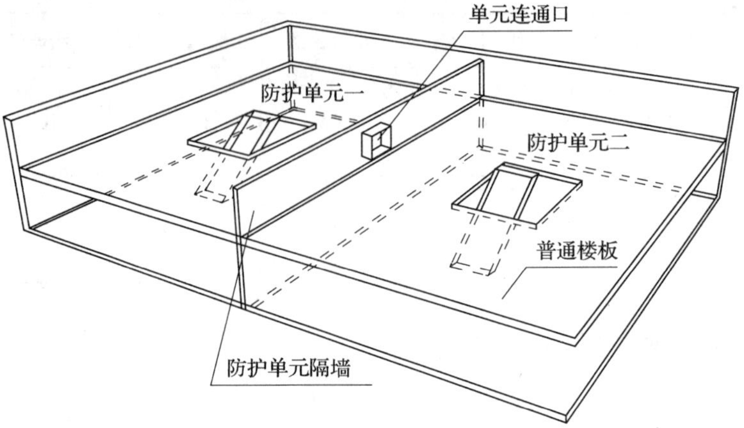

图 4-14 多层防空地下室划分防护单元示意

2）当设置垂直的防护单元隔墙后，上下层的楼板可以按照普通楼板设计，简化了设计计算复杂程度以及降低了造价。

3）各防护单元与地面的联系较为紧密，便于实现直通地面的室外出入口。

4.2.3 抗爆单元及单元挡隔墙构造

抗爆单元的作用是：一旦某防护单元被炸弹击中，尽可能地减少人员伤亡数量。在一个较大的防护单元内，分设抗爆单元之后，一旦某抗爆单元被炸弹击中，相邻抗爆单元的人员可免受伤害。设计中只考虑在遭袭击时减少人员的伤亡，而在遭袭击后，该防护单元即已丧失防护功能，因此不要求抗爆单元的防护设备或内部设备自成体系。抗爆单元之间的抗爆挡隔墙的作用是阻挡炸弹气浪及碎片，防止相邻抗爆单元内的人员受伤害。因此，对抗爆挡隔墙的材质、强度、做法和尺寸等都有一定的要求。

相邻抗爆单元之间应设置抗爆隔墙，两相邻抗爆单元之间应至少设置一个连通口，在连通口处抗爆隔墙的一侧应设置抗爆挡墙，如图 4-15 所示，抗爆挡墙的材料和厚度应与抗爆隔墙一致。

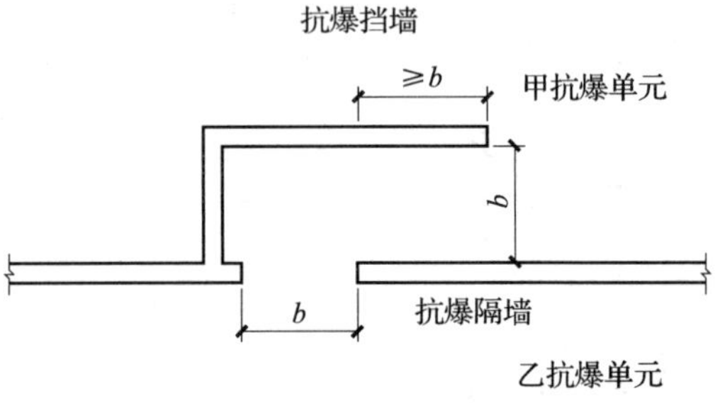

图 4-15 抗爆挡墙设置

不影响平时使用的抗爆挡隔墙，宜在平时采用厚度不小于 120mm 厚的钢筋混凝土或厚度不小于 250mm 的混凝土整体浇筑；不利于平时使用的抗爆挡隔墙可在临战时构筑，其墙体的材料与厚度应符合以下要求：

1）采用预制钢筋混凝土构件组合墙时，其厚度不应小于 120mm，并应与主体结构连接牢固。

2）采用砂袋堆垒时，墙体断面宜采用梯形，其高度不宜小于 1.8m，最小处厚度不宜小于 500mm，如图 4-16 所示。运用砂袋堆垒抗爆挡隔墙时，由于其截面为梯形，因此应保证挡墙与隔墙之间的距离满足人员或物资通过的要求。

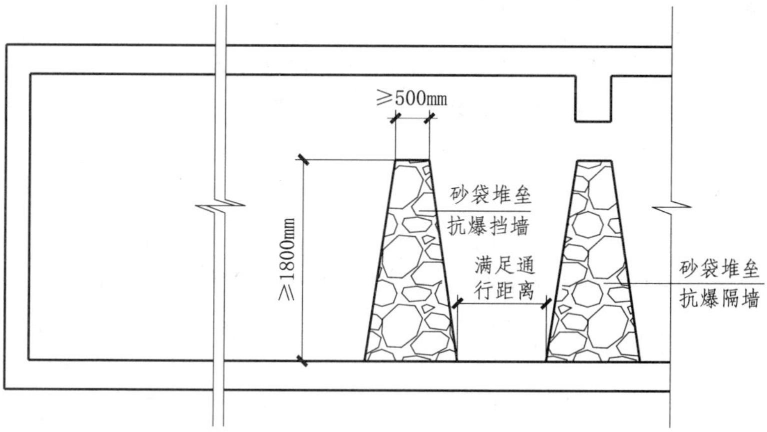

图 4-16 砂袋堆垒抗爆挡隔墙

4.2.4 防毒分区

大部分防空地下室，如救护医疗工程、防空专业队队员掩蔽部、人员掩蔽工程以及食品站、生产车间、区域供水站、电站控制室、物资库等主体均有防毒要求，满足防毒要求的区域，即有集体防护功能的区域称为清洁区（密闭区）。能抵御预定的核爆动荷载作用，但允许染毒的区域称为染毒区（非密闭区）。为了保证防空地下室能够发挥预定的战时功能，必须严格划分清洁区和染毒区。

防空地下室中的下列房间、通道及设施战时允许染毒：

扩散室、密闭通道、防毒通道、预滤室、滤毒室、简易洗消间或洗消间。

医疗救护工程的分类厅及其所属的急救室、厕所、染毒衣物存放间等。

柴油发电站机房及其进、排风机室、贮油间等。

汽车库和工程机械库的停车部分。

战时不需要防毒的其他房间或通道。

为了保证防空地下室清洁区不被污染，在清洁区和染毒区之间应设置密闭隔墙。其厚度不应小于200mm，并在染毒区一侧墙面用水泥砂浆抹光。当密闭隔墙上有管道穿过时，应采取密闭措施。在密闭隔墙上开设门洞时，应设置密闭门。

4.3 工程辅助房间设计

防空地下室大都埋于地层之中，只有少量的孔口与地面相联系。为了保证人们在工程中能够正常工作与生活，一般需要设置一定的生活及内部设备（厕所、通风空调、给水排水、发供电设备）等辅助用房来保障。辅助房间的设计，通常是根据各类工程的使用特点和人数的多少，先确定所需设备的类型及数量，再根据设备类型的尺寸、数量以及工作特性综合确定房间尺寸与空间高度，最后在平面组合设计中合理确定其位置。

4.3.1 厕所盥洗间及相关设施

厕所盥洗间作为掩蔽人员生活的必须设施，应设置在人员集中和使用方便的地方，行走距离不宜超过100m；应尽量靠近有排风设施的口部，以缩短排风管线及提高工程环境质量。

（1）厕所的设置

平战结合的防空地下室，根据平时使用功能应按照地面建筑设水冲厕所，所需设施或洁具的个数可参照相应地面建筑的标准确定。当战时转换为人员掩蔽或其他工程类型时，不足的可以通过设置干厕所进行补充。在防空地下室中，人员掩蔽工程、防空专业队队员掩蔽部和配套工程战时用水基本是靠内部贮水，内部贮水量只考虑饮用水和少量生活用水（不包括厕所用水）。因此，人员掩蔽工程和配套工程中的厕所宜按干厕考虑。即使因平时使用需要，已设置水冲厕所的工程，战时也要考虑在城市给水系统一旦被破坏后使用干厕，因此应根据防空地下室的掩蔽人数（或战时使用人数）留出战时所需的干厕（便桶）位置。医疗救护工程因卫生及环境需要宜设水冲厕所，专业队装备掩蔽部、电站机房和人防汽车库等战时不宜设置厕所。

每个防护单元的男女厕所应分别设置，厕所宜设置前室；干厕所的建筑面积可按每个便桶1.0～1.4m^2确定，可在临战时砌筑，但设计应一次完成。

（2）厕所设施与洁具

厕所的设置可按下列规定确定：

1）男女比例：二等人员掩蔽工程可按1:1，其他工程按具体情况确定。

2）大便器（便桶）设置数量：男每40～50人设一个；女每30～40人设一个。

3）水冲厕所小便器数量与男大便器相同，若采用小便槽，按每0.5m长相当于一个小便器计。

干厕所中的设施为防臭干马桶。它由顶盖、桶体、密封门、贮便桶等组成。其密闭性能良好，体积小，管理方便；在平战两用人防工程中作为厕所的补充设备，既可满足战时要求，又不影响平时使用。

（3）厕所通风

采用超压排风时，厕所的位置应靠近排风系统末端，有利于厕所污秽气体的排除，以免影响其他房间环境。防空地下室战时处于清洁通风状态的时间最长，此时人员出入频繁，保持室内的通风超压比较困难，超压排风难以实现，设计中应考虑在厕所设置局部排风。因此厕所宜设在排风口附近或单独设置局部排风设施。

（4）污水池与污水泵间

污水池的作用是贮存生活或机械污水，常设置在防空地下室厕所或盥洗间的下面，并设置能够进行检修或维护的人孔，在附近的墙壁上设置爬梯以方便使用。其墙壁四周必须做好防水防渗处理，以避免污染其他范围。

污水泵有卧式和立式两种。卧式污水泵流量和扬程大，但泵房设计比较复杂；立式污水泵流量和扬程较小，但泵房设计简单实用，比较适合于防空地下室使用。立式污水泵在污水池之上，因而所需建筑面积小，当污水池位于厕所或盥洗间之下时，它可直接安装在厕所的地面上。

图 4-17 所示为某医疗救护工程的厕所、盥洗间以及污水池和污水泵房的平面设计图。

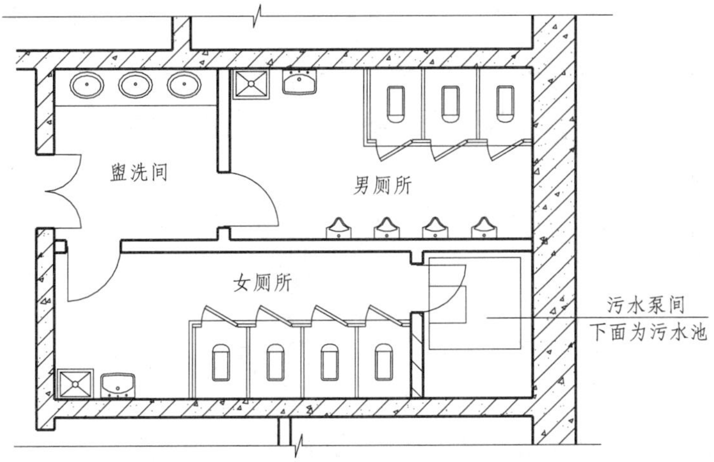

图 4-17 某医疗救护工程厕所平面设计

4.3.2 除尘滤毒室

人防工程中为消除进风中的毒剂、放射性灰尘和普通灰尘等，在进风系统上应设置滤尘和滤毒设备，在防空地下室中主要设置的设备有粗过滤器、过滤吸收器、密闭阀门等。

滤尘器主要用于滤除进入空气中的灰尘。图 4-18 所示为防空地下室中常用的 LWP 型滤尘器，其厚度为 12mm（D 型）或 70mm（A 型），主要由外框和油网组成，通风量为 1100～2200m^3/h，风量大时，可以将数个滤尘器并联使用。既能滤放射性灰尘又能滤毒的防护器材称为过滤吸收器。防空地下室常用的过滤吸收器为 SR 型，其设置数量主要根据滤毒进风量确定。如滤毒进风量为 2000m^3/h，则可以选用 4 个 SR76－500 型或 2 个 SR76－1000 型并联。并联的 SR 型过滤吸收器在安装时可左右也可上下布置，其间和周围应有一定间距，以保障安装和检修。

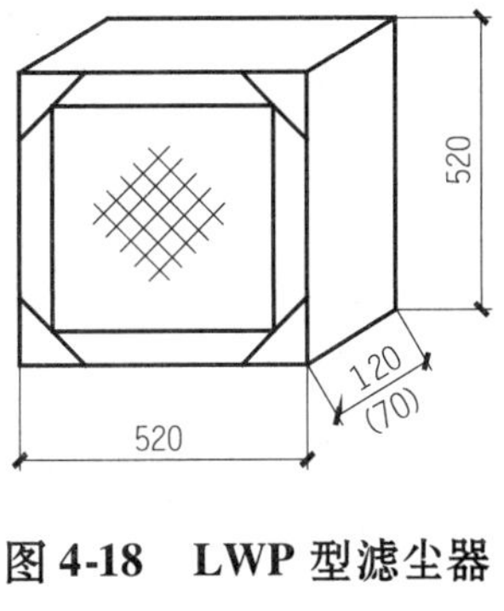

图 4-18 LWP 型滤尘器

安置上述防护器材的房间称为除尘滤毒室，该房间在一般情况下为不受毒剂等沾染的房间，但当滤毒设备等工作后可有潜在的危险。当拆换滤毒设备时，该房间将会受染。因此，应将其设置在非密闭区，出入口应设置密闭门，并开向密闭通道或防毒通道；出入口的宽度应考虑到滤毒设施进出的方便。图 4-19 为某工程除尘滤毒室的平面布置图，其中“2”为并联设置的 LWP 滤尘器，“6”为左右并联设置的 SR76－1000 型过滤吸收器。

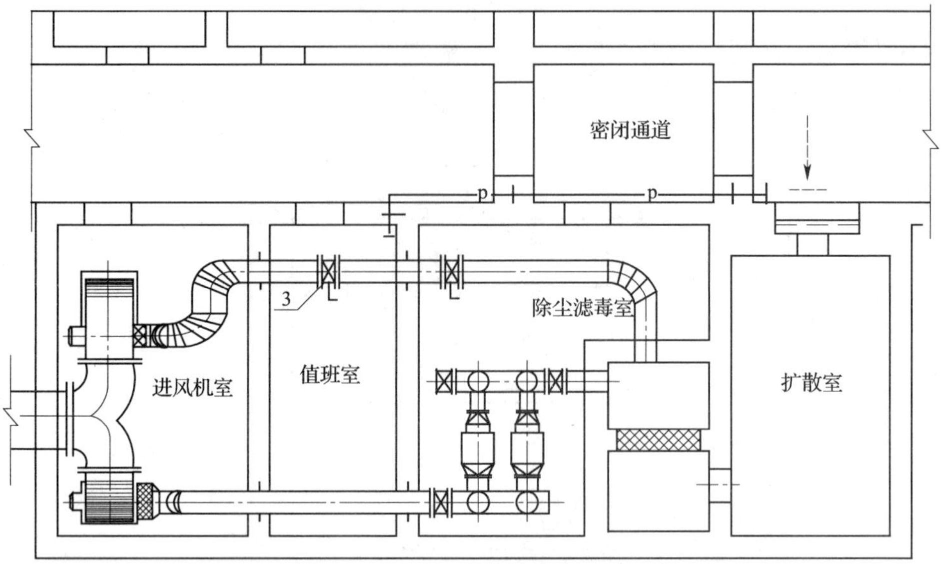

图 4-19 某工程除尘滤毒室的平面布置

4.3.3 通风机室与空调室

防空地下室是一个相对封闭的空间，因此无论平时还是战时使用均要考虑设置通风换气设施，安放这些设备的房间主要有通风机室和空调室。由于这些设备工作时噪音较大，因此房间的进出口应设置隔音套间和隔音门，有的房间还应在四周墙面敷设隔音材料。

（1）通风机室

采用机械通风的防空地下室需设置进风机，一般还应同时设置有排风机。进、排风口靠近不同的出入口或相距较远时，应分别设置进风机室和排风机室；反之，则进风机和排风机可以同室布置，该房间称为通风机室。进风机采用离心式风机，排风机可采用离心式或轴流式风机。离心式风机一般安装在地面上，轴流式风机则固定在墙上，因而可以缩小风机室的面积。

战时通风方式主要分为清洁通风、滤毒通风和隔绝防护。前者风量大而风压小，滤毒式通风则风量小而风压大。两种通风方式有时可以选用一台风机，但一般情况下需要分别选用风机。平战结合的防空地下室还要考虑平时通风问题，平时通风一般风量大而风压小，且不需要滤毒设备和防冲击波设施，因此在设计中可以考虑将风机分开设置，战时用的风机可做好设计但在平时不安装。

通风机室除了风机外还有管道和管道上的阀门，风机室的布置和尺寸要求除了满足风机、管道所需的空间外，还要考虑安装、人员操作和检修所需要的空间。图 4-19 所示的进风系统中进风机房布置两台离心式进风机。

（2）空调室

医疗救护工程的温度和湿度要求较高，因此需要设置空调系统；而一般防空地下室战时不需要设置空调系统，但当工程平时作为商场、娱乐设施时则需要设置空调系统；大型的平战结合工程可能还需要设置一个以上的空调室。空调室内的主要设备为空调器和风机，由于空调器和风管尺寸较大，因此设计时除空调室的幅员应满足设备安装和维护要求外，其竖向尺寸还应满足管道拐弯和安装的尺寸要求。

4.3.4 贮水池（箱）与水泵房

防空地下室宜采用城市自来水或人防工程的区域水源作为供水水源，同时应在每个防护单元的清洁区设置贮水设施。工程战时贮水的目的是为了满足人员饮用和生活用水，以及洗消用水等。平战结合的工程平时贮水主要是满足消防需要。战时的贮水量主要根据《人民防空地下室设计规范》的要求确定；平时贮水标准主要根据相关的防火设计规范确定。

（1）贮水池（箱）

防空地下室中每个贮水池（箱）的容积一般不宜大于500m^3；饮用水的贮水设施宜单独设置，若与其他用水贮存在同一贮水池（箱）中，应有饮用水不被挪用的设施；二等人员掩蔽部内的贮水池（箱），当平时不使用时，可以临战砌筑或采用装配式水箱，但必须一次完成施工图设计，且应注明施工时预留孔洞或预埋进水、出水、溢流、放空等管道的接口，并应有可靠技术措施，保证能在规定时限内转换构筑完成。

一般贮水池（箱）采用钢筋混凝土整体浇筑，装配式水池（箱）的材料一般采用钢或是玻璃钢；钢筋混凝土贮水池（箱）为了防止渗漏，应在其内表面设置防渗层；侧墙与后挡墙厚一般为250~300mm，底板为200~300mm；水池底部应做成0.5%~1.0%的坡度坡向集泥槽，集泥槽截面形状一般为梯形，上宽下窄；贮水池（箱）的前挡墙最小厚度不应小于250mm，应高出贮水水面15~30mm，其上应设置水位计、检查人孔、防空管、溢水管、爬梯等设施。检查人孔不应小于700mm×700mm，并应设防潮密闭门，防止水池水气散发至其他房间。如图4-20所示。

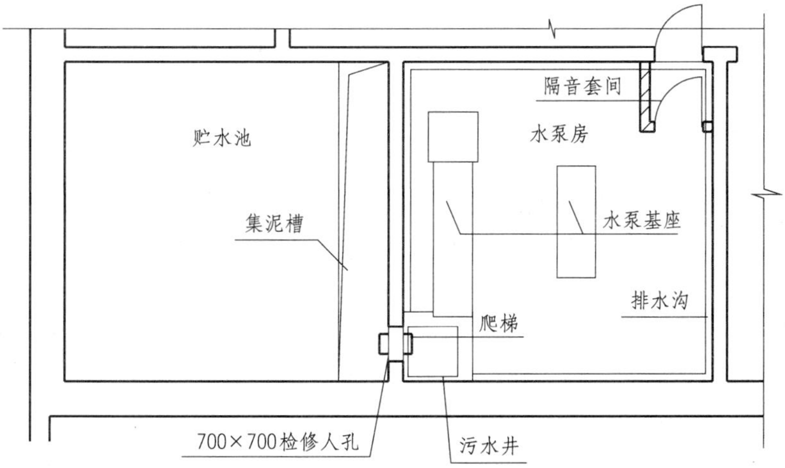

图4-20 贮水池及水泵房建筑平面示意图

（2）水泵房

贮水池（箱）一般多利用水泵设施给水，由于水泵工作时噪声较大，水泵房应尽量远离生活、工作等要求安静的房间。若必须设置在这些房间附近时，水泵房应设置隔音套间和隔音门，四周墙体、水泵吸水管上应有隔声设施，水泵基础应设减振措施。

水泵房内的主要设施有水泵和进出管线，如图 4-20 所示。其布置应力求安全、紧凑，并保证安装、维修和操作方便。

4.3.5 柴油电站

柴油发电站简称电站，是防空地下室内部电源。当外电源遭受破坏或因故障中断时，则由内电源供电。根据战技要求，可以在某些防空地下室中设置电站，专门对有特殊要求的本工程供电；也可以设置区域性电站，分别向几个工程供电。电站应有一定的防护、运输、进出线、供水（水冷式）、供油的方便条件，并应靠近负荷中心，远离重要房间，以减少震动和噪声的不利影响。

柴油发电机组是电站的核心设备，为保障它的正常运转，还需要必要的辅助设施，主要包括供油、通风、降温、控制、配电等设施。电站的工艺流程图如图 4-21 所示。较大的电站通常由机房、控制室（兼配电室）、贮油间、贮水间（水冷式）、风机房、机修间（场地）等组成。

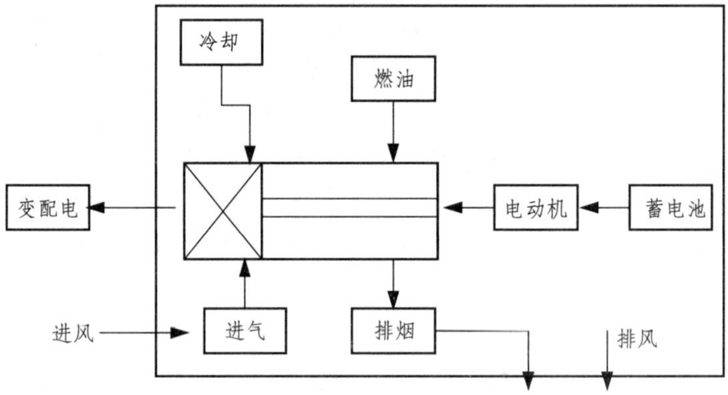

图 4-21 柴油电站工艺流程

（1）机房

机房是放置柴油发电机以及相配套的设备，并实施操作的房间，是电站的核心部分。在外界染毒的情况下，机组仍需要继续发电，这时由于柴油机要直接吸入受染空气，保证机房不染毒比较困难，因此电站的机房一般应设置在工程的染毒区。机房的幅员大小主要取决于柴油发电机组尺寸，以及其他设备和管线的布置。机房布置总的原则是布置紧凑、形式合理，安装、操作和检修方便。当柴油发电机不能直接从出入口运进时，机房应预留安装口，并应考虑发电机组在安装、检修时的吊装措施。

机组的布置通常有横向垂直布置和纵向单列布置两种形式，如图 4-22 所示。横向垂直布置紧凑，占地面积小，缺点是结构跨度较大，一般适合于机组台数较多的情况；纵向单列布置结构跨度要求较小，管线布置和操作比较简便，缺点是机房长度大，占面积较多。为保证机组的正常运转、维护和操作，机组与机组之间，机组与周边设备或墙都有一定的距离要求。图 4-23 所示为某防空地下室电站设计平面示意图，其机组的布置方式是横向垂直布置。

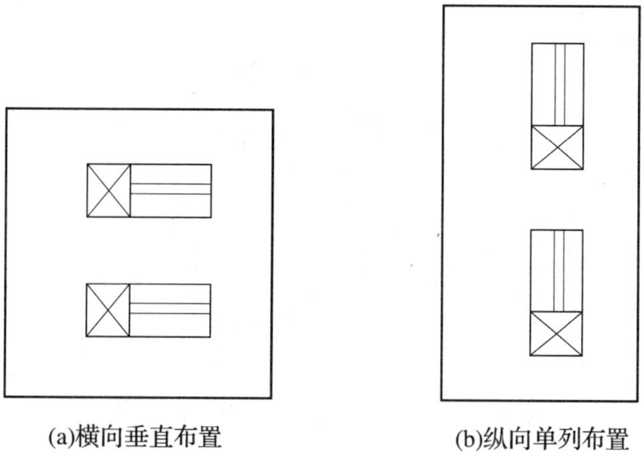

图 4-22　机组布置方式

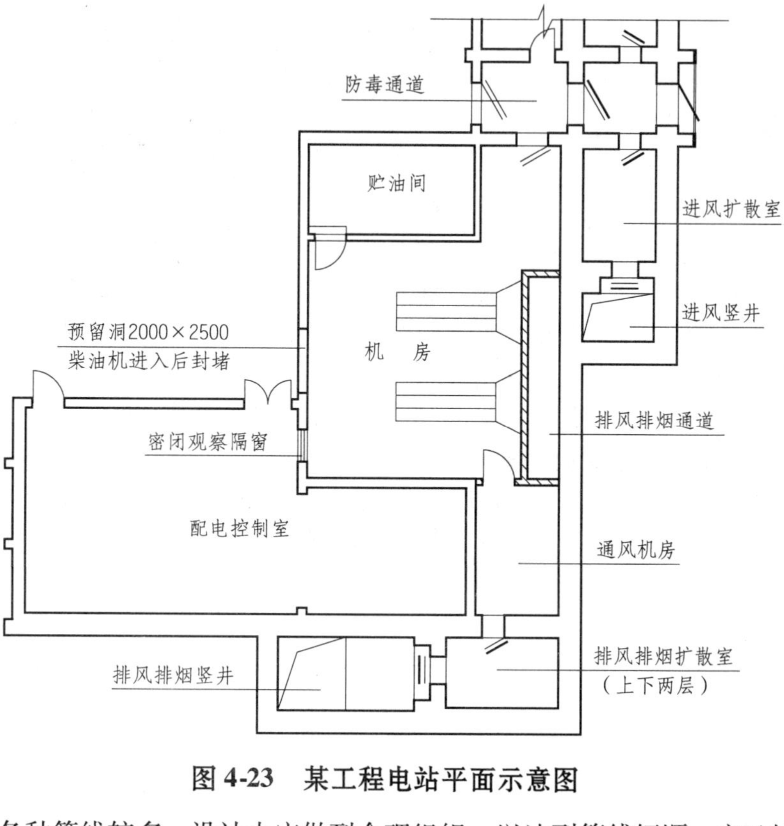

图 4-23　某工程电站平面示意图

机房内的各种管线较多，设计中应做到合理组织，以达到管线短顺，交叉接头少，不影响机房工作的要求。一般情况下，风管、排烟管等布置在上部空间，电缆等布置在机房下部的地沟中；其尺寸视管线数量和大小而定，在满足管线要求的间距和检修距离情况下，尽量缩小。考虑到在防空地下室开设一定深度的地沟在结构设计中比较复杂，一般情况下可采用将电站区域内的底板局部下降，而后在工程内部附加填充材料，并在其中设置地沟等方法，如图 4-24 所示为电站的剖断面图。

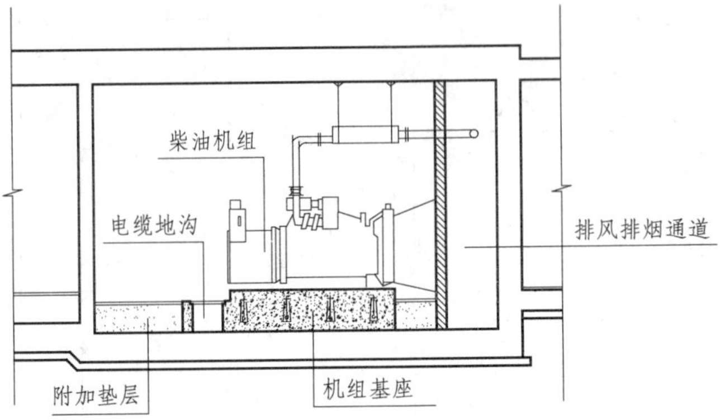

图 4-24 某电站机房剖断面示意图

机组的基座尺寸视机组型号不同而不同，设计时一般由电气专业提出。基座一般高出地面150mm，用 C15 混凝土整体浇筑，为防止振动裂缝，应在基座四周配置 φ10～12 的构造钢筋。

（2）贮油间

燃油可用油箱、油罐或油池贮存，数量不得少于两个，贮油容积可根据柴油发电机组额定功率时的耗油量及贮存时间确定。油箱、油罐或油池应设置在机房内单独的贮油间中。由于贮油间用于存放燃油，容易发生火灾，因而必须从建筑本身采取一些必要的防火措施。因此要求贮油间与机房用防火墙分开布置，并应设置向外开启的防火门，其地面应低于附近房间或走道地面 150～200mm 或设门槛。严禁排烟管、风管、给排水管、电线等穿过贮油间。如图 4-23 所示。

（3）通风设施

电站机房一般采用独立的进风、排风排烟系统，以保证机组正常运转所要求的供氧、排除有害气体以及降温等需要。为便于管理和维护，一般情况下可将通风排烟设备设置在机房相对集中的位置或专门的设备房间，但要求考虑进风与排风排烟的间距问题。

图 4-23 所示的电站采用的是风冷降温方式，因此工程的通风量较大。工程通过机房东北侧的进风口，利用轴流进风机为机房提供进风；同时利用工程东侧的排风排烟通道和通风机房向外进行排风和排烟（排烟管位于排风排烟通道内，但独立排出），机房东南侧的排烟扩散室独立于排风扩散室上方，而后利用排风竖井将烟气与排除的空气混合排出室外，如图 4-25 所示。

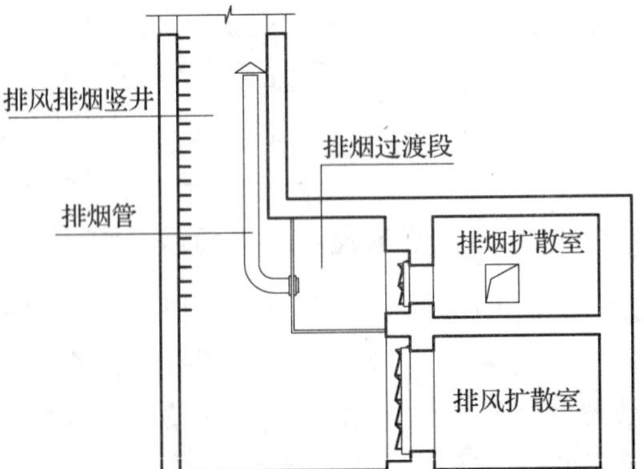

图 4-25 电站排风排烟口剖端面示意图

（4）控制室（配电室）

控制室与发电机房分开布置，由于控制室内有操控人员，因此应设置在清洁区，与机房之间应设置密闭隔墙。为便于控制室与机房之间的联系，还需要设置防毒通道和密闭观察窗，防毒通道内应设置洗消或简易洗消设施，以便操作维修人员进行洗消。图4-23所示的电站设计是利用工程主体战时主要出入口的防毒通道和洗消间作为控制室与机房的联系通道，因此既建立了较为方便的联系和可靠的防护措施，同时也减少了一套较为复杂的防毒与洗消设施。

控制室内放置控制盘和配电盘。配电盘分高压配电盘和低压配电盘两种。当高压配电盘数量较少时，可与低压配电盘合并设置在一个房间内；当数量较多时，应单独设置高压配电室。控制盘与配电盘可成单列或双列配置。盘前为操作位置，单列配置时，操作侧位置最小宽度一般为1.5~2.0m，高压盘取大值；双列配置时，操作侧位置宽度应不小于2.0m。盘后为维修侧位置，其最小宽度一般为0.8~1.0m。当盘面长度大于6m时，盘的两端应留出入口位置，其宽度不应小于0.6m。

控制室内设置有电缆地沟，地沟的布置有盘前、盘下及盘后三种方式，地沟布置形式主要根据盘的类型和机房引线方向确定。一般情况下，盘后开设地沟，维护和操作都比较方便。

控制室的门应向外开，当房间的长度大于7.0m时，应两端开门。如图4-23所示。

（5）其他设施

柴油电站设计中除了上述各类设施设备外，根据发电机组设备工作需要，还可能需要设置以下几种设施：

贮水池与水泵房。当柴油发电机组采用水冷方式时，电站机房内应设置贮水池与水泵房，贮水池的容积应根据柴油发电机组在额定功率时冷却水的耗水量和要求贮水时间确定。当冷却水的水温通过混合水池调节时，设置的混合水池容积应按柴油发电机运行机组的额定功率工作5~15min的冷却水量计算。

变压器室。当外电源为高压电时，电站内应设置变压器室，其位置应靠近控制室和负荷中心，同时又是比较安全的地方。变压器室的尺寸主要决定于变压器的尺寸，其次决定于推进方向。其房间应设置防火墙和外开的防火门，出口处应设置挡油栏或蓄油池，以防变压器漏油外溢。

（6）移动式电站

上述讨论的内容主要指固定式电站，防空地下室中医疗救护工程应设置固定式电站。平战结合的人防工程当发电机组总容量不大于120kW时，可设置移动式电站。

移动式电站主要由发电机房与贮油间组成。移动式电站应按染毒区进行设计，其与主体清洁区的连通口应设置防毒通道和相应的简易洗消设施；根据发电机组的需要，发电机房内应设置进风机与排风机的位置。

进出移动式发电机组的出入口洞口净宽不宜小于设备的宽度加0.3m。移动式电站的出入口应设置一道防护密闭门。当柴油发电机组不能直接从出入口运进时，发电机房应预留安装口，并应考虑柴油发电机组在安装、检修时的吊装措施。

4.3.6 其他相关辅助用房

（1）防化值班室

医疗救护工程、专业队队员掩蔽部、人员掩蔽工程以及生产车间、食品站等在进风系统中设置有滤毒通风的防空地下室中，在清洁区的附近应设置防化通信值班室。医疗救护工程、专业队队员掩蔽部、一等人员掩蔽工程以及生产车间、食品站等防空地下室的防化通信值班室使用面积可按 10～12m^{2}设计；二等人员掩蔽工程的防化通信值班室使用面积可按 8～10m^{2}设计。当人防配电室与防化值班室合并设置时，其使用面积可以按照设备要求适当扩大。如图 4-26 所示。

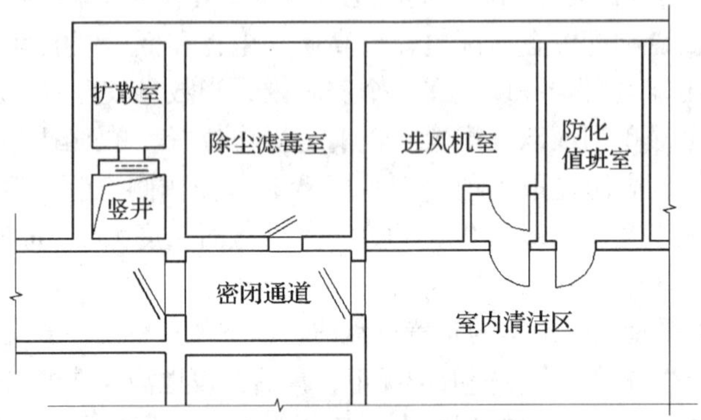

图 4-26 进风系统中防化值班室设置

（2）开水间与厨房

开水间应设在清洁区，其热源一般只能采用电加热，故对开水间的设置做出如下规定：中心医院、急救医院应设开水间，其他防空地下室当人员较多，且有条件（指有电加热）时可设开水间。

由于地下建筑对燃料的限制和战时密闭等方面的要求，如在清洁区内设置使用方便、防护安全的战时厨房相当困难，所以人员掩蔽工程和除食品加工站以外的配套工程，其清洁区内不宜设置厨房，即一般人员掩蔽工程不设厨房；其他工程如在清洁区内设厨房，应在各进、排风口和排烟口采取防护密闭措施。

有自备柴油机发电站的防空地下室（如医疗救护工程），其战时厨房热源一般采用电加热的方法。

小 结

本章结合《人民防空地下室设计规范》GB 50038—2005 介绍了防空地下室主体部分设计的主要措施与要求。主要内容包括工程主体设计的主要原则，工程相关的规模与指标，主体防护早期核辐射的措施，主体防护分区的设置以及工程内主要辅助房间的设置等。特别针对新时期现代战争的特点，新版规范对防护分区设置的相关内容做了较大的改变，本章较为详细地讲述了防护单元与抗爆单元的设置指标调整的主要原则、应用范围以及相关的构造设施的设计要求。

5 平战功能转换措施

防空地下室战时为防空袭服务，设计必须满足预定的战时防护要求和使用要求；为充分发挥其投资效益，平时应充分利用。由于战时与平时的功能要求不同，设计中往往会产生矛盾，为了缓解这类矛盾，在设计时允许采取一些变通措施（即平战转换措施），使其不仅能满足平时使用要求，而且在临战时通过采取一些可行的办法，使其能有效地为平时、战时服务。根据各地在“平战结合”方面取得的经验，在平战结合设计中，首先应合理确定其平时的使用功能，为此必须根据地面建筑的使用性质、结构类型以及所处的环境位置，尽可能使其战时及平时的使用性质相一致或接近（特别是医疗救护工程及专业队工程），以便尽量减少平战转换的矛盾。与此同时，还应注意其平时用途与上部建筑的使用功能相协调。但应充分考虑到，在设计中所采取的各项转换措施，必须满足《人民防空地下室设计规范》的相关规定，达到防空地下室预定的防护标准和要求。

5.1 概　　述

近 20 年来，我国人防工程建设在平战结合建设方针的指引下，人防工程建设与城市建设相结合方面有了很大的发展，建设规模不断扩大，平时使用的领域也不断拓宽。其中非常重要的原因之一，就是在工程建设中坚持“平战结合”，而平战功能转换技术则是人防工程平战结合的重要保障。为保证人防工程平战功能转换措施的设计标准化及实施的安全性和可靠性，国家人防办及相关科研单位组织实施了多次科研与试验，为人防工程防护功能平战转换技术措施提供了大量的工程实践经验和可操作的标准化设计，并通过多年的实践已基本形成了具有我国特色的人防工程平战功能转换技术。

5.1.1 人防工程平战功能转换的重要性

（1）保证工程战时防护性能的关键措施

和平时期，人防工程建设应当自觉服从经济建设的大局，积极开发利用，为城市建设和人民生活服务。但是，修建人防工程的根本目的是为了战时对付敌人空袭，给人民提供可靠的防护设施。人防工程无论平时如何开发利用，都不能忽视战时使用效益，不能影响战时使用，工程的防护结构及设施、密闭特性以及内部空间和环境，都应符合人防工程战术技术要求和防护标准。人防工程防护功能转换技术正是达到平时为经济建设服务，战时为防空袭斗争服务这一要求的关键措施。

通过采取多种有效手段和方法，对工程立项、论证、设计、施工和平时管理进行规范，就可以保证平时使用的人防工程，一旦有事，就能够迅速转换为良好的战时使用状态。因此，平战转换技术是调节两种功能的“杠杆”，是连接两种功能的“纽带”，是两种功能相互转换的“接口”，是人防工程从平时用途向战时用途过渡的“桥梁”。

（2）促进“三个效益”统一的有效技术手段

平战功能转换，既是一种措施，也是一种技术手段。人防工程建设的战备效益、社会效益和经济效益，既有共性，又有个性，处理不妥就会发生矛盾。从有利于平时使用来讲，要求工程内部空间大、跨度大、口部宽；从有利于战时防护可靠的角度讲，则要求尽量做到多隔断、小跨度、小口部。此类矛盾，需要运用防护功能平战转换的技术手段来解决。平时人防工程可以留有宽阔的空间，宽敞的出入口，富丽优雅的装饰，以良好的环境供人们购物、活动和休闲。同时，设计与预留好各种平战功能转换措施，临战前在限定的时间内，通过对这些手段的实施而将此类工程达到战时各项防护要求。图 5-1 所示为平时利用人防工程进行商业用途的工程内部效果图。

图 5-1　平时利用人防工程进行商业用途的工程内景

（3）加快人防工程建设发展的重要途径

平战功能转换措施、手段的不断发展与完善，必然带来“三个效益”的不断提高。一方面，平战结合人防工程带来经济效益的提高，可以弥补建设经费的不足，必将给人防工程的建设带来活力；另一方面，平战转换的发展，又不断给人防工程建设特别是设计及工艺技术提出了新的要求，促进设计、技术的不断改进，更加符合平时与战时的要求。

5.1.2　平战结合人防工程的指导思想与设计原则

（1）指导思想

人防工程进行防护功能平战转换，必须确保战时使用；在防护功能安全可靠的前提下，应最大限度地为平时功能创造有利条件；转换措施应具有一定的兼容性、通用性和实施性，可适用于一般地下空间的工程防护，以扩大战时工程防护资源。

1）平战转换首先要确保战时防护功能，这是人防工程建设性质所决定的。允许工程为平时功能创造什么样的条件，在多大范围内进行转换，主要取决于工程战时应达到的防护要求。

2）在确保战时防护功能的前提下，应尽最大可能、最大限度地为平时功能创造条件，以利于平时使用。

3）无防护功能要求的其他地下空间，如普通地下室、公路隧道、地铁站、地下综合管廊等，本身就具有一定的防护功能，采取一些必要的防护功能转换措施，就可将这部分资源纳入城市综合防护体系中。因此平战功能转换措施必须要能促进地下空间防护资源的转化与开发，这样就提高了城市防灾抗毁能力。

（2）设计原则

人防工程的平战功能转换技术，正逐步形成人防工程科学技术体系中一个独立的分支。它既有人防工程技术的一般要求，同时又具有自己独特的丰富内涵。从目前研究的成果看，平战功能转换的技术内容主要包括：预留设计技术、口部封堵与安装技术、工程主体加固技术以及防护抗爆单元快速分隔技术等。其主要设计原则如下：

1）转换工作量最小原则。实施战时转换需要人力、物力、财力和必要的时间，如果平战转换工作量过大，不但时间不允许，经费物资也难以保障。因此，平时预留的转换工作量应尽可能小，转换项目应尽可能少，凡是平时应该或能够完成的工作都必须在平时施工完成。

2）平战用途相近原则。人防工程平时与战时用途有些是一致的，如车库、粮库等；有些是相近的，如平时为办公，战时转换为防空专业队掩蔽工程等。在平战用途相同或相近时，转换工作量就很小或不需要转换。因此，在确定工程平战用途时，应尽可能做到一致或相近，切忌将两种完全不同的用途安排在同一工程内，以减少临战转换工作量。

3）一次设计、分步实施原则。工程设计必须完整，一次完成。其中平战功能转换部分的设计应完善、准确与详细，主要包括转换方案、技术要求、施工方法以及平时维护、管理等措施，所有的这些内容都应在设计文件中标明。施工则可以分为两步，平战功能转换措施的主要部分平时完成或预留，而转换部分留待临战时完成。

4）完善技术储备和物资储备的原则。技术储备是指要将设计文件存入档案，严加管理，定期进行复查和审核，并根据科技发展和防护要求的变化，对转换设计进行必要的修改和完善。物资储备是指对平时未安装留待战前安装的必要的防护设施、封堵用的型钢、钢筋混凝土预制构件等，要预先制作，妥为存放、保养，遇有情况即可使用。

5）转换措施快速、经济、简便、可靠原则。战前实施平战转换措施，应当做到准备充分，反应快速；就地取材，经济实用；工艺简便，操作容易；符合要求，可靠安全。

5.1.3 平战功能转换研究的发展方向

许多国家对防空工程平战功能转换技术的研究非常重视，美国、瑞士、芬兰等许多国家，早在上世纪70年代就着手研究新建工程如何在设计中考虑平时与战时两种功能的结合问题。至今，他们的功能转换研究计划仍在继续进行中。我国开展人防工程平战功能转换的研究同国外相比虽然起步较晚，但从上世纪90年代中期开始，通过近10年的研究与实践已经取得了丰硕的成果，为人防工程建设做出了巨大贡献。但是通过实践也发现了不少问题，难以适应现代高技术条件下对人防工程安全、可靠、及时、快速的平战转换要求。针对当前存在的问题，今后对人防工程平战功能转换措施的研究应重点考虑以下几方面的内容：

（1）转换措施应适应现代战争的不可预料性、突然性及其快速性

现代战争的不稳定性因素有所增加。当前，霸权主义和强权政治仍是世界和平和发展的主要威胁，特别是美国，其霸权主义气焰日益嚣张，凭借科技、经济、军事优势将维护自身利益的政策强加于整个国际社会，不顾世界人民的反对，动辄惯以军事手段干涉别国内政。国际国内形势多变，战争的发生不可预料，说不准哪天像中国驻南联盟大使馆被炸事件一样，突然一夜之间降临。其次，现代战争在作战方法、作战样式等方面也与以往战争不同，空袭成为现代战争的主要手段，具有极大的突然性。而现代战争又完全是高科技的大比拼，各种高新尖技术最先运用于战争，如美国对空袭行动实施及时的战区外指挥与协调，运用信息数字新技术，使各个部门和各军种部队之间实现信息化、网络化和一体化，向一线部队下达命令只需 3min，越级向导弹部队下达命令仅 1min。为此，要求人防工程的平战转换措施或设施应坚持长期性，立足于应付突发情况，及早做好准备。

（2）转换措施应适应平战结合中城市防灾的新内涵

人防工程的平战结合对于提高城市总体抗灾防护能力具有非常重要的作用。平战结合可将城市防护与防灾功能统一起来，实现城市防灾综合一体化。而现时期平战结合人防工程的平战功能转换措施是按照战时防护密闭功能要求设置的，如平时出入口、连通预留口以及通风口的临战封堵，各类战时设备及附属用房的砌筑等，都是考虑各种转换措施自身以及转换后工程的抗核冲击波、早期核辐射、放射性沾染以及毒剂等武器杀伤破坏作用，而没有考虑到新时期人防工程除了战时防护功能外还具备平时抗灾防护能力。因此现行采用的各种功能转换措施都是针对战时防护功能特性以及设定的转换时限而设计或实施的，而对于平时灾害，特别是突如其来的如台风、洪水、有害化学制品泄漏等多种自然或人为灾害，其功能性抗灾防护效能差，形成不了有效的抗灾防护能力。

（3）确实解决平时用途与战时用途的矛盾

虽然现阶段多数平战结合人防工程按照《人民防空工程战术技术要求》、《人防工程平战功能转换设计标准》等标准及规范的要求设置了各类工程平战转换措施，但是其平时使用功能与战时防护功能依然矛盾突出。主要体现在：一是未摆正三个效益的位置，有些平战结合人防工程依然存在难以满足及时、快速平战转换的要求。有关建设单位注重的是经济效益，忽略战略效益，为了平时经营使用需要，造成战时封堵工程量大，实施与取材困难；有的为节省投资，虽然考虑了平战转换问题，有方案、有图纸、有预留位置，但仅停留在计划和纸上，一旦遇有紧急情况，付诸实施尚有诸多困难。二是平战功能转换措施设置位置及方式不合理，未能与工程平时使用及内部防灾系统有机结合在一起，虽然工程防护功能转换基本没有问题，也能够进行及时、快速转换，但这些设施却严重影响了平时的使用，尤其与工程内部防灾安全产生矛盾，造成人员疏散宽度不足、通风排烟系统不畅以及人为设置疏散障碍等安全隐患。

（4）加强转换措施的系统性、科学性及合理性研究

人防工程的平战转换是人防平战转换的重要组成部分。人防工程的平战转换涉及更多的是硬件建设，包括组织建设、工程技术保障、转换措施方法的制定、材料的供给等方面，它不同于指挥、通信、医疗救护等方面的转换，涉及的多是软件方面的问题。现阶段人防工程的平战转换，缺乏针对不同性质人防工程的平战转换特点和要求而制定适应现代战争可行的转换系统及方案，难以确保人防工程实现及时、快速转换。同时，我们应清醒地认识到人防工程平战转换功能的科学性和合理性，是实现人防工程战备功能的关键。要切实针对现代战争不断变化的特点以及平时防灾的特性，在科学研究、工程设计、工程施工等实践活动中，积极探索科学合理的平战技术、措施和方法，最大限度地保证实现人防工程平战转换功能，发挥其平战时应有的作用。如我国某大城市现有人员掩蔽工程约 100 万 m^2，绝大多数为平战结合人防工程，这里只按照平战功能转换措施中的封堵和砌筑抗爆挡隔墙简单测算，例如按照防护单元 1000m^2（新战术技术要求还没执行之前）以及单元临战封堵约 8m（包括出入口和预留口），抗爆挡隔墙约 15m 粗略计算，临战时需要在 15 天内完成口部及预留口封堵长度约为 8000m，抗爆挡隔墙约 15000m。这些转换量也只是平战转换工作的一部分，按现阶段常用的功能转换措施，在材料构件储备、专业队人员组织、施工技术保障等多方面难以达到安全、可靠、快速、及时的转换，因此必须按工程转换措施的系统性、科学性、合理性以及因地制宜的方法，积极探索新模式、新结构、新材料和新工艺等确实行之有效的转换措施和技术。

5.1.4 平战功能转换措施总体要求

《人民防空地下室设计规范》GB 50038—2005 以及《人民防空工程防护功能平战转换设计标准》中对于防空地下室平战功能转换措施总体要求如下：

（1）适用范围

对于平战结合的乙类防空地下室和核 5 级、核 6 级、核 6B 级的甲类防空地下室设计，当其平时使用要求与战时防护要求不一致时，设计中可以采用平战功能转换措施，且其临战时的转换工作量应与城市的战略地位相协调，并符合当地战时的人力、物力条件。

（2）设计要求

防空地下室的防护功能转换措施设计总体要求如下：

1）采用的转换措施应能满足战时的各项防护要求，并应在规定的转换时限内完成。人防工程平战功能转换时限主要包括：早期转换应在 30d 内完成物资、器材筹措和构件加工；临战转换应在 15d 内完成后加柱安装和对外出入口及各类孔口的封堵；紧急转换应在 3d 内完成防护单元连通口的转换以及综合调试等工作。

2）平战功能转换措施应与工程设计同步完成。实施平战转换的结构构件在设计中应能满足转换前后不同受力状态的各项要求，并应在图纸中说明转换部位、方法以及具体实施要求；当转换措施中采用预制构件时，应在图纸中说明预埋件、预留孔（槽）等应在工程施工中一次就位，预制构件应与工程施工同步做好，并应设置构件的存放位置。

3）平战功能转换措施应按不使用机械，不需要熟练工人能在规定的转换时限内完成转换任务，临战时实施的转换措施不应采用现浇的钢筋混凝土。

4）防护功能转换设计宜优先采用标准化、通用化、定型化的防护设施与构件。

（3）不得预留、预埋的转换项目

平战结合的防空地下室中，下列各项应在工程施工、安装中一次完成：

1）现浇的钢筋混凝土和混凝土结构、构件。

2）战时使用的及平战两用的出入口、连通口的防护密闭门和密闭门。

3）战时使用的及平战两用的通风口防护措施（指消波措施或防护密闭门等）。

4）战时使用的给水引水管、排水出户管和防爆波地漏。

5.2 工程出入口平战功能转换措施

人防工程平战功能转换措施的内容，一般情况下分为三部分：使用功能的平战转换，防护功能的平战转换以及内部设备系统的平战转换。相对来说，防护功能的转换更为重要，技术也相对比较复杂，主要是因为防护功能的平战转换直接关系到工程的防护能力，同时转换的矛盾也最突出，且转换工作量大，难度高，需要解决的问题也最多。防空地下室口部是工程防护的关键点，也是设防的难点，因此平战转换措施也比较集中地体现了防护功能转换的主要内容，主要包括出入口、通风口以及其他孔口的防护功能转换措施。

出入口是人员或设备进出工程的重要衔接处，也是工程防护的重点区域和薄弱环节，因此出入口的平战功能转换措施一定要保证工程防护及密闭等各种特性要求。

5.2.1 简述

为了实现较为理想的平战结合，方便平时使用时人员的进出与疏散，吸引大量人员进入工程进行购物或其他娱乐活动，并给工程出入口增添现代化商业气息，从而进一步提高工程平时的经济效益和社会效益，工程有时专为平时使用开设宽度较大的出入口。如某市地下商贸城出入口设置自动扶梯，其宽度为6.0m；某住宅小区地下停车库按照相关规范要求，设置的车辆出入口宽度为7.0m。这样宽的出入口在战时转换为各种用途的人防工程时，既没有必要，同时也带来了防护及密闭的隐患。根据战时工程的使用要求，一般采用如下平战功能转换措施。

（1）平战两用出入口类型

在平时人员通行口的邻近位置设置一个供战时人员通行的小口，并设置防护密闭门和密闭门，构成密闭通道或防毒通道。临战前将供平时使用的大口处进行垂直封堵。如图5-2所示为某地下车库战时转换为人员掩蔽工程的出入口平战功能转换方式。

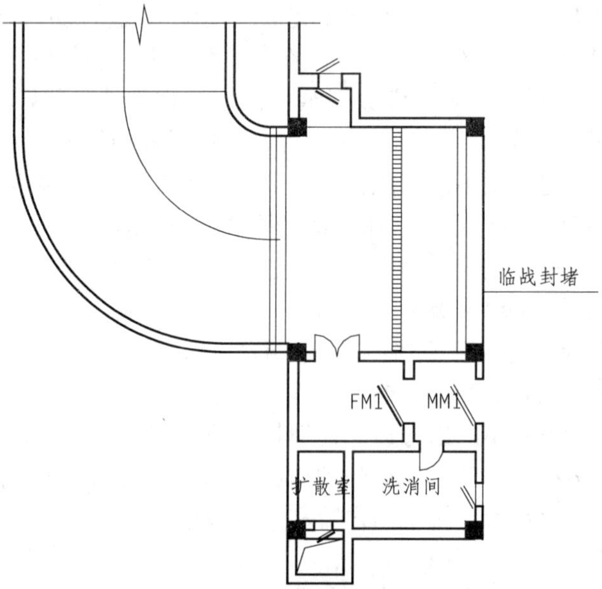

图5-2 出入口平战两用类型——大口变小口

（2）平时用战时不用出入口类型

设置专供平时使用的出入口，临战时可采用上述垂直封堵方式或采用水平封堵方式进行封堵。水平封堵方式可避地面核冲击波的反射，但考虑到水平封堵构件所消耗的材料以及重量较大，施工也较为复杂，因此其封堵宽度一般不宜大于6.0m。

（3）特殊人防门临战转换措施

为保证防空地下室平时防火疏散安全和使用方便，某些工程虽然出入口宽度不大，但应设置活门槛或降落式的防护密闭门和密闭门，因此在临战时应安装门槛，保证工程的防护密闭特性。

为保证工程的防护密闭特性，一般预制构件封堵方式在一个防护单元内不超过2个；当出入口宽度较小时，均可采用一道已安装的防护密闭门或两道人防门的封堵方式。

总之，出入口平战功能转换措施无论采用封堵或其他转换类型，其构造措施应保证战时的抗力、密闭、防早期核辐射及城市火灾等防护安全，并应满足平战转换的要求。

5.2.2 出入口临战封堵

专供平时使用的出入口，临战时采用的封堵措施，应满足战时抗力、密闭等防护要求（甲类防空地下室还需要满足早期核辐射要求），并应在3d转换时限内完成。对临战采用预制构件垂直封堵的平时出入口，其洞口净宽不宜大于7.0m，净高不宜大于3.0m；且在一个防护单元中不宜超过2个。

专供平时使用的出入口垂直封堵方式主要有钢筋混凝土预制构件封堵、型钢构件封堵、一道钢筋混凝土防护密闭门封堵、一道钢结构防护密闭门封堵、两道人防门封堵等。对于乙类防空地下室和核6B级甲类防空地下室以及战时无人员停留的核5级、核6级的甲类防空地下室，当采用封堵的钢筋混凝土构件（或人防门）厚度不小于250mm时，可不设土袋堆垒层（堆土加土袋堆垒层）。

（1）构件封堵方式

当采用钢筋混凝土预制构件或型钢构件封堵平时使用的出入口时，平战转换设计的内容主要包括平时预留、预埋设计以及临战封堵的构造措施。图5-3所示为钢筋混凝土预制构件临战封堵的平面与剖面示意图。参照图5-3，平时使用出入口临战封堵的转换设计要求如下：

1）在工程底板上需按所选封堵类型预留一定宽度的凹槽，但不能削弱结构自身的抗力要求。图5-3（b）所示的临战封堵剖面图中，为不削弱结构抗力，在开槽的底板处局部下沉；

2）按照洞口的宽度与高度设置预埋的顶板吊钩、侧墙及门楣钢板，外露的金属表面应注意防止锈蚀与破坏；

3）考虑到出入口封堵需要一定的厚度，因此要求封堵的平时出入口前方一定范围内不能设置任何设施，其范围按照不同的封堵方式确定，一般为1.2～1.5m，如图5-3所示。

采用钢筋混凝土预制构件临战封堵操作工序如下：

1）用细石混凝土把预制构件的下端固定在门前的地槽中，预制构件的上端直接与门楣的预埋钢板焊接；

2）在预制构件的上端和外侧用建筑胶粘贴镀锌薄钢板，在镀锌薄钢板的外侧按防水层的做法设置密闭层，方法可采用防水卷材或薄膜防水材料，薄膜防水宜采用不小于两布三涂的增强涂布做法；

3）密闭层外为土袋堆垒层，堆垒层的高度应至少高于门洞不小于200mm，土袋层上端厚度一般不小于250mm，下端厚度一般不小于750mm。形成自室内到室外，具有预制构件、建筑胶粘贴镀锌薄钢板、密闭层和土袋堆垒层等构造防护层。

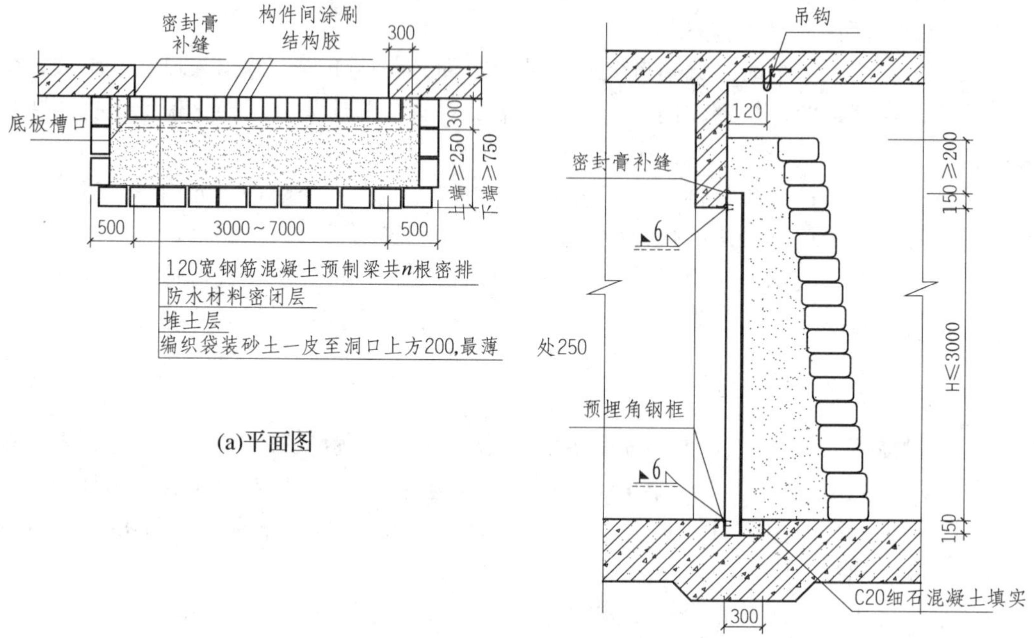

(a)平面图

(b)剖面图

图 5-3　出入口钢筋混凝土预制构件临战封堵示意图

采用型钢构件临战封堵操作工序与钢筋混凝土预制构件基本一致，具体操作工序如下：

1）用细石混凝土把型钢构件的下端固定在门前的地槽中，型钢构件的上端直接与门楣处的预埋钢板焊接（注意：型钢构件上端的空隙部分需用厚度不小于3mm的钢板经焊接将端头封堵）；

2）在型钢构件的上端和外侧用建筑胶粘贴镀锌薄钢板，在镀锌薄钢板的外侧做好密闭层（做法同钢筋混凝土预制构件封堵）；

3）密闭层外为堆土加土袋堆垒层，高度应至少高于门洞200mm，堆土加土袋层合计的上端最小厚度一般不小于500mm，下端厚度一般不小于1000mm。形成自室内到室外，具有型钢构件、镀锌薄钢板、密闭层和堆土加土袋堆垒层等构造防护层。

（2）一道防护密闭门封堵方式

防护功能平战转换宜优先选用转换速度快，转换工作量小的标准定型防护密闭门转换方式。特别当平时专用出入口洞口尺寸较小时，可直接选用单扇防护密闭门封堵。当防护单元中预制构件封堵的数量超过规范规定的限定数量时，宜采用防护密闭门封堵做法。

根据材料对早期核辐射衰减的作用原理，防护密闭门封堵宜采用钢筋混凝土防护密闭门封堵方式，当没有定型规格的钢筋混凝土防护密闭门时，也可以选用钢结构防护密闭门封堵方法。图5-4所示为一道钢筋混凝土防护密闭门封堵的平面与剖面示意图，自室内到室外具有：一道钢筋混凝土防护密闭门、密闭层和土袋堆垒层。其土袋层上端最小厚度一般不小于250mm，下端最小厚度一般不小于500mm；当采用钢结构防护密闭门封堵方法时，其堆土加土袋层合计的上端最小厚度一般不小于500mm，下端厚度一般不小于1000mm。

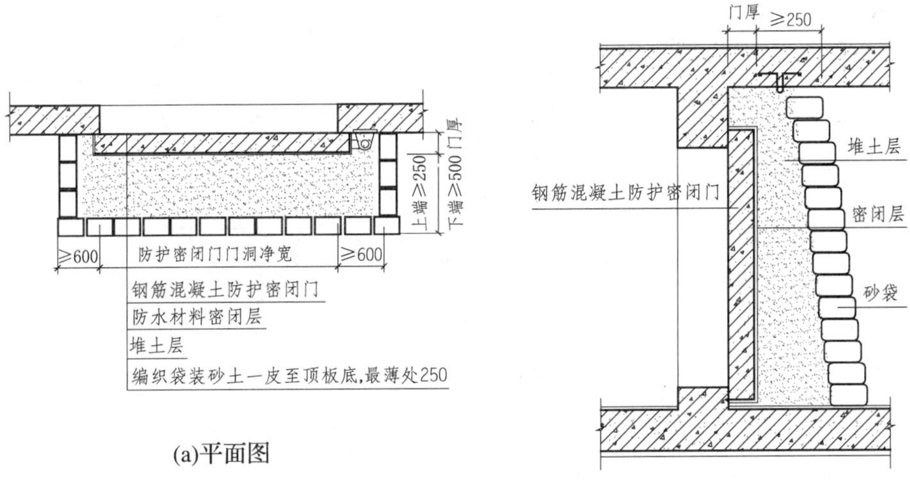

(a)平面图

(b)断面图

图5-4　一道钢筋混凝土防护密闭门封堵方式

（3）两道人防门封堵方式

采用防护密闭门及密闭门的出入口封堵的方式，没有转换工程量，一般要求设置在防护密闭性能要求较高的部位，以及预制构件封堵数量超过限定量时。

当采用钢筋混凝土人防门封堵时，应在门框墙的内侧设钢筋混凝土密闭门，在门框墙的外侧设钢筋混凝土防护密闭门。此时的门框墙厚度应不小于500mm。

当采用两道钢结构人防门封堵时，应在门框墙内侧设钢结构密闭门，在门框墙外侧设钢结构防护密闭门，并应在钢结构防护密闭门的外侧设置堆土加土袋堆垒层，堆土加土袋层合计的上端最小厚度一般不小于500mm，下端厚度一般不小于1000mm，门框墙厚度应不小于500mm，如图5-5所示。

5.2.3　特种防护密闭门的设置

为便于平时使用和工程防火疏散安全的需要，在平时人员出入频繁以及有防火疏散要求的出入口位置可以设置活门槛或降落式人防门设备。

（1）活门槛人防门

活门槛人防门包括防护密闭门及密闭门，临战进行快速平战功能转换，将活门槛安装在门框墙内侧适当的位置，并用膨胀螺栓固定，以满足防护密闭要求。设计时除满足一般人防门的安装构造要求外，应注意人防门底部的构造要求，特别是底板装修层与活门槛预埋件的关系，图5-6所示为6级钢结构活门槛单扇防护密闭门的断面及细部示意图。

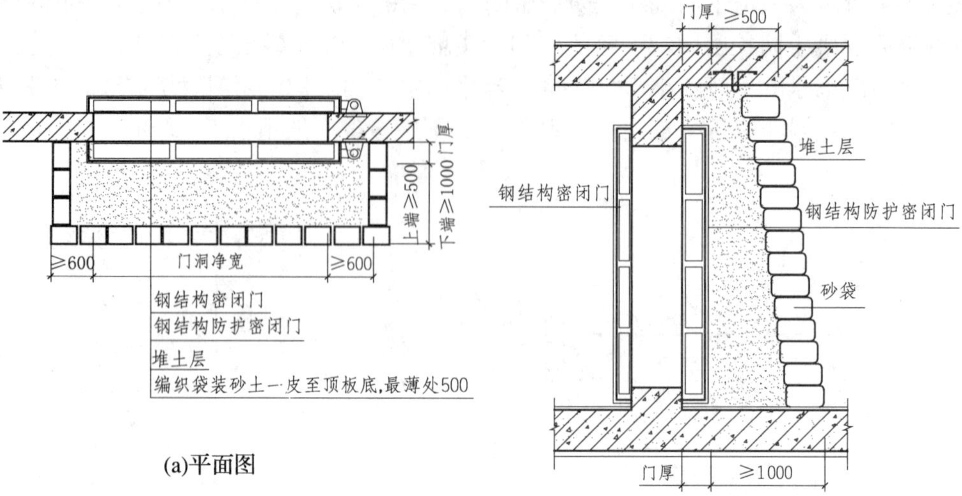

(a)平面图

(b)剖面图

图 5-5　两道钢结构人防门封堵方式

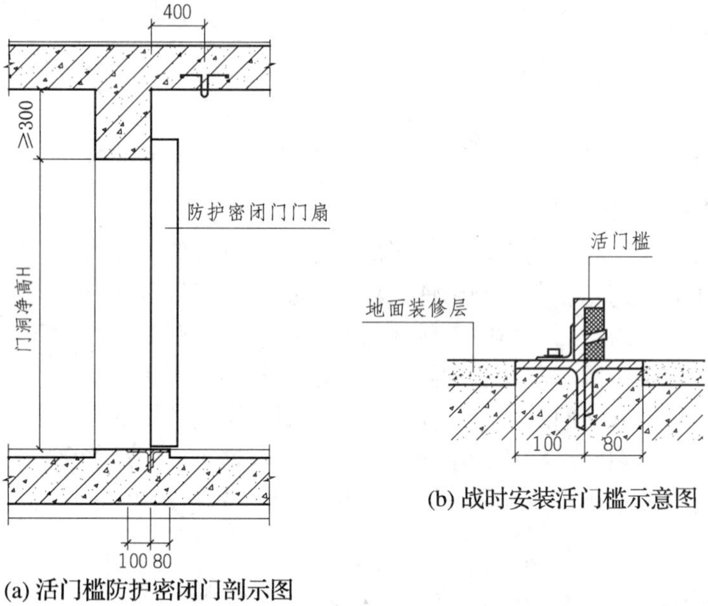

(a) 活门槛防护密闭门剖示图

(b) 战时安装活门槛示意图

图 5-6　钢结构活门槛单扇防护密闭门示意图

（2）降落式人防门

降落式人防门是一种新型的防护密闭设备，其门前设置一定宽度的槽口而不设置门槛，因此没有平战功能转换工作量。平时使用时人防门直接开启，战时通过联动机械装置将关闭的门扇降落到槽口中，以达到工程的防护密闭要求。设计时除满足一般人防门的安装构造要求外，主要注意门洞上方的高度应满足门扇安装与降落的要求，同时应特别注意人防门底部槽口的构造要求。图 5-7 所示为 6 级钢结构降落式双扇防护密闭门的断面及细部示意图。

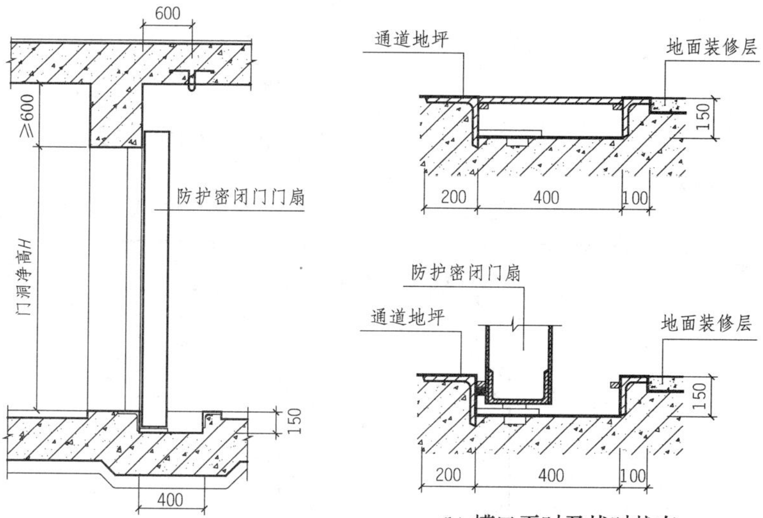

(a) 降落式防护密闭门剖示图

(b) 槽口平时及战时状态

图 5-7　钢结构降落式双扇防护密闭门示意图

5.3　通风口及其他孔口平战功能转换措施

除了人员设备出入口外，平战结合的防空地下室口部转换措施还包括平时专用通风口以及平战结合通风口的转换措施，工程中通风采光窗的临战封堵措施，单元预留口的临战封堵措施等。

5.3.1　通风口平战功能转换措施

平战结合防空地下室，考虑到平时使用时的通风量与战时通风量差别较大，同时内部通风系统及平面布局也有较大差别，因此有的通风口只在平时使用而战时不用，战时需要一定的临战封堵措施；而有的通风口平战时结合使用，战时还需要一定的平战功能转换技术措施。

（1）平时用战时不用通风口

为了有利于平时的使用，设计中允许设置专供平时使用的进风口、排风口和排烟口等，此类型通风口的特点是风道截面积较大，有的处于工程主体范围内，在临战时必须对其进行可靠的封堵，方能保证战时抗力、密闭、防早期核辐射等防护要求。对该类型通风口的封堵，工程上常采取三种方法：

1）在通风竖井上部邻近地面位置处设置预埋件和必要的槽口，临战时加盖钢筋混凝土封堵板，并采用密封膏（胶）、水泥砂浆以及防水卷材进行密封，而后填土，如图 5-8 所示。此种临战封堵方法需要将竖井地面部分拆除，施工繁琐；井壁结构还应按照防护密闭的特性要求设计，可靠性一般。

2）当平时使用的风管是直接设置在竖井壁上，按照规范要求必须采用预埋的设有密闭肋的短管，将风管穿入预埋短管并进行密封。这种类型的通风口进行封堵时，要求拆除平时风管，用钢板及橡皮垫与预埋短管用螺栓连接作为密闭层，并在口外用钢筋混凝土封堵板封堵，如图 5-9 所示。此种方法施工预埋要求严格，封堵工序较为繁琐。

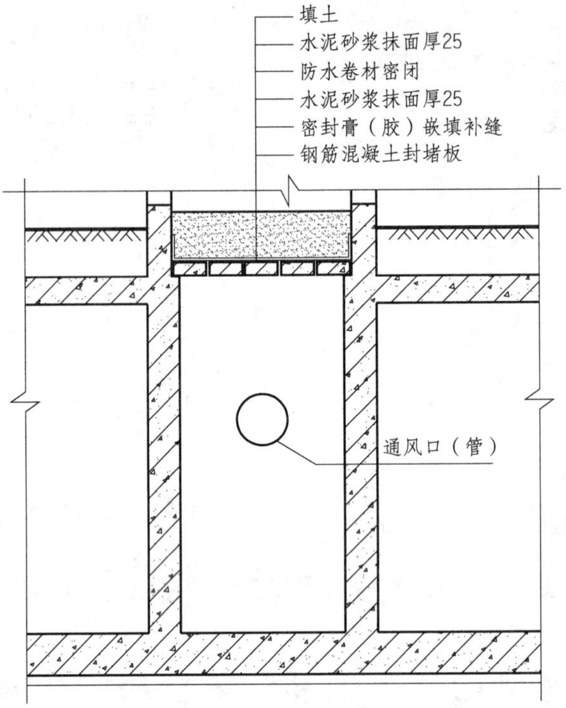

图 5-8　通风竖井上部水平封堵

3）针对上述两种封堵措施的优缺点，可以采用设置集气室以及人防门的方式来优化此类型通风口的使用功能和转换措施，如图 5-10 所示。在通风机房中利用一定小空间用砖墙体设置集气室，通风管道可以比较容易地直接设置在集气室墙壁任意部位；在邻近工程外侧的防护密闭墙上开设门洞，并安装防护密闭门和密闭门，平时开启，通风系统正常工作；临战时关闭防护密闭门和密闭门，直接完成通风口的封堵工作。此种方法平时通风效果好，风管设置简单，维护检修便利，而且封堵速度最快，防护可靠性最强，只是占用一定的建筑面积，造价相对较高。

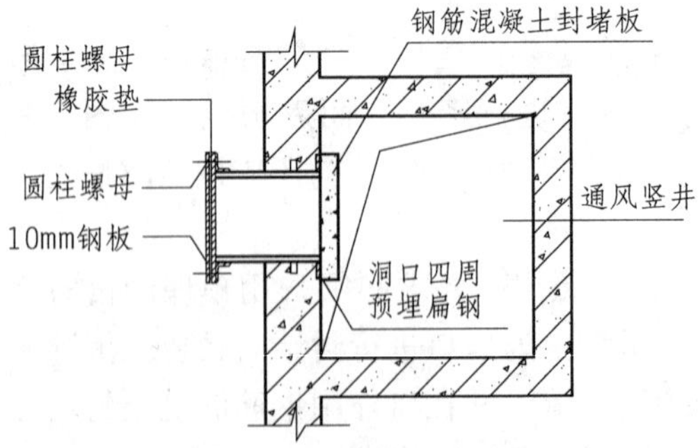

图 5-9　通风口垂直封堵

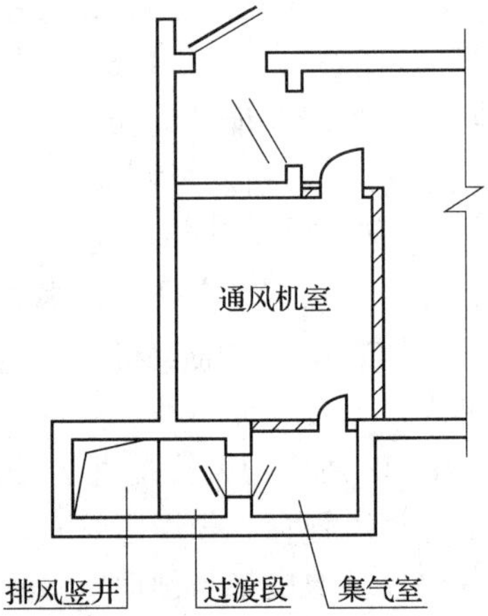

图 5-10　采用人防门封堵通风口示意

（2）平战两用通风口

平战两用通风口，优点是平战系统结合紧密，占地面积小，投资较低，对地面环境的影响较小。而战时使用的消波设施，如门式防爆波活门的通风量大多数情况下满足不了平时进风的需要，应采用平战功能转换措施。该类型的通风口设计通常采用以下两种方法：

1）主体要求防毒的工程，通风口可采用“（防爆波活门＋防护密闭门）＋防护密闭门＋密闭门”的防护做法，如图 5-11 所示。平时通风时打开两道防护密闭门和密闭门，以满足较大的通风量；战时关闭两道防护密闭门和密闭门，将两道防护密闭门之间的通道作为通风口的扩散室，通过第一道防护密闭门上方的防爆波活门进行战时通风。这种措施转换方便，防护可靠，但人防门设置数量较多，建筑平面布局对内部使用空间影响较大；从图 5-11 的剖面图可以看出，当平时和战时的通风量都较大时，在有限的竖向尺寸中安排防护密闭门和防爆波活门比较困难或难以达到防护安全的结构最小尺寸要求，因此这种功能转换方法的设计具有一定的局限性。

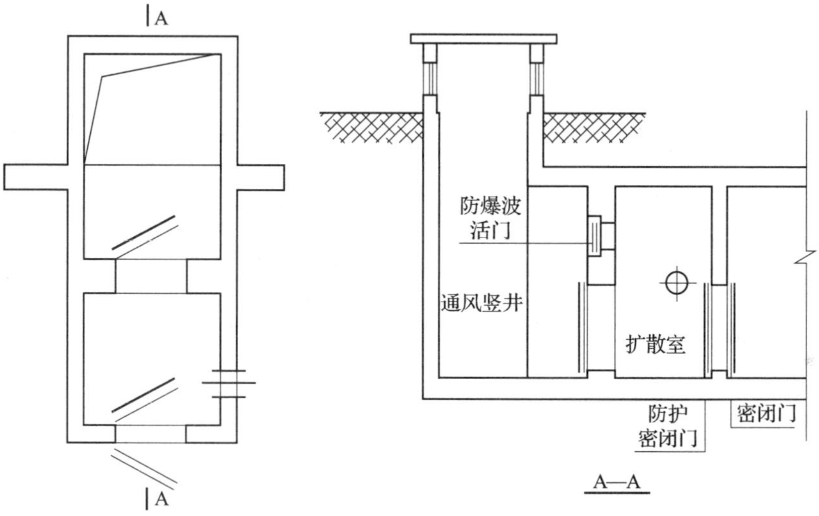

图 5-11　通过“（防爆波活门＋防护密闭门）＋防护密闭门＋密闭门”的转换方式

2）针对上述问题可以采用第二种通风口设计方法，如图 5-12 所示。将平时和战时的两套通风系统以通风竖井为界限，设置在两侧。平时通风由防护密闭门和密闭门形成的密闭通道直接接入到集气室中；战时只需将防护密闭门和密闭门关闭，通风由另一侧的“防爆波活门＋扩散室”系统完成。这种平战通风系统分布明确合理，维护检修方便，防护可靠，可直接作为工程的应急或备用出入口。更重要的是无论平战时通风量有多大或有多悬殊，均可满足相应的使用及防护要求。

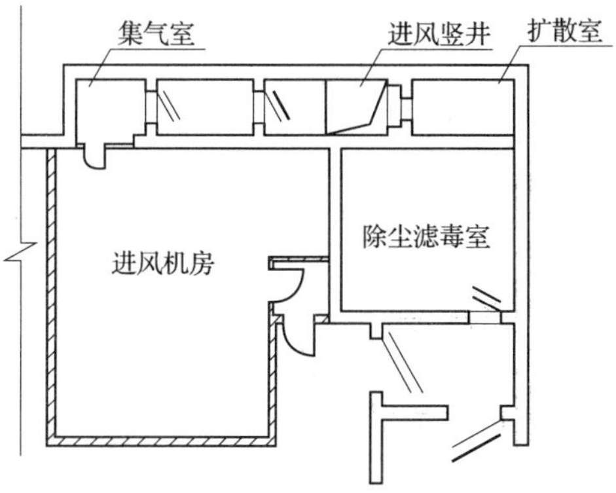

图 5-12　平战两用通风口设计示意图

5.3.2 通风采光窗平战功能转换措施

为了改善平时的室内环境条件，平战结合的乙类防空地下室以及甲类的核5级、核6级以及核6B级防空地下室，允许设置通风采光窗，但为了防空地下室战时的安全，在临战时必须对其进行可靠的封堵。通风采光窗的窗孔尺寸，应根据防空地下室的结构类型、平时的使用要求以及建筑物四周的环境条件等因素综合分析确定。承受战时动荷载的墙面，其窗孔的宽度不宜大于墙面宽度（指轴线之间距离）的1/3。窗井应采取相应的防雨和防地表水倒灌等措施。

通风采光窗的临战封堵措施，应满足战时抗力、密闭等防护要求，甲类防空地下室还应满足防早期核辐射要求。其临战封堵方式，设置窗井的可采用全填土式或半填土式；高出室外地平面的可采用挡板式。

（1）全埋式防空地下室通风采光窗

全填土式。在窗孔外侧放好防护挡窗板，做好防水（密闭）层，窗井内用土分层夯实，填至窗井上口，如图5-13所示。该封堵方式优点是战时的防护可靠，措施比较简易，但战时的取土量较大，应在有取土条件的地方选用。

半填土式。在窗井上方放好防护盖板，在防护盖板上做好防水（密闭）层，然后用土填实，如图5-14所示。该封堵方式的优点是战时的取土量比全填土式明显减少。

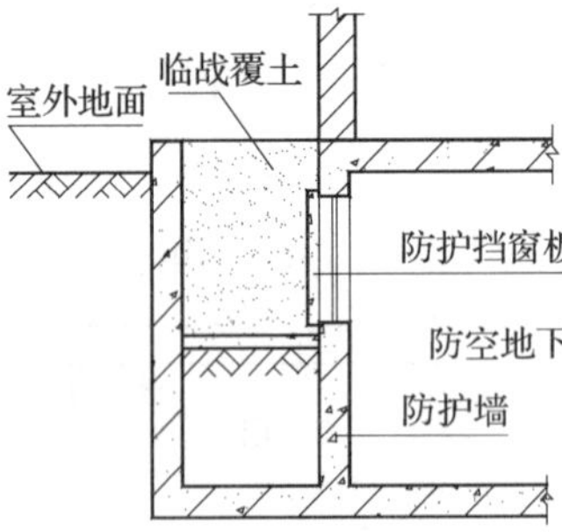

图5-13 通风采光窗全填土式封堵

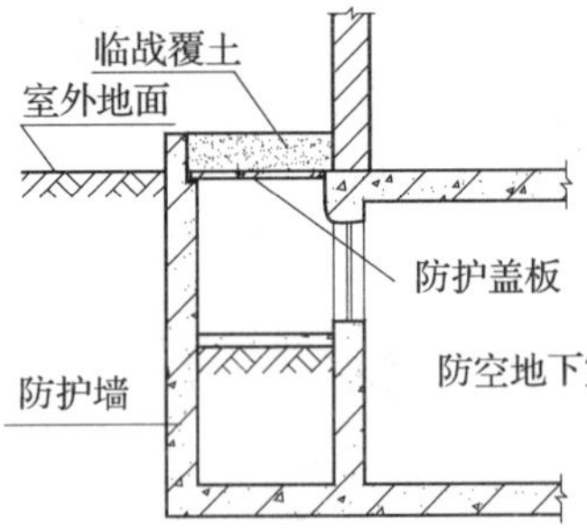

图5-14 通风采光窗半填土式封堵

（2）非全埋式防空地下室通风采光窗

在窗孔前安装好防护挡窗板，做好防护挡窗板的内皮和窗孔之间的防水（密闭）层，窗孔内砌砖，而后设置防水（密闭）层，如图5-15所示。该封堵方式战时取材和操作容易，但要求每道工序及构件预埋均需到位。

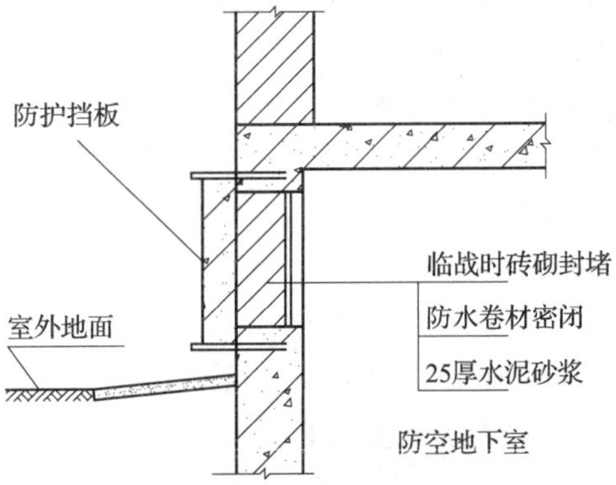

图5-15 高出地面通风采光窗封堵方式

5.3.3 防护单元预留口平战功能转换措施

规模较大的防空地下室，按照规定将被划分为若干个防护单元。为了满足其平时使用的需要，如大型汽车库中的车道需要穿越防护单元隔墙等，其单元隔墙上必须预留必要的平时使用洞口（简称预留口）。单元隔墙预留口的战时封堵与平时出入口的战时封堵相类似，但也有较大的差别，主要体现在：

1）封堵部位抗力要求不同。出入口封堵部位的抗力要求大于防护单元隔墙预留口。

2）封堵部位受力方向不同。防护单元隔墙上预留口封堵按照防护单元的设置要求，其两侧均需分别受力和做防水（密闭）层。

3）不需要设置防早期核辐射的砂袋保护层。

防护单元隔墙上预留口所采用的封堵措施应满足战时抗力与密闭的要求，并应在15d的转换时限内完成。对于临战时采用预制构件封堵的平时通行或预留口，其洞口净宽不宜大于7.0m，净高不宜大于3.0m，且净宽之和不宜大于应建防护单元隔墙总长度的1/2。

一般较小的通行口可采用防护密闭门封堵方式，即在门框墙的两侧各设置一道防护密闭门（与防护单元连通口做法相同），其门框厚度不应小于500mm；较大型的预留口，主要采用预制构件的封堵方式，图5-16所示为预留口预制构件封堵的断面与底部节点示意图。

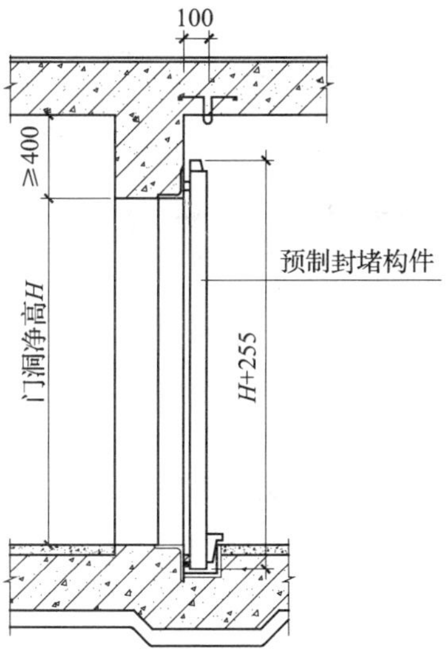

(a) 防护单元间预留口封堵剖示图

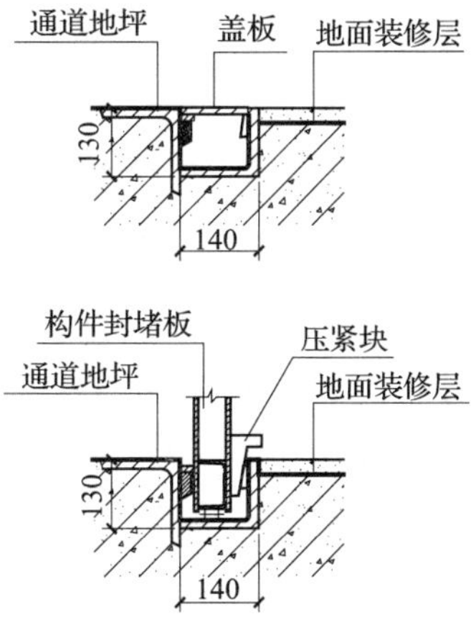

(b) 槽口平时及战时状态

图5-16　防护单元间预留口封堵示意图

5.3.4　其他孔口封堵要求

因平时使用的需要，在防空地下室顶板上或在多层防空地下室的防护密闭楼板上开设的采光窗、自动扶梯孔洞、平时风管穿板孔和设备吊装口，其净宽不宜大于3.0m，净长不宜大于6.0m，且在一个防护单元中合计不宜超过2个。在顶板上或在防护密闭楼板上采用的封堵措施应满足战时的抗力、密闭等防护要求。在顶板上采用的封堵措施应在3d转换时限内完成；在防护密闭楼板上采用的封堵措施应在15d转换时限内完成。图5-17所示为防空地下室顶板采光窗封堵方式（采光窗已拆除）。

专供平时使用的楼梯、自动扶梯以及净宽大于3m的穿板孔，宜设置在防护密闭区之外。

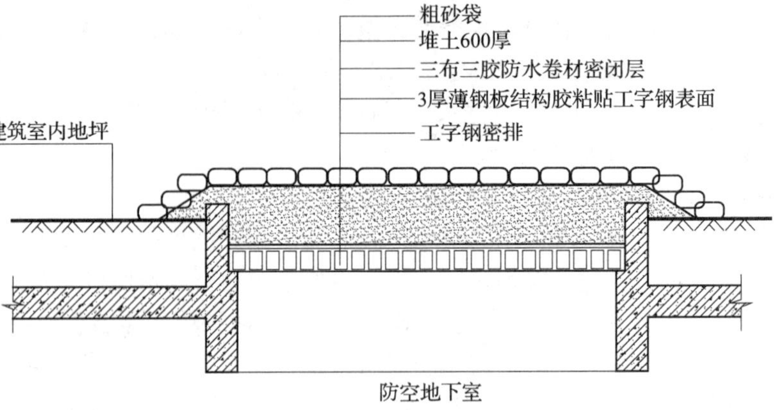

图 5-17 防空地下室顶板采光窗封堵方式

大型设备安装口的设置及其封堵措施，应满足防空地下室的战时防护要求。若大型设备需在临战时安装，该安装口的封堵措施应满足平战转换的要求，其封堵做法可采用平时出入口的封堵做法。

5.4 工程主体平战功能转换措施

防空地下室除了口部转换措施外，临战时工程主体也需要设置功能转换措施。其转换措施主要包括结构、使用功能及空间的转换。主体结构转换是指当工程结构跨度较大等原因不满足战时抗力要求时，可通过临战加柱、加墙等技术措施以达到工程的防护要求；使用功能及空间的转换主要是通过砌筑各类战时用房、抗爆挡隔墙，封堵防护单元预留口，以及内部设备转换及安装等技术措施，经过测试，使工程在功能及空间使用等方面达到工程战时预定的使用功能。

5.4.1 主体结构转换措施

战时荷载设计的防护结构的厚度与配筋，为平时荷载设计的相应结构厚度与配筋的数倍。因此当平时使用的需要，工程设置柱网间距较大时，若按照战时荷载设计结构，虽然没有平战转换问题，但将会明显增加投资。如果能使结构按平时荷载设计和构筑，而战时再转换为可以承受战时荷载的结构体系，其效益的提高将非常显著。

为此，在设计中可以按照不同的使用需要对结构分别处理，比较容易实现平战转换的措施之一是改变结构跨度，即平时为大跨度、小荷载，战时转换为小跨度、大荷载。准确地说就是平时为小荷载下的大跨度，战时适当增加支点，使其成为大荷载下的小跨度，这样能充分发挥防空地下室的结构潜力。对于采用临战加固的防空地下室，被加固部位的构件在设计中应满足临战前、后两种不同受力状态的各项要求。

如图 5-18 所示，这是某防空地下室柱距为 7.8m 的双向密肋板顶板结构。考虑在临战时每个区格中央增加一个支点，当防空地下室为核 6 级时，在其核爆荷载下的结构内力与平时荷载下的结构内力基本相当；如果临战时对上述结构的每两个柱中间增加一个支点，可使核

5 级防空地下室战时产生的结构内力与其在平时荷载下的内力基本相当。由此可见，对大型平战结合的防空地下室结构，采用临战时加固的方法来满足战时和平时的不同使用要求，其经济意义十分明显。

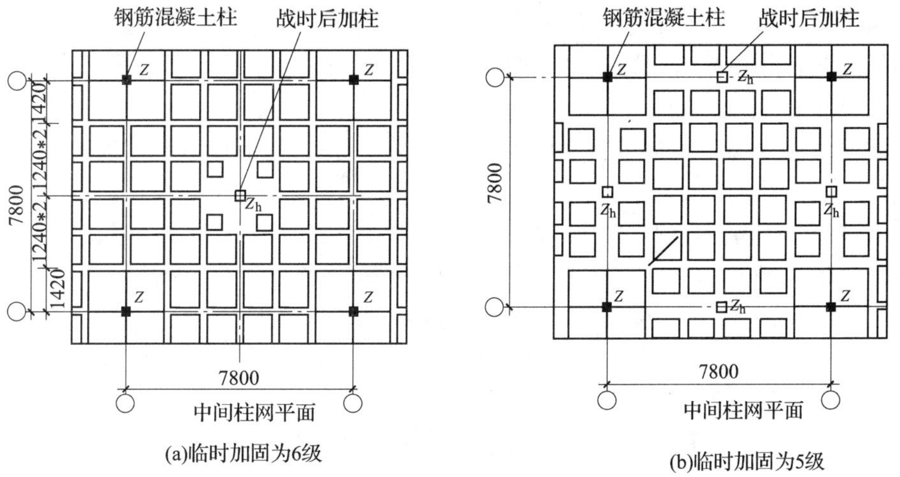

图 5-18　双向密肋板临战加固图

5.4.2　使用功能及空间的转换

临战时对防空地下室主体内部还应通过砌筑各类战时用房、抗爆挡隔墙，封堵防护单元预留口，以及内部设备转换及安装等技术措施，使工程在空间使用等方面达到工程战时预定的使用功能。图 5-19 为某防空地下室战时平面示意图，涉及的主体使用功能及空间转换的内容主要有：

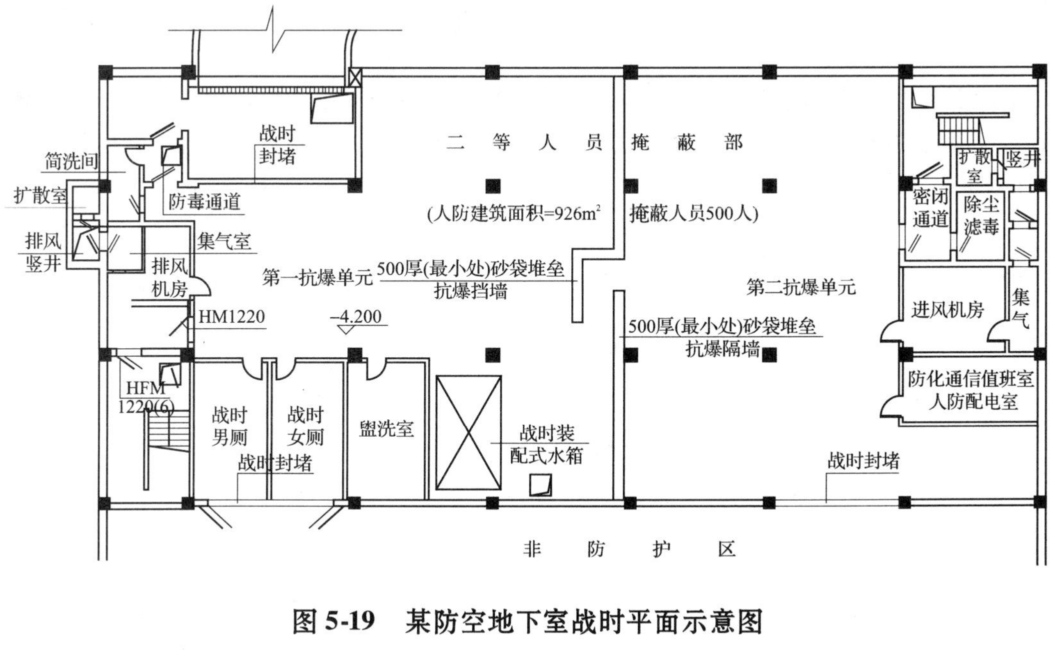

图 5-19　某防空地下室战时平面示意图

(1）通风用房及设备的转换

某些战时专用设备在平时长期闲置不用，既不经济，又难于维护。因此，专供战时使用的防护通风等设备，平时可以预留位置，临战时再行安装。为保证临战时能及时安装投入使用，在施工图设计中必须一次性完成全部设计，并对预留做法加以具体交代。如图 5-19 所示，工程通风口采用的是平战结合的方式，通风机房均已砌筑完成，工程的防化值班室及配电室需临战砌筑，并在其内增添战时内部控制设备或设施。

(2）贮水池设置及转换

生活饮用水池（箱）可以兼作平时的消防水池（箱），但应设有临战时充满的措施，且其水质应符合生活饮用的要求。

二等人员掩蔽工程内的贮水池（箱），若平时不使用，可在临战时构筑，但必须在工程施工时将贮水池（箱）的进水、出水、溢流、放空等管道及预留孔洞等预埋好，并应做出明显标志，同时在设计中还应提出可靠的技术措施，以保证在战前规定的时间内构筑完成。图 5-19 所示中，工程采用的是玻璃钢装配式水箱，其位置应设置在用水房间附近。

(3）战时干厕及盥洗室设置

战时干厕和盥洗室对房间的设备要求十分简单，故可以采取平时预留位置，临战时构筑的做法。但要注意作为战时干厕的房间内应该设置地漏，并要预先做好局部排风设施所需的预埋件，其位置应设置在工程主体排风口附近。

(4）功能空间的转换

工程功能空间的转换主要体现在防护单元预留口封堵以及抗爆单元砌筑等内容。图 5-19 所示的防空地下室只占整个地下工程的一部分，因此采用出入口封堵的方式将其防护区与非防护区隔开；按照现规范设置抗爆单元指标将防护区划分为两个抗爆单元，其间用粗砂袋堆垒的方法构建抗爆挡隔墙。

小　　结

本章主要讲述了平战结合防空地下室平战功能转换措施的技术要求，包括人防工程平战功能转换措施的重要性、研究方向及总体要求；工程出入口各类临战封堵及转换措施的技术要求；平时专用通风口和平战两用通风口封堵及转换措施的技术要求；防护单元隔墙上预留口的封堵措施技术要求；工程主体结构平战转换技术措施；以及工程主体使用功能和空间转换措施等。

6 防火建筑设计

防空地下室属于地下工程，地下工程与地面建筑相比具有密封性好、出入口少、通风和照明条件差等特点，这些特点使得地下工程发生火灾时，其危害性更大。特别是平战结合的防空地下室，随着我国经济的发展，城市化进程的加速，地下建筑层数逐步由单层向多层发展，建筑规模也越来越大，功能也越来越复杂，防火设计也越来越重要。

6.1 概 述

6.1.1 燃烧的基本知识

燃烧现象是可燃物质与氧气发生激烈氧化反应，并伴随着发光和放热效应。

燃烧现象必须具备最基本的条件，即可燃物质、助燃物质和火源。以上三个条件，必须同时具备。

可燃物质。不论是气体、液体还是固体，凡是能与氧或氧化剂起剧烈氧化反应并具备燃烧特点即发热、发光的物质皆称为可燃物质，如汽油、酒精、木材、氢气等。

助燃物。氧存在于空气中，占空气体积的21%。故一般可燃物质在空气中便能燃烧。木柴完全燃烧需空气4～5m^3/kg，石油完全燃烧需空气10～12m^3/kg。氧化剂的种类很多，如氯酸钾、硝酸钾、高锰酸钾等。可燃物质与氧化剂接触即使是没有空气的条件下也能燃烧。

火源。火源的种类很多，按其产生方式可分为明火、高温表面、电器火花、冲击与摩擦火花以及自行发热等。明火包括吸烟点燃的火、炉灶火、焊接用的乙炔火焰、锅炉房里煤的燃烧等产生生活明火；高温表面指取暖散热器表面、加热设备的表面、蒸汽管道表面以及大功率碘钨灯管表面等；电器火花指电器设备运行中产生的火花、断路与开关火花、静电放电火花等；冲击与摩擦火花指铁器撞击发生的火花，砂轮摩擦产生的火花等；自行发热指可燃物质自行与氧发生的火花，热量不能及时疏散而导致燃烧。

一切防火与灭火措施都是根据物质的特性和生产条件，以及阻止燃烧三要素同时存在、互相结合、互相作用而采取的。例如，降低工程内空气可燃气体或粉尘浓度，减少和控制工程内可燃物的数量；把黄磷保存于水中，二硫化碳要用水封储存等，以阻绝空气；有火灾、爆炸危险的工程库房，如油库、加油站严禁烟火以消除火源。

6.1.2 温度对建筑材料性能的影响

建筑材料受到火烧以后，有的要起火燃烧，如纸板、木材等；有的只觉火热但不见火焰的微燃，如含砂石较多的沥青混凝土；有的只见碳化成灰但不见起火的，如油毡和防水处理过的针织品；也有不起火、不微燃、不碳化的砖、石、钢筋混凝土等。按燃烧性能建筑材料可分为三类：

非燃烧材料。非燃烧材料是指在空气中受到火烧或高温作用时不起火、不微燃、不碳化的材料，如金属材料和无机矿物材料。

难燃烧材料。难燃烧材料是指在空气中受到火烧或高温作用时，难起火、难微燃、难碳化，或当火源移走后，燃烧或微燃立即停止的材料，如刨花板和经过防火处理的有机材料。

燃烧材料。是指在空气中受到火烧或高温作用时，立即起火或微燃，且火源移走后，仍能继续燃烧或微燃的材料，如木材等。

建筑材料在火灾热条件下，除了燃烧以外，有的还要随着温度的升高而降低本身的力学强度，甚至失去其构件的承载能力。下面分别介绍与防空地下室相关的混凝土、钢材、钢筋混凝土等材料在火灾热条件下的变化情况。

（1）混凝土

混凝土在火灾热的作用下，其结构遭受连续的热分解。这种分解改变着混凝土结构的力学和热学性能。试验表明，混凝土在高温时强度降低的主要原因是：高温使混凝土中的游离水急聚蒸发而引起骨料的膨胀和水泥石的收缩。当温度达到某一值后，水泥石中的氢氧化钙开始分解，并导致水泥石结构的破坏，从而降低混凝土的强度。图 6-1 给出了混凝土抗压强度随温度变化的曲线。从图 6-1 中可以看出，混凝土在热应力作用下，抗压强度随温度的上升而逐渐下降。下降的规律基本上可用直线描绘。

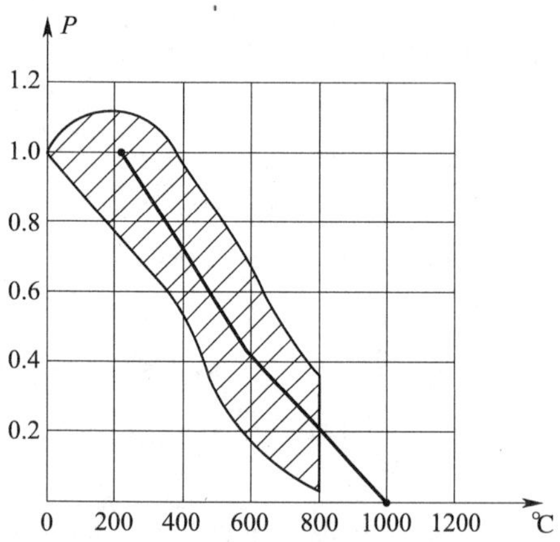

图 6-1 混凝土抗压强度随温度变化的规律

混凝土抗压强度在 300℃左右时降低不明显，有时甚至会提高；在 300 ~ 400℃之间降低 10% ~ 20%；400℃以后急剧下降；600℃时仅为正常温度下强度的 45%；当温度升至 800℃以后混凝土溃散；到达 1000℃时混凝土强度值变为零。

需要指出的是，当加热温度低于 300℃时，混凝土的水泥石内部产生蒸压，水泥颗粒的水化作用加快，加速了水泥石的硬化作用，同时由于水泥石中的游离水被蒸发排除，使水泥颗粒粘结紧密。故混凝土在加热温度不高时，强度不仅不降低，有时会有所提高。

（2）钢材

和混凝土一样，钢材的强度在温度升高到某一范围，或者说到达某一极限温度值时，便大幅度地下降。钢材的强度在高温下的性能与其类型和制造工艺有关。如，具有明显屈服台阶的热轧钢筋在高温度下会出现屈服点消失的现象；普通热轧低碳钢在同样温度条件下的徐变要大于高强钢丝。图 6-2 给出了普通钢筋混凝土结构中的钢筋强度变化实用曲线。

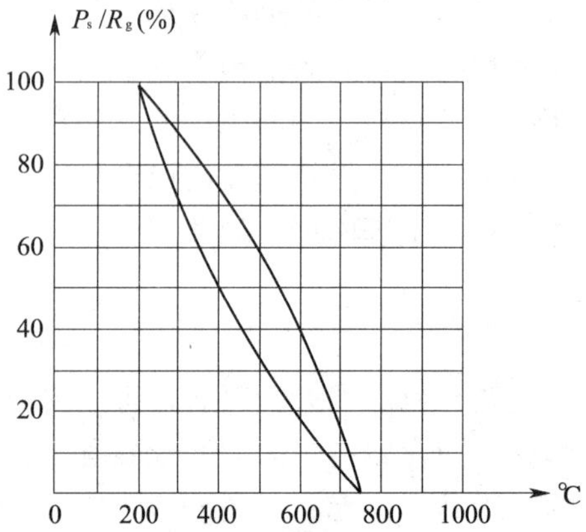

图 6-2 火灾后钢筋强度变化

从图 6-2 中可以看出，在 200℃的温度下，钢筋强度几乎没有变化；当温度大于 200℃时，钢筋强度开始下降；非预应力钢筋在 550～600℃时，强度下降 50% 左右；预应力钢筋在高温下，强度下降比非预应力钢筋要快，在 400℃左右时强度损失达 50%。

（3）钢筋混凝土

钢筋混凝土在火灾热条件下，钢筋与混凝土的粘结力变化取决于温度、钢筋种类等。螺纹钢筋在 350℃左右时与混凝土的粘结力几乎没有降低；到 450℃左右时约降低 25%，700℃时降低 80%。圆钢筋与混凝土的粘结力在高温下比螺纹钢筋降低很多，在 100℃左右时，粘结力降低约 25%，至 450℃时则完全丧失粘结力。

6.1.3 火灾起因

通过对防空地下室等地下工程的调查分析表明，工程发生火灾的主要原因有电气故障、违章操作、用火不慎以及防火系统不健全等。

电气火灾。防空地下室的采光主要依赖于人工照明，一般都配置大量通风和空气调节设备，因此电气设备多，用电负荷大。如果电气设计不合理，采用不合格的电线电缆和接插件，甚至私搭乱接，很容易引起电线电缆短路、用电设备过热，引燃临近的可燃物而发生火灾，由电气而引起的火灾占地下工程火灾的 40% 以上。如江西省南昌市福山人防工程就是由于荧光灯镇流器包线短路产生高温，烧到连接镇流器的胶制电线和覆盖在上面的可燃物而蔓延成灾，火灾烧毁家电、服装、百货摊位几百个，过火面积约 5000m^2。

违章操作。各种危险品存储不当、随意改变电气线路以及违反其他安全生产和管理规定等在地下工程火灾中占了比较大的比例。如西安市某地下橡胶库火灾，就是由于在加固库房的施工过程中违章使用电焊，火花从打开的楼板孔洞落到存放在地下橡胶库内的海绵胶板上引起的。这场火灾燃烧了 5 个昼夜，时间长达 103 个小时。

用火不慎。地下商场、地下旅馆、地下歌舞厅、地下剧院等场所人员密集，商品、摆设、装修等可燃物较多且分布广泛。如果用火管理不善，如随处抽烟、随意丢弃烟头、使用电炉等危险电器等，很容易引起火灾，并导致大面积的火灾蔓延。

消防系统不健全。大量的火灾案例表明，消防系统不完备或消防系统管理维护不当，导致火灾时不能及时报警；消防栓或自动喷淋灭火系统没有水，防火卷帘不能有效降落；应急照明时间或亮度不够；都是小火演变成大火，最终造成重大火灾损失的重要原因。

其他原因。人为纵火、自燃、停车库内车辆碰撞等其他原因也是导致地下工程发生火灾的因素。虽然这类火灾发生的频率不一定很高，但是往往也会造成重大人员伤亡或财产损失。

6.1.4 火灾危害特点

地下工程发生火灾时与地面建筑相比具有不同的特点，其危害更大。主要表现在如下几个方面：

（1）高温的危害

由于防空地下室等地下工程密封性好，出入口少，发生火灾时室内热量不宜排出且散热困难，使得环境温度很高。起火房间内温度可达 800～900℃，火源附近温度往往高达 1000℃以上。在高温的长时间作用下，混凝土容易产生爆裂，使得结构变形甚至坍塌。

高温也使得可燃物较多的地下工程内发生轰燃，导致火灾大面积蔓延。另外，高温对地下工程内的人员产生灼伤甚至导致死亡，研究表明人在空气温度达150℃的环境中只能生存5min。

（2）缺氧和中毒

由于地下工程直接对外的门窗洞口或其他开口比较少，通风和排烟条件差，因此火灾时容易产生大量的烟气且烟气滞留在工程内不易排出。地下工程火灾过程中氧气大量消耗，如果通风不好，空气中的氧含量急剧下降，一氧化碳含量剧增，容易导致人员窒息或中毒死亡。另外，许多可燃的商品、家具和装修材料在燃烧时会产生大量的有毒气体，刺激人的呼吸系统和神经系统，最终导致人员伤亡。

（3）火灾蔓延快

地下工程中的楼梯间、管道、风道、地沟及通道与地面大气相通，一旦起火，这些部位成了火灾蔓延的主要途径。管道、楼梯间等垂直扩散速度比水平扩散速度大3～5倍，达3～4m/s。如火灾时未能及时控制通风空调等设备，会加快火灾蔓延速度。

（4）疏散困难

在任何一个建筑空间中发生火灾，都直接危及到其中的人员的生命安全，在地下工程中则更为严重。火灾对人的危害主要通过四种效应，即烧伤、窒息、中毒及高温热辐射。除此之外，在地下工程中火灾对人的影响还表现在如下几个方面：

能见度低，逃离困难。地下工程采光通风条件差，火灾时烟雾多，如果停电后照明无保障，很难顺利逃离火灾现场，找到疏散口。

容易使人迷失方向感。在封闭的室内空间中，如果通道布置不合理，缺乏空间位置的标识物，容易使人迷失方向感。特别是那些大量进入地下商场等平战结合的大型人防工程但对内部布置情况不太熟悉的人群，迷路是经常发生的。如果发生火灾，心理上的恐慌程度和行动上的混乱程度要比在地面建筑中严重得多，并且内部空间越大，布置越复杂，这种危险也就越大。

地下工程疏散方向的不同。防空地下室等地下工程基本位于自然地面标高以下，人从楼层向室外由下向上的行走方向与地面建筑的正相反，这就使得从地下工程到开敞的地面空间的疏散和避难都要有一个垂直上行的过程，比下行要消耗体力，从而影响人员的疏散速度。同时，自下而上的疏散路线，与内部的烟和热气流自然流动的方向一致，因而人员的疏散必须在烟和热气流的扩散速度超过步行速度之前进行完毕，因此给人员疏散造成很大的困难。

（5）火灾救援困难

①由于地下工程密闭等特性，使得外部救援人员不容易掌握内部火灾情况，实施救援比较困难；②地下工程火灾烟气蔓延迅速，火灾影响范围广，救援人员很难确定真正的火源位置，且很多适用于地面建筑火灾救援的设备和工具，在地下工程的火灾救援中无法发挥作用；③救援人员救援路线与室内疏散人员的疏散路线相对，矛盾突出；④灭火救援人员为了自身安全，需佩戴空气及氧气呼吸器，同时携带一些灭火器材，由于负重大，通道狭窄，难以接近火源，从而影响火灾的扑救。

总之，防空地下室等地下工程若发生火灾，其危害性比地面建筑要严重，表6-1所示为上世纪90年代末统计的我国火灾情况。

表 6-1 火灾统计调查情况

火灾损失	火灾次数（次）			死亡人数（人）			直接经济损失（万元）		
年份	1997	1998	1999	1997	1998	1999	1997	1998	1999
高层建筑	1297	1077	1122	56	47	66	9683	4651	4750
地下建筑	4886	3891	4059	306	288	340	14102	13350	12953

6.1.5 建筑物的耐火等级

建筑构件的耐火极限与建筑物的耐火等级是防护建筑设计中的重要概念。

（1）建筑构件的耐火极限

建筑物是由建筑构建所组成，其建筑构件的耐火极限是按规定的火灾升温曲线，对建筑构件进行耐火试验，从受到火的作用起，到失去支持能力或发生穿透缝或背火一面温度升高到 220℃时止，这段时间称为耐火极限，一般用小时表示。

建筑构件的耐火极限按以下三个条件之一确定：

1）构件失去支持能力、稳定性而引起构件毁坏，或产生的不可逆挠度变大，使构件失去使用价值。

2）火烧时构件发生穿透裂缝，使构件背火面易燃物着火。主要是薄壁构件容易产生这种情况。

3）背火面表面温度达到 220℃时，可以使易燃的棉花、纸张等物起火，一般也是指薄壁构件。

试验和火灾实例都说明，建筑构件抵抗火烧时间的长短，与构件的厚度、截面尺寸、保护层厚薄等有着密切关系。一般说，受压构件厚度或截面尺寸越大，则耐火极限越高。有保护层的钢柱与保护层厚度有关。同样，钢筋混凝土或型钢受弯构件的保护层越厚，则耐火极限也越高。

各种材料所组成的建筑构件的耐火极限时间可从《建筑设计防火规范》中查取。钢筋混凝土结构的保护层对构件的耐火极限影响较大。图 6-3 表示在火灾温度作用下，在同一时间内，梁内主筋温度随保护层厚度的增加，主筋受热温度下降，一般来说，保护层越薄，则钢筋的受热温度越高。

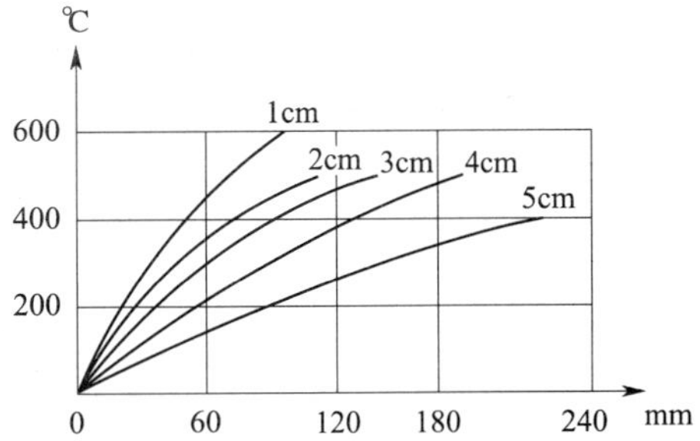

图 6-3 火灾时保护层对钢筋温度影响

由此可见，只要条件允许应加大钢筋的保护层厚度。条件不允许时，也可在混凝土表面涂刷防火涂料以延长构件的耐火极限。

（2）建筑物的耐火等级

影响建筑物耐火等级的因素较多。通常根据建筑物的使用功能、重要程度、规模大小、层数、火灾危险性及火灾时人员撤离、救生、消防等因素，将各类建筑物划分相应的耐火等级，在设计中，一般工程与使用人数众多的大型地下公共建筑如地下商场等应区别对待；特别重要的建筑物或有贵重设备的工程应有耐火极限较高的建筑结构。

世界各国由于国情不同，对建筑物耐火等级要求规定也不相同。我国《建筑设计防火规范》将建筑物分成一、二、三、四级。《高层民用建筑设计防火规范》则把高层民用建筑分为一、二两个耐火等级。各耐火等级的建筑物、对建筑构件的燃烧性能要求为：一级耐火等级，是钢筋混凝土结构或砖墙与钢筋混凝土结构组成的混合结构；二级耐火等级是钢结构屋顶、钢筋混凝土柱和砖墙的混合结构；三级耐火等级是木屋顶和砖墙的砖木结构；四级耐火等级是木屋顶和难燃烧体墙组成的可燃结构。

《人民防空工程设计防火规范》GB 50098—98 规定，除口部建筑外，工程的耐火等级为一级。各类构件的燃烧性能和耐火极限均不低于表 6-1 的规定。

表 6-1　人防工程各构件的燃烧性能和耐火极限

构件名称	燃烧性能和耐火极限（h）
防火墙	非燃烧体 3.00
承重墙、柱、楼梯间和楼梯井的墙	非燃烧体 2.00
梁、顶部结构	非燃烧体 2.00
楼板和疏散楼梯	非燃烧体 1.50
疏散走道两侧的墙	非燃烧体 1.00
房间的墙	非燃烧体 0.75
吊顶	非燃烧体 0.25

6.1.6　防空地下室防火设计特点

由于地下工程具有上述的火灾特点，因此在进行防空地下室的防火设计中应具有比地面建筑更高的防火安全等级和内部消防自救能力，主要表现在以下几个方面：

（1）火灾的早期探测和报警

在防火设计中，火灾的探测和报警功能是由火灾自动报警系统来完成的。根据被保护建筑规模的大小，火灾自动报警系统可分为区域报警系统、集中报警系统和控制中心报警三类。这些系统通常都包含火灾探测与报警、报警信息处理和联动控制三大功能。其中：火灾探测与报警由火灾探测器完成，火灾探测器相当火灾自动报警系统的触觉，不断地监测被保护区域的火灾信息，并把感知到的火灾信息发送到报警信息处理单元；报警信息处理单元就像火灾自动报警系统的大脑，对接受到的火灾报警信号进行分析处理，去伪存真，并根据处理结果给联动控制器发出控制信号；联动控制器相当于火灾自动报警系统的手臂，由它来控制其他消防系统，包括警报装置、事故广播、应急照明、防火卷帘和灭火系统等。火灾自动报警系统各功能单元的协调工作为发现火灾和尽快扑灭火灾发挥重要作用。

（2）控制火灾规模及蔓延范围

在建筑防火设计中，通常采用限制火灾荷载、限定防火间距、划分防火分区和设置自动灭火系统等措施控制火灾规模，防止火灾大面积蔓延。控制火灾的规模及其蔓延的范围，对于减小火灾造成的财产损失，减小火灾对人员疏散的影响具有重要意义，同时也利于火灾的救援。

在防空地下室中，一旦发生火灾应将火灾的影响控制在尽可能小的范围内。一方面应尽量限制可燃物数量、避免存放易燃物；其次，对于储存可燃物较多的场所，应做好防火分区的划分与防火分隔措施，配置必要的灭火系统与设备。

（3）使用功能与层数的限制

防空地下室等地下工程对工程的使用类型（特别是具有平时用途的平战结合工程），以及使用层数应加以限制。如易爆的物品或着火后燃烧异常迅速而猛烈的物品、材料，不宜设置在工程内；人员密集的公共场所，如影院、歌舞厅、游艺厅等宜设置在地下一层，而不宜埋设很深。《人民防空工程设计防火规范》GB 50098—98 具体规定如下：

1）人防工程内严禁存放液化石油气钢瓶，并不得使用液化石油气和闪电小于60℃的液体做燃料。

2）电影院、礼堂等人员密集的公共场所和医院病房宜设置在地下一层，当需要设置在地下二层时，应设置封闭楼梯间或防烟楼梯间。

3）地下商场不得经营和储存火灾危险性为甲、乙类储存物品属性的商品；且营业厅不宜设置在地下三层及以下；当总建筑面积大于20000m^{2}时，应采用防火墙进行分隔，且防火墙上不得开设门窗洞口。

4）歌舞厅、夜总会、桑拿浴室（除洗浴部分外）、游艺厅、网吧等娱乐场所，不应设置在地下二层及以下，当设置在地下一层时，室内地坪与出入口地面高差不应大于10m。

（4）人员疏散设计

地下工程火灾具有更大的危害性，特别是对人员的生命安全威胁较大。因此，人员疏散设计的研究应该是地下工程防火设计的首要内容。人员疏散不是一个孤立的问题，它不仅与疏散出口的数量、疏散宽度以及疏散距离等因素有关，而且涉及到火灾时烟气的运动、烟气对人的危害、防排烟系统以及火灾自动报警系统等多方面的内容。

（5）火灾救援

由于地下工程火灾外部救援实施困难，因此应加强内部自救措施。①内部自救主要依靠内部安全管理和值班人员，同时应发挥内部其他工作人员的作用，特别是人员数量较多、规模较大的地下工程内应有一支训练有素的专业义务消防队；②消防值班人员应该对地下工程内的布局和主要通道非常熟悉，了解各消防设施的位置及使用方法；③制定不同火灾情况下的火灾确认、人员疏散和灭火救援的应急预案；④应加强日常的消防演练，减少人们对地下火灾的恐惧心理，避免出现人流的混乱。

尽管在地下工程火灾中实施外部救援比较困难，但是外部救援还是非常必要的。所以，合理地设计地下建筑消防监控中心的位置和救援通道也是非常重要的。

6.2 防火分区与防烟分区

控制火灾规模，防止火灾大面积蔓延，使火灾的损失降到最低值，最有效方法就是根据建筑面积或层次将地下工程划分为若干个防火分区，同时在防火分区范围内再划分防烟分区。工程防火分区的划分，既要从限制火灾蔓延，减少经济损失方面考虑，又要结合平时的使用和维护管理，防护单元的划分和节省投资等方面综合考虑。

6.2.1 防火分区面积指标

工程的防护分区可以根据工程的特点采用水平或垂直的方式进行划分。水平防火分区是指用防火墙将各层在水平方向上分隔的区域，防火墙直接砌筑在基础或钢筋混凝土的框架上，或直接砌筑、浇筑在钢筋混凝土底板或楼板上；垂直防火分区是指用耐火楼板划分的防火分区。在较大型多层的防空地下室中，可将两种划分防火分区的方式结合运用。现行相关规范对防火分区面积指标的规定如下：

（1）《人民防空工程设计防火规范》的规定

人防工程内应采用防火墙划分防火分区，防火分区应在各出入口处的甲级防火门或管理门范围内划分；水泵房、污水泵房、水库、厕所、盥洗室等用水的、无可燃物的房间，其面积可不计入防火分区的面积之内；柴油发电机房、直燃机房、锅炉房以及各自配套的储油间、水泵房、风机房等，应独立划分防火分区。防火分区面积指标如下：

1）一般情况下，人防工程的每个防火分区允许最大建筑面积不应大于500m^2。

2）当设置有自动灭火系统时，每个防火分区的允许最大建筑面积可增加1倍；局部设置时，增加的面积可按该局部面积的1倍计算。

3）商业营业厅、展览厅等，当设置有火灾自动报警系统和自动灭火系统，且采用A级装修材料装修时，防火分区允许最大建筑面积不应大于2000m^2。

4）电影院、礼堂的观众厅，防火分区允许最大建筑面积不应大于1000m^2。当设置有火灾自动报警系统和自动灭火系统时，其允许最大建筑面积也不得增加。

5）溜冰馆的冰场、游泳馆的游泳池、射击馆的靶道区、保龄球馆的球道区等，其面积可不计入溜冰馆、游泳馆、射击馆、保龄球馆的防火分区面积。溜冰馆的冰场、游泳馆的游泳池、射击馆的靶道区等，其装修材料应采用A级。

6）丙、丁、戊类物品库房的防火分区允许最大建筑面积应符合表6-2的规定。当设置有火灾自动报警系统和自动灭火系统时，允许最大建筑面积可增加1倍；局部设置时，增加的面积可按该局部面积的1倍计算。

表6-2 丙、丁、戊类物品库房防火分区允许最大建筑面积（m^2）

贮存物品类别		防火分区最大允许建筑面积
丙	闪点≥60℃的可燃液体	150
	可燃固体	300
丁		500
戊		1000

7）人防工程内设有内挑台、走马廊、开敞楼梯、自动扶梯等的上下连通层，应作为一个防火分区，其建筑面积之和应符合以上规定，且连通的层数不宜大于两层。

（2）其他相关规范的规定

目前，我国与地下工程防火设计相关规范，除了《人民防空工程设计防火规范》外，还有《高层民用建筑设计防火规范》GB 50045—95、《汽车库、修车库、停车场设计防火规范》GB 50067—97 和《建筑内部装修设计防火规范》GB 50222—95 等。其中与防火分区相关的主要内容有：

1）地下停车库防火分区允许最大建筑面积不应大于 2000m^2。

2）室内地坪低于室外地坪面高度超过该层汽车库净高 1/3 且不超过净高 1/2 的汽车库，其防火分区最大允许建筑面积不超过 2500m^2。

3）当停车库内设有自动灭火系统时，以上防火分区的最大允许建筑面积可增加 1 倍。

4）高层建筑下的地下室防火分区允许最大建筑面积不应大于 500m^2，当设置有自动灭火系统时，每个防火分区的允许最大建筑面积可增加 1 倍；局部设置时，增加的面积可按该局部面积的 1 倍计算。

5）高层建筑内的商业营业厅、展览厅等，当设有火灾自动报警系统和自动灭火系统，且采用不燃烧或难燃烧材料装修时，地下部分防火分区的允许最大建筑面积为 2000m^2。

6.2.2 防火分区构造措施

（1）防火墙及楼板

防火分区主要由防火墙或耐火楼板进行分隔，其要求如下：

1）防空地下室内防火墙应直接设置在基础上或耐火极限不低于 3.0h 的承重构件上。

2）防火墙上不宜开设门、窗、洞口，如必须开设时，应设置能自行关闭的甲级防火门、窗。

3）可燃气体和丙类液体管道不应穿过防火分区之间的防火墙；当其他管道需要穿过时，应采用不燃材料将管道周围的空隙紧密填塞；通风、空气调节系统的风管穿过防火墙或耐火楼板时应设置防火阀。

4）通过防火墙或防火门下的管线沟，应采用不燃烧材料将通过处的管线沟空隙紧密填塞。

5）上下两防火分区之间的耐火楼板不宜有孔洞，若设置孔洞时需要设置可靠的防火措施。

6）当防空地下室防护单元隔墙与防火分区的防火墙合并设置时，防护单元隔墙应符合防火墙耐火极限的判定条件。

（2）防火门、窗及卷帘

防火门、窗及卷帘主要设置在防火分区的防火墙上，以及特殊设备房间、疏散通道、封闭楼梯间或防烟楼梯间等出入口处，其主要功能是在不影响防火安全的前提下，建立各功能房间各防火区域、室内外之间的联系。设置要求如下：

1）防火门、窗应划分为甲、乙、丙三级，最低的耐火极限分别为 1.2h、0.9h、0.6h。如防火分区的防火隔墙上，以及消防控制室、消防水泵房、排烟机房、变配电室、通风和空调房间等应设置能自行关闭的甲级防火门窗。

2）防火门应为向疏散方向开启的平开门，并在关闭后能从任一侧手动开启。用于疏散走道、楼梯间以及前室的防火门，应采用常闭的防火门；常开的防火门，当发生火灾时，应具有自行关闭和信号反馈功能。

3）当平战结合人防工程的出入口或连通口处，防护密闭门或密闭门的安装与防火门设置有矛盾时，可采用图6-4所示的方法进行设置，防护密闭门、密闭门应选用无障碍的活门槛或降落式等形式。

4）当工程中设置防火墙有困难时，可采用防火卷帘替代，防火卷帘应符合防火墙耐火极限的判定条件。此种卷帘平时收拢，发生火灾时卷帘降下，将火灾控制在较小的范围内。

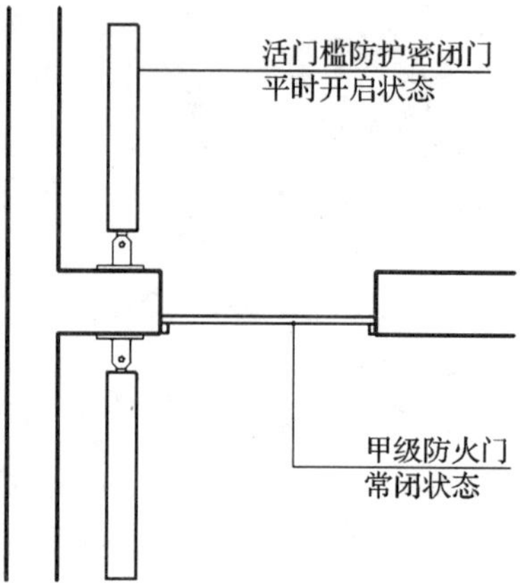

图6-4　防护及防火隔墙上门设置示意图

6.2.3　防火分区及构造措施示例

平战结合的人防工程不仅需要满足平时使用功能和防火安全的要求，战时还应具有一定的防护功能，防火与防护结合设计除考虑防护单元与防火分区结合设计外，具有一定防护功能的出入口或连通口与防火疏散口之间普遍存在的矛盾也是结合设计中要重点解决的问题。

某人防工程平时为商业设施，战时为二等人员掩蔽部，该工程面积约5000m²，按照商业使用功能分为A、B、C三区，每区建筑面积均小于2000m²，因此每区既是防护单元，又是防火分区。由于工程的长度较长，因此应在各区之间设置沉降缝。图6-5所示就是位于A、B两区之间的局部平面示意图。

为保证平时人员通行方便和防火安全疏散以及战时防护密闭的要求，在沉降缝两侧设置防火卷帘，人员疏散通过旁边的通道，在疏散通道中的密闭门门框上设置常闭的甲级防火门，战时在卷帘处的门框设置连通口防护单元封堵，利用旁边的疏散通道作为防护单元之间的连通口。

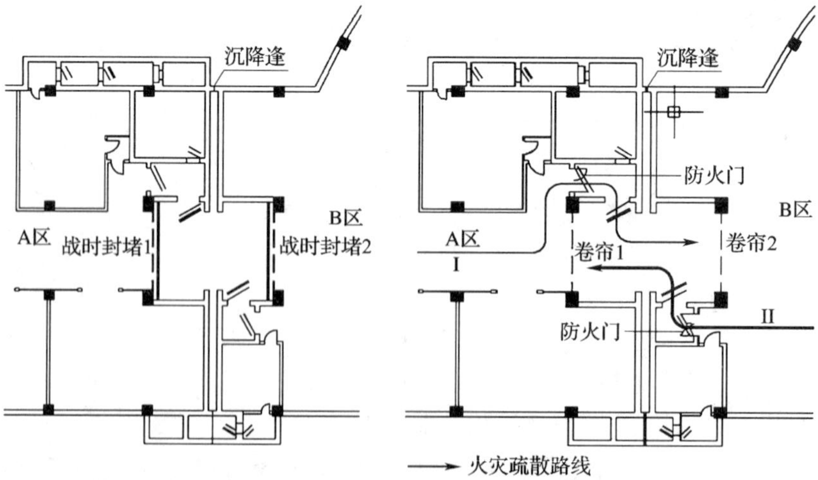

(a)战时封堵平面示意图　(b)平时防火分区构造措施示意图

图6-5　某人防工程防火与防护结合设计示意图

临战时通过单元隔墙封堵完成平战功能转换措施，如图6-5（b）所示。战时，当A区被常规武器击中破坏后，虽然“战时封堵1”为双向受力结构，但由于A区侧的密闭门在防护密闭门之前，而防护密闭门又安装反向，因此在核冲击波到来时A区侧的防护密闭门等防护设置不起作用。这时B区防护单元的安全则是通过B区侧的防护密闭门等防护密闭设施来保证，反之也是这样。

具体防火疏散流程如图6-5（b）所示。当A区发生火灾时，“防火卷帘1”放下，人员按照“线路Ⅰ”疏散到B区或通过A区其他出入口疏散到室外；当B区发生火灾时，“防火卷帘2”放下，人员按照“线路Ⅱ”疏散到A区或通过B区其他出入口疏散到室外。

6.2.4 防烟分区与构造措施

地下工程火灾造成人员伤亡的主要原因是烟雾。火灾造成的死亡人员中，被烟熏死的占一半以上。有的甚至高达80%。为控制烟在建筑物内的任意流动，应在防火分区内划分若干个防烟分区。设置防烟分区的目的主要包括：一是为了在火灾发生时，将烟气控制在一定范围内；二是为了提高排烟口的排烟效果。

规范规定，每个防烟分区的使用面积不应大于500m^2，当从室内地坪至顶棚或顶板的高度在6m以上时可不受此限制。根据标准发烟量试验得出，在无排烟设施的500m^2防烟分区内，着火3min后，从地板到烟层下端的距离约4.0m，由此可以看出，在规定的疏散时间内，由于顶棚较高，顶棚下积聚了烟层后，室内空间仍在比较安全的范围内。因此高度较大的房间可只设置一个防烟分区。

在防烟分区内，利用挡烟设施把烟围住，同时打开防烟分区内的排烟口如采光窗、通风竖井、孔洞等进行排烟。其排烟量大于或等于防烟分区内同时产生的烟量；担负一个防烟分区的排烟风机，排烟量应不小于60$m^3/h \cdot m^2$；担负两个以上时，应不小于12$m^3/h \cdot m^2$。

常用的挡烟设施有挡烟垂壁、隔墙或从顶棚突出不小于0.5m的梁等，如图6-6所示。

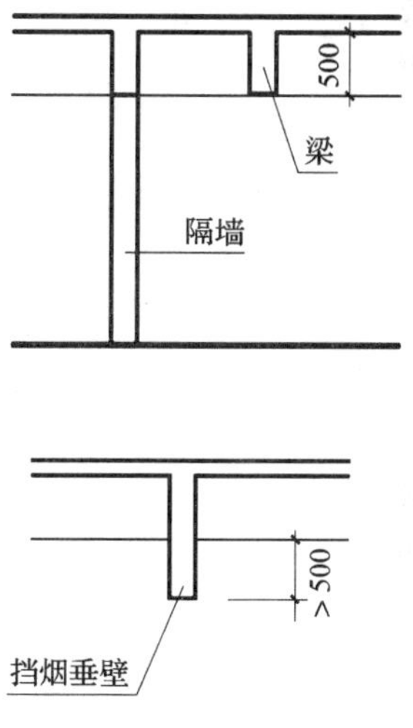

图6-6 档烟垂壁的几种形式

挡烟垂壁应用不燃材料做成，通常用钢丝网水泥构件、防火玻璃、铝合金构件、柔性防火布帘等做成，其下垂高度不小于500mm。

在某些情况下，特别是层高较低时，采用在顶棚下设置50cm的大梁或其他构件作垂壁不大可能，同时由于处理不好也会影响整体装饰效果。自动挡烟垂壁可解决上述矛盾。无火灾时贴于顶棚上，在火灾发生时自动下落从而划分防烟分区，达到阻烟排烟的目的。

6.3 防火安全疏散设计

防空地下室等地下工程的防火安全疏散设计更应该注重人流疏散路线的合理组织，不能只局限于疏散宽度和疏散间距等简单的设计指标上。应综合分析不同火灾位置的情况下，疏散线路、疏散通道、疏散出口的合理配置，避免出现局部拥堵。同时，应结合人们日常疏散的行为特点、事故广播和其他疏散诱导系统，在有限的疏散出口和疏散宽度的条件下，设计出合理高效的疏散系统。

6.3.1 设计的主要原则

防火安全疏散设计是根据防空地下室等地下工程的火灾特性，通过对火灾和烟气传播特性分析及疏散路线的设定，采取一系列的安全防火疏散措施，以保证地下工程中的人员在紧急情况下迅速疏散，安全地撤离着火区域。在地下工程防火安全疏散设计中主要应体现以下几个原则：

1）正确确定疏散时间。这是安全疏散设计的基本因素。制定防火技术措施，应以疏散时间为考虑问题的基础。失火后，应使人员能在较短的时间内通过疏散口从危险地疏散到安全地——地下工程外或避难处。因此至安全出口的最大步行距离、通道的宽度、出口数量以及大小，都必须满足安全疏散和疏散时间的要求。对于地下工程，由于烟热的危害大，在考虑人员疏散时，应该有一个疏散时间的概念，一般疏散时间确定为3min以内。

2）简明的疏散流线。从防灾角度讲，地下工程疏散系统的布局要尽可能的简单、清晰，平面规整划一，避免过多的曲折；内部空间完整易辨识，减少不必要的变化和高低错落；通道网络简单、直接，在主要通道的交汇点处可将空间放大，既丰富了空间，又方便人们识路，对于防灾疏散也很有利。同时在地下工程疏散系统中，应尽量使紧急疏散路线与通常进入和离开地下空间的路线一致，这比较符合人们的习惯，即大多数人寻求与他们进入建筑时相同的道路离开建筑。当需要设置用于疏散的次级通道时，应尽可能地使之明晰并具有足够的照度。要避免尽端式的空间或走廊。

3）合适的疏散通道宽度。从防灾角度讲，通道的布置应满足两方面的要求：一是系统简单，最大限度地减少人们迷路的可能性；二是要有与最大密度的人数相适应的宽度，以保持快速通过能力，防止在疏散时发生堵塞。通道（一般指干道）的宽度，除满足平时使用要求外，还应在人员最多的情况下保持足够的通行能力，即在灾情发生后使沿通道疏散的人流以没有障碍物的正常速度疏散，以防止拥挤和堵塞。

4）合理的安全出入口设置。出入口对于地下工程的人员安全疏散和完全脱离火灾环境是十分重要的，包括直通室外地面空间的出口和两个防火分区之间的连通口。为了满足及时疏散的要求，这些出口应有足够的数量，并布置均匀，使每个出入口服务的面积大致相等，以防止在部分出入口处人流过分集中，发生堵塞。出入口的宽度应与服务面积上最大人流密度相适应，以保证人流在安全允许的时间内全部通过。

5）通畅的垂直疏散。在地下工程中，垂直疏散是逃避火灾最关键一环。在地下工程发生火灾时，平时使用的普通楼梯、自动扶梯及电梯不能用于内部人员的疏散，应设置足够数量的封闭或防烟楼梯间进行疏散。每个防火分区都应有不少于两个有效的疏散方向，且至少有一个能直通室外、防烟楼梯间。在敞开式空间布置的楼层里，疏散楼梯间应尽量布置在楼层间敞开连接处的楼层之尽头部位，疏散楼梯间的宽度，应根据楼层设计疏散人数来确定。

6.3.2 安全疏散流程

在防空地下室等地下工程安全疏散设计时，首先保证人员在发生火灾时能从工程中安全疏散出去，其次是尽量减少工程中的财产损失，这是地下建筑安全疏散设计的主要目标。人员安全疏散的基本流程为：水平疏散（功能房间、疏散通道、避难空间）→垂直疏散（楼梯、安全疏散出口）→安全区域（敞开的地面环境），如图 6-7 所示。由于地下工程的某些特殊性，当人员在安全疏散时间内无法疏散到开敞的地面安全区域时，应设置工程内部的避难空间，使人员快速进入到相对安全的空间，而后再疏散出去。以下将结合现行设计防火规范，对疏散流程的各个环节做较详细的阐述。

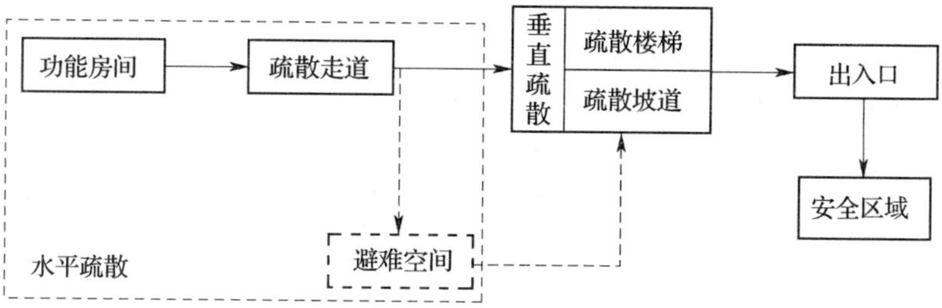

图 6-7 安全疏散基本流程

6.3.3 安全疏散口、数量与指标

一般情况下，防空地下室等地下工程的出入口都比较少，在此前提下，安全疏散口的位置设置、数量以及宽度等指标都直接影响着安全疏散设计的合理性与安全性。因此它是地下工程安全疏散设计的关键环节。

（1）安全疏散口数量

结合《建筑设计防火规范》、《人民防空工程设计防火规范》等相关规范，对防空地下室等工程的安全疏散口数量要求如下：

1）每个防火分区的安全疏散口不应少于 2 个，如图 6-8 所示；建筑面积不超过 $50m^2$ 的房间或工程，且人数不超过 10 人时，可设置 1 个安全疏散口。

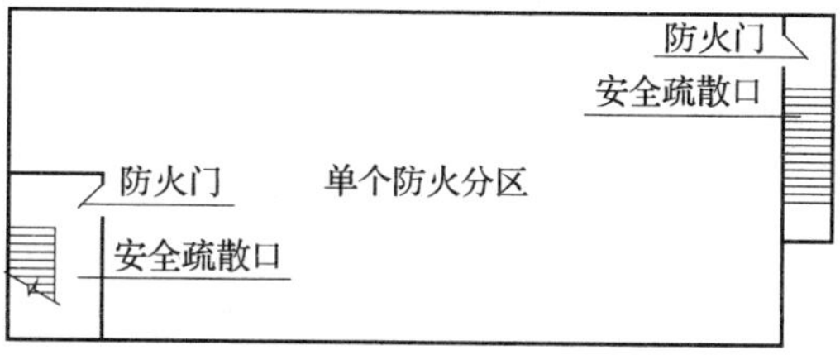

图 6-8 单个防火分区安全疏散口设置数量

2）当工程有两个或两个以上防火分区时，每个防火分区可利用防火墙上一个通向相邻防火分区的防火门作为第二个安全疏散口，但每个防火分区必须有一个直通室外的安全疏散口，如图 6-9 所示。

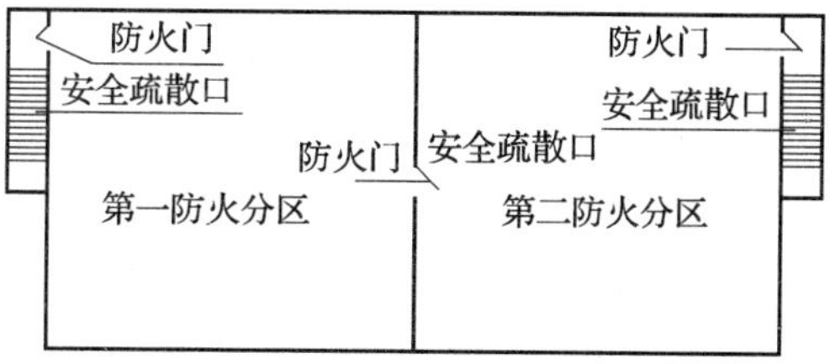

图 6-9 两相邻防火分区安全疏散口设置数量

3）人数不超过30人且建筑面积不超过500m²的工程，室内地坪与室外出入口地面高差不大于10m，其竖井内的垂直金属梯可作为第二个安全疏散口。

4）每个防火分区安全疏散口之间或安全疏散口与相邻防火分区之间防火墙上的防火门，宜按不同方向分散设置；当条件限制需要同方向设置时，两个口之间的距离不应小于5.0m。

5）地下停车库每个防火分区的人员安全疏散口不应少于2个；当防火分区内同一时间的人数不超过25人，或所停车辆不大于50辆时，可设1个人员安全疏散口。

（2）安全疏散口宽度指标

每个防火分区安全疏散口和相邻防火分区之间防火墙上防火门的总宽度，应按该防火分区设计容纳总人数乘以疏散宽度指标计算确定。室内地坪与室外出入口地面高差不大于10m的防火分区，其疏散宽度指标应为每100人不小于0.75m；室内地坪与室外出入口地面高差大于10m的防火分区，其疏散宽度指标应为100人不小于1.00m；楼梯或踏步的宽度不应小于对应的出口宽度。

每个防火分区的安全疏散口和相邻防火分区之间防火墙的防火门，其疏散人数平均每个不应大于250人，改建的工程可不大于350人，但其安全疏散口应设置在不同的方向。

安全疏散口、相邻防火分区之间防火墙上防火门及楼梯的最小净宽应符合表6-3所示的规定。

表6-3　安全疏散口、相邻防火分区之间防火墙上防火门最小净宽（m）

工程名称	安全疏散口、相邻防火分区之间防火墙上防火门及楼梯宽
商场、公共娱乐场所、小型体育场所	1.4
医院	1.3
旅馆、餐厅	1.0
车间	1.0
其他民用工程	1.0

地下商场营业部分的疏散人数，可按每层营业厅和为顾客服务用房的使用面积之和乘以人员密度指标来计算，其人员密度指标为：地下一层为0.85人/m²，地下二层为0.80人/m²。地下娱乐场所最大容纳人数，应按该场所建筑面积乘以人员密度指标来计算，其人员密度指标为：放映厅为1.00人/m²，其他功能娱乐场所为0.5人/m²。以下列举一个工程示例说明人员密度指标、疏散口宽度指标与安全疏散口数量之间的关系。

如某平战结合防空地下室平时为地下商场，层数为地下负一层，其中某防火分区内的营业厅和为顾客服务用房的使用面积为1000m²，按照上述人员密度指标计算后得到该防火分区疏散人数应为850人，按照安全疏散口宽度指标计算后，其防火分区安全疏散口和相邻防火分区之间防火墙上防火门的总宽度为6.375m（$8.5\times0.75=6.375$）。由于每个防火分区的安全疏散口和相邻防火分区之间防火墙上防火门，其疏散人数平均每个不应大于250人，也就是说该防火分区内单个安全疏散口的宽度大于1.875m（$2.5\times0.75=1.875$）时也只能按照1.875m计入安全疏散口总宽度指标，因此该防火分区必须设置4个及以上的安全疏散口才能满足安全疏散的要求。

6.3.4 水平疏散及疏散距离

对于水平方向的疏散来说，地下建筑与地面建筑基本没有什么本质的区别，只是由于防火分区面积以及疏散时间等指标的不同带来一些设计方面的问题。地下工程水平疏散主要包括以下三个方面的问题：一是疏散距离，二是疏散通道的宽度及灵活性，三是水平疏散的组织。

（1）安全疏散距离

安全疏散距离是根据人员疏散速度，在允许疏散时间内，通过疏散走道迅速疏散，并能透过烟雾看到安全疏散口或疏散标志的可见距离确定的，主要包括房间内到房间出入口的距离，以及房间出入口到工程安全疏散口的距离两部分内容。为了避免在紧急疏散时造成人员拥挤或被烟火同时封住，安全疏散应按照不同的两个方向进行，当只有一个方向疏散时，其安全疏散距离则要进行严格的限制。现行设计防火规范的主要规定如下：

1）房间内最远点至该房间门的距离不应大于15m，如图6-10所示。

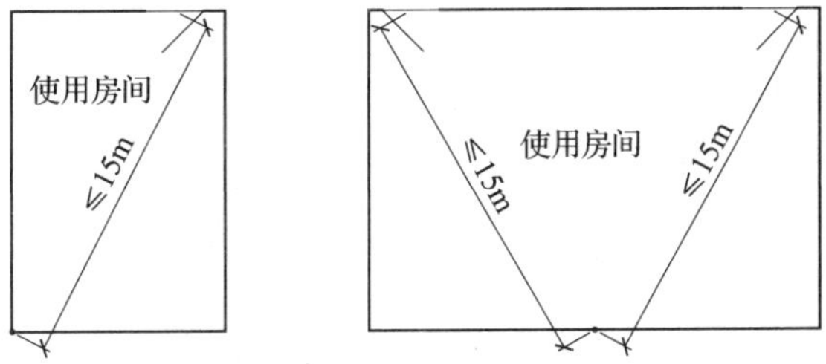

图6-10 房间内的安全疏散距离

2）房间门至最近安全疏散口或至相邻防火分区之间防火墙上防火门的最大距离：医院应为24m，旅馆应为30m，其他工程应为40m。位于袋形走道两侧或尽端的房间，其最大距离应为上述相应距离的一半。如图6-11所示为某防空地下室平时作为旅馆的安全疏散距离平面示意。

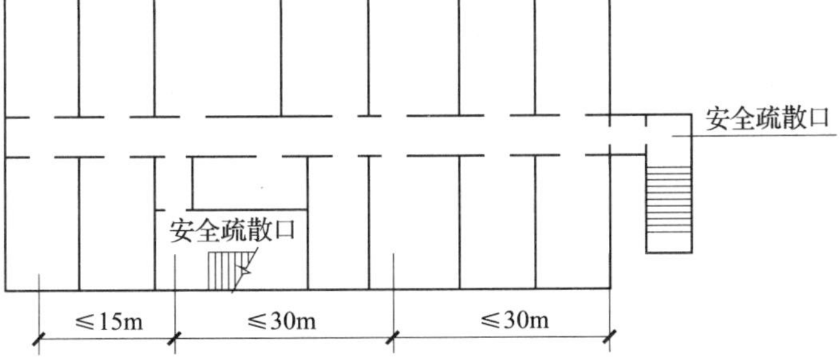

图6-11 某地下旅馆安全疏散距离示意图

（2）疏散走道

疏散走道在地下工程安全防火疏散设计中极为重要，疏散走道最小净宽应符合表6-4的规定。

表 6-3　疏散走道的最小净宽（m）

工程名称	单面布置房间	双面布置房间
商场、公共娱乐场所、小型体育场所	1.5	1.6
医院	1.4	1.5
旅馆、餐厅	1.2	1.3
车间	1.2	1.5
其他民用工程	1.2	1.4

设有固定座位的电影院、礼堂的观众厅，其疏散走道、疏散出口等应符合下列规定：

1）厅内的疏散走道净宽应按通过人数每100人不小于0.8m计算，且不小于1.0m；边走道的净宽不应小于0.8m。

2）厅的疏散出口和厅外疏散走道的总宽度，平坡地面应分别按通过人数每100人不小于0.65m计算，阶梯地面应分别按通过人数每100人不小于0.8m计算；疏散口和疏散走道的净宽均不应小于1.4m。

3）观众厅每个疏散口的疏散人数平均不应大于250人。

除了疏散走道宽度指标之外，还应注意疏散口内外1.4m范围内的疏散走道内不应设置踏步，其内不应有影响疏散的突出物和门槛，同时应减少曲折。

（3）水平疏散的组织

水平疏散的组织设计要点是结合防火分区控制安全疏散距离；设置足够数量的安全疏散口，尽可能形成双向疏散的安全疏散走道。

在方案设计时就要将合理疏散线路组织、消防方案、安全疏散口设置位置作为一个重要问题来考虑。保证水平通道有两个以上安全疏散口的“双向疏散原则”。安全疏散口是发生火灾时工程最主要的交通疏散途径，其位置首先应符合安全疏散距离的规定，也要顺应人在火灾时可能的疏散方向。

安全疏散口的设置原则：一是利用工程平时经常使用的主要出入口。由于人在疏散时习惯于熟悉线路，结合出入口设计布置有利其迅速寻找及时疏散；二是双向疏散。火灾时人进出房间后若在第一个方向受阻，必然折向另一方向疏散。为了保证在火灾时人流疏散的畅通，避免阻塞和混乱，标准层的通道形式应直捷通顺，少转弯或以不小于90℃的直角转角，在转角处尽可能安排垂直向疏散口。

由于地下建筑功能复杂，单凭人员密度来设计通道的宽度已经越来越不适应了，它还与房间面积，功能容量，疏散口的多少等有关。应以人员是否能从楼层的任何部位，在安全时间内通过安全线路达到安全地的原则来计算。

6.3.5　垂直疏散及楼梯设置

当防空地下室等地下工程火灾发生后，工程内的人员不可能像地面建筑那样还可以通过阳台或外墙的门窗，依靠云梯等手段逃生，只能通过唯一的垂直疏散设施（如封闭楼梯间、防烟楼梯间、自动扶梯等）才能到达地面开敞的安全区域，因此疏散楼梯的设计必须安全可靠。垂直疏散设施的主要设计要点是：按地下工程规模、形式以及深度来确定不同形式的疏散楼梯；采取必要措施满足合理的安全疏散楼梯宽度；注重疏散楼梯的防火安全构造措施。

（1）疏散楼梯形式

地下工程的疏散楼梯形式主要分为封闭楼梯和防烟楼梯两类。封闭楼梯间相对于防烟楼梯，其防火防烟安全性较低，应尽量靠近外墙以利于排烟，如图 6-12 所示；防烟楼梯间由于前室空间和两道防火门的分隔，能起到防止烟气袭入的作用，如图 6-13 所示。现行设计防火规范规定：

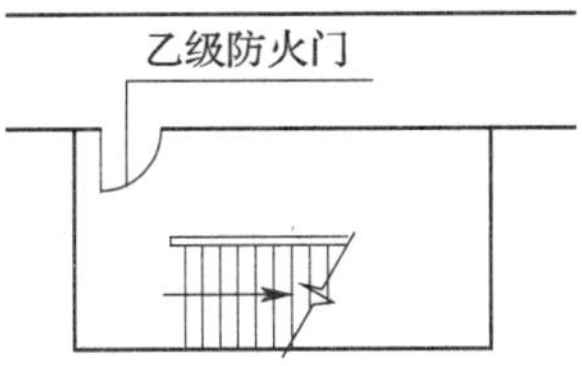

图 6-12　封闭楼梯

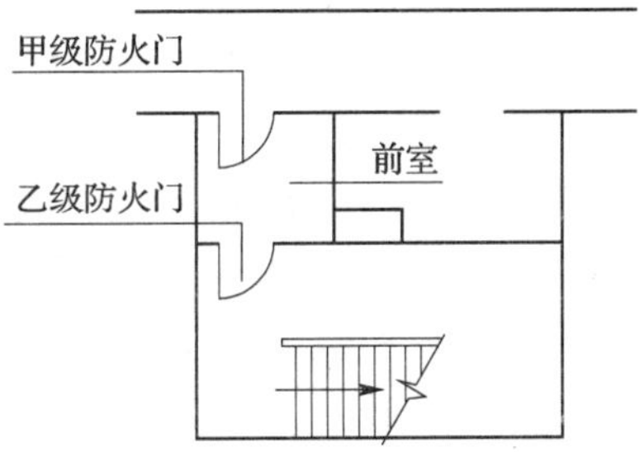

图 6-13　防烟楼梯

1）平战结合的人防工程，当作为电影院、礼堂，建筑面积大于 500m² 的医院、旅馆，建筑面积大于 1000m² 的商场、餐厅、展览厅、公共娱乐场所、小型体育场所等，当底层室内地坪与室外出入口地面高差大于 10m 时，应设置防烟楼梯间；当地下为两层，且地下第二层的室内地坪与室外出入口地面高差不大于 10m 时，应设置封闭楼梯间。

2）地下停车库的人员疏散口应选择封闭楼梯间。

如果条件允许，在地下工程中应取消普通楼梯，因为这种楼梯能使火势加速向上蔓延。

（2）疏散楼梯构造措施

现行规范相关疏散楼梯的构造措施主要包括：

1）防空地下室的疏散楼梯间，在主体地面建筑首层应采用耐火极限不低于 2.0h 的隔墙与其他部位隔开并应直通室外；当必须在隔墙上开门时，应采用不低于乙级的防火门，如图 6-14 所示。

2）防空地下室与地上层不应共用楼梯间；当必须共用楼梯间时，应在地面首层与地下室出入口处，设置耐火极限不低于 2.0h 的隔墙和不低于乙级的防火门隔开，并应有明显的标志。

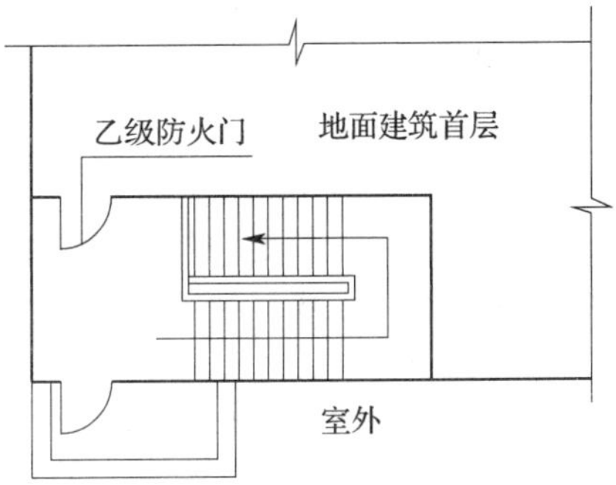

图 6-14　防空地下室疏散楼梯在地面建筑首层构造示意

3）疏散楼梯间与防烟楼梯间的前室的内墙上，除开设通向公共走道的防火门外不应开设其他的门、窗、洞口。

4）疏散楼梯入口处设置不低于乙级的防火门，并向疏散方向开启，如图 6-12 和图 6-13 所示。

5）防火分区至防烟楼梯间的入口处应设置前室，前室的面积不应小于 6m²；当与消防电梯合用前室时，其面积不应小于 10m²；前室的门应为甲级防火门，如图 6-12 和图

6-13所示。

6）疏散用楼梯和疏散通道上的阶梯，不应采用螺旋楼梯和扇形踏步；当踏步上下两级所形成的平面角度不超过10°，且每级离扶手25cm处的踏步深度超过0.22m时，可不受此限。

7）疏散楼梯间在各层的位置不应改变；各层人数不等时，其宽度应按该层以下层中通过人数最多的一层计算。

6.3.6 避难空间的设计

避难走道是《人民防空工程设计防火规范》中的名词，是指设置有防烟设施，用于人员安全通行至室外出口的专用疏散走道。避难走道是参照《高层民用建筑设计防火规范》的有关避难层的概念，为解决无法满足安全疏散距离的坑、地道人防工程提出的。随着我国城市化进程发展迅猛，地下空间的开发利用日益高涨，大型平战结合人防工程不断增多，当地面环境限制工程出入口的数量和位置时，应用地下工程“避难空间”的概念，可以在保证工程防火疏散安全的基础上，使工程平面布局适应更为合理的疏散组织，为进一步减少出入口提供可能，为城市紧张的用地及城市环境改善提供更大的余地。

（1）避难空间的概念

地下工程中的避难空间主要是为了解决火灾发生时，避免因疏散口少和疏散距离过长而设置的一种临时避难、等待转移与等待救援的空间。地下工程中的避难空间是地下安全疏散系统的重要组成部分。

尽管以前地下工程的避难空间没有明确提出，但在实际工程中已有采用，如南京市某大型人防工程总建筑面积达10万m^2，其中商业面积达6万m^2，如果按现行设计防火规范要求划分防火分区及设置相应的安全疏散口，仅商业区域就需设置30个防火分区以及约30个直通地面的安全疏散口，但由于地面规划和场地使用功能的限制，不可能在地面设置如此多的出入口，因此该工程利用设置避难空间（走道）的方式很好地解决了防火安全疏散问题。

地下工程中的安全疏散是指当火灾发生时，在地下活动的人员从所处的位置做出迅速反应，选择逃生方向，经过疏散通道，到达安全地点的过程。一般将地下工程中的安全疏散分为两种体系，即：脱离性疏散与临时性疏散，如图6-15所示。脱离性疏散指人员从发生火灾的地下工程中，通过走道和安全出口直接到达安全区域，彻底脱离地下火灾场区，保证人员的安全；临时性疏散是指人员向地下工程内的避难空间转移，然后进一步向地面室外安全地点转移，到达安全区域。临时性疏散提出了在地下工程内部设置避难空间的要求，避难空间起到临时避难、等待转移与等待救援的作用，它需要在地下工程内创造一个相对安全的环境，其内部的安全措施必须做到万无一失，真正保证人员安全。显然，临时性疏散最关键的是疏散路线和避难空间两个因素。

（2）避难空间的类型

避难空间设计模式一般取决于地下工程主体面积、形状、使用性质、交通特点等，而且还要满足防火、防烟分区，安全疏散距离等需要。根据避难空间与地下建筑主体的交接关系，可将避难空间划分为以下四种类型：独立式、环廊式、贯穿式以及分散式。

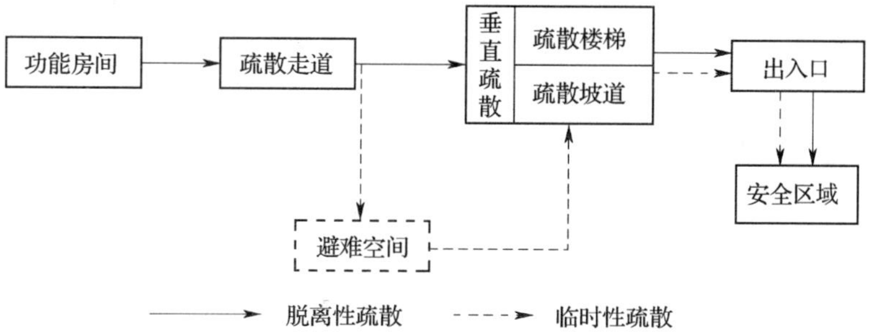

图 6-15　地下工程安全疏散体系

独立式。避难空间设立在地下建筑主体以外，并以通道或较小的交接面与主体相连。它布置灵活、使用空间也比较完整，受到烟火污染最小，所以比较安全。但是因安全疏散距离和防火分区所限制，使用空间和面积不能太大，平时利用困难，难以形成双向疏散。按位置可设置在主体上层、主体下层或主体周边等，如图 6-16 所示。

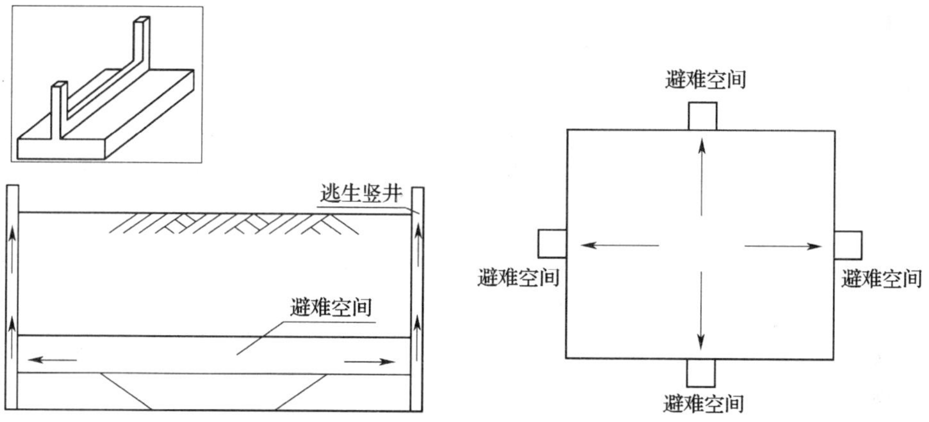

(a) 位于主体上层　　(b) 位于主体周边

图 6-16　独立式避难空间

环廊式。避难空间布置成环形，使用空间完整，可以进行多方向疏散，所占工程面积较大。当地下建筑面积不是很大时，也可直接布置在边侧，它与建筑的使用空间交接面大，受到火和烟的污染可能性大，安全性低于独立式，如图 6-17 所示。

贯穿式。避难空间贯穿整个主体，将使用空间分为几个部分，这种避难空间容易布置、安全性很高。人们可以进入疏散走道逃生或者进入没有危险的防火分区等待有序逃生。在这种形式中着火点所在防火分区的相邻防火分区也能充当临时避难空间，只是安全性相对比较低。这种避难空间模式是地下工程中经常使用的方式，如图 6-18 所示。

分散式。避难空间通常结合交通设施分散布置，一般与专用疏散电梯或楼梯相邻，面积分散、内部布局受限制，安全性较高，人员进入避难空间方便、快速。

（3）避难空间设计要求

关于避难空间的设计，需要开展系统的研究，如避难时间的确定、避难空间的面积标准的确定、避难空间平面位置的选择条件、避难空间结构的耐火隔热要求，避难空间内空气、饮水、食品、照明、药品等的保证条件，以及避难空间与外界的信息联络设备设置等一系列的问题，需要从技术上加以解决，并保证其安全度。避难空间的设计要求如下：

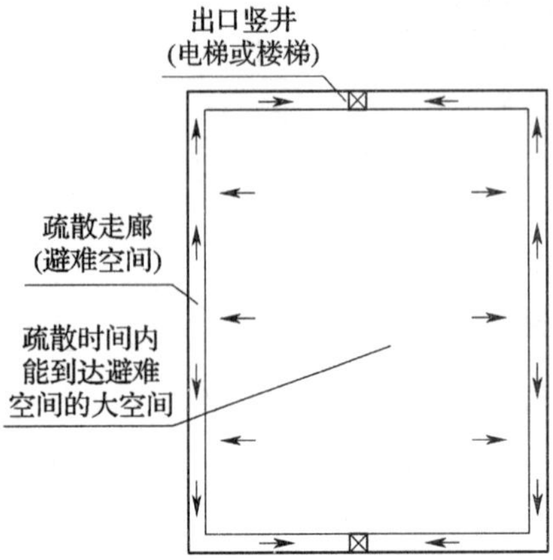

图 6-17 环廊式避难空间

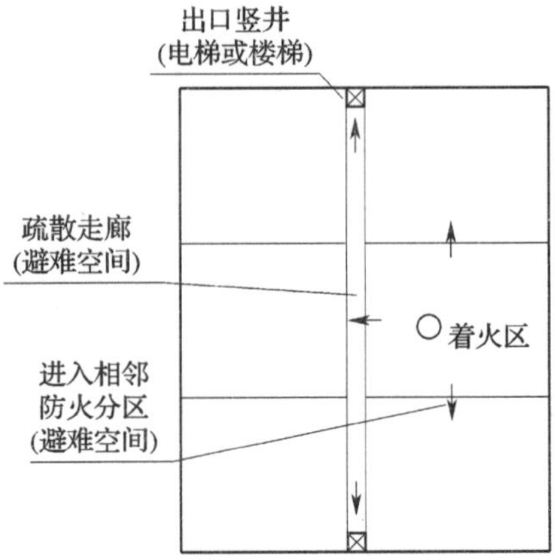

图 6-18 贯穿式避难空间

1）避难空间直通地面的安全疏散口不应少于 2 个，并应设置在不同的方向，出口的疏散人数不限。

2）通向避难空间的各防火分区人数不等时，避难空间的疏散最小宽度不应小于设计容纳人数最多的一个防火分区通向避难空间各安全疏散口最小净宽之和。如假设某防火分区人数最多为400 人，其两个安全疏散口均通向避难空间，因此最小净宽之和为0.75m/100 人 × 400 人 =3m，避难空间疏散最小宽度为 3m 就可以满足要求；若该防火分区为平时使用方便加宽了通向避难空间各安全疏散口的宽度，此时避难空间疏散最小宽度仍然按 3m 设计。

3）所有避难空间的围护结构要满足防火要求，耐火极限不低于 4h。为避免层与层之间的相互影响，在每层下侧应设隔热层。围护结构隔热性能要满足防火安全的要求，耐火极限不低于 3h。内部装修和家具做到非燃化，且没有火源条件。所有门均为甲级防火门。避难空间内的装修材料燃烧性能等级必须为 A 级。

4）避难空间应有单独的空气处理系统，以及对某些区域加压，防止烟气进入避难空间，并向其他区域排风的装置，如图 6-19 所示。

5）地下工程的避难空间入口应设置醒目的长明标志灯。主要的内部通道和疏散出口之间的地面上，需涂刷指示方向的荧光涂料或设置发光指示标志。一旦烟气笼罩上部空间，人员看不清上部的疏散指示或由于烟气影响必须在地面爬行时，可以利用地面的疏散指示进行疏散。

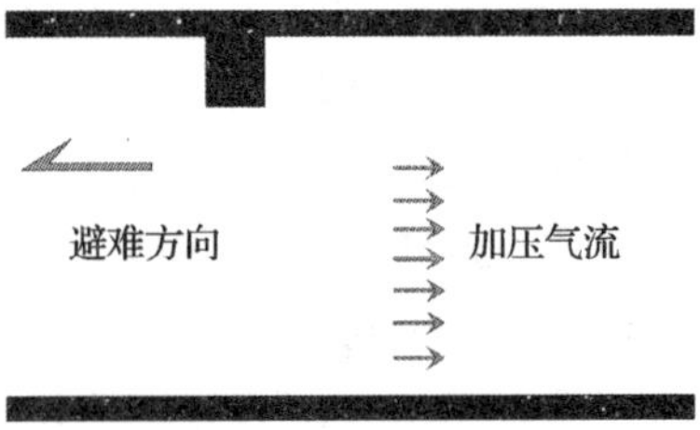

图 6-19 机械加压送风

小 结

防空地下室属于地下工程的一种特殊形式，而地下工程的特殊性使得火灾成为工程在平时使用中的最大的威胁。本章主要阐述的是防空地下室等地下工程建筑防火安全设计的相关内容。主要包括地下工程的火灾起因及特点，防火设计的重要因素，防火、防烟分区的设置指标以及构造措施，防火安全疏散设计的原则，疏散指标，以及水平疏散和垂直疏散的设施及构造措施。最后讨论了地下工程避难空间的相关内容，虽然避难空间的概念在现有规范中并没有明确提及，但作为针对地下工程特点而提出的这一新概念，必然在今后的地下工程内部防火设计中发挥其应有的作用。

7 工程建筑构造设计

7.1 概　述

建筑构造是研究建筑物的构成、各组成部分的组合原理和构造方法的学科，是建筑设计不可分割的一部分。主要任务是根据建筑物的使用功能、技术经济和艺术造型要求提供合理的构造方案，作为建筑设计的依据。

防空地下室有着不同于地面建筑的特殊之处，其建筑构造设计应结合地下建筑和防空地下室的双重要求，根据建筑各组成部分的组合原理和构造方式，提出科学合理的构造设计方案及技术措施。防空地下室构造设计是防空地下室建筑设计的重要组成内容，它涉及面较广，除了需要满足平战使用功能要求外，还涉及到材料的选用、结构形式以及建筑物理、设备、制品、施工等方面的问题。本章主要针对防空地下室的结构类型、建筑防水设计、降低噪声设计以及装饰装修等问题进行探讨。

7.1.1 影响工程建筑构造的因素

防空地下室的质量和耐久性等都经受着自然界、突发事件、战争等各种因素的检验，所以在其构造设计时，必须考虑这些因素的影响，提高建筑对外界影响的抵御能力。

荷载的影响。荷载的大小对结构型式和尺寸等有很大影响。考虑到各种武器的破坏效应及其次生灾害，防空地下室的结构应具备相应的抵抗能力。

地质条件的影响。防空地下室部分或全部位于地下，除了地基的承载力对其有影响外，还受到地下水、土壤岩石的特性等因素的制约。因此在构造设计时，对防空地下室各相关部位应采取防潮、防水、隔热、保温、防变形等措施。

使用功能的影响。一般来讲，防空地下室均涉及平战功能转换技术等问题，基于平时使用和战时防护要求的不同，对于防空地下室相应部位应采取一些预留设计，为实现战时功能快速转换提供可能。

地面建筑特性的影响。由于受到上部建筑的制约，防空地下室的平面形式、结构类型以及细部构造设计也应与上部建筑保持协调。

7.1.2 建筑构造设计原则

防空地下室建筑构造设计的主要原则如下：

1）满足功能要求。防空地下室的功能要求主要包括抗力、保温、隔热、隔声、防水、防潮、防早期核辐射、防震等方面，它们给防空地下室的构造设计提出各个方面的技术要求。为满足使用功能的要求，在构造设计时必须综合有关技术指标合理设计、计算，并选择经济合理的构造方案。

2）利于结构安全。防空地下室除根据荷载大小确定构件必需的尺度外，在构造上需采取措施，以保证构件的整体刚度和构件与构件之间的连接，使之能保障使用时的安全和稳定。

3）适应现代技术的要求。在进行防空地下室构造设计时，应大力推广现代技术，选择各种先进材料，采用标准设计和定型构件，为设计、施工创造有利条件，以适应建筑现代技术的要求。

4）讲求综合效益。在进行防空地下室构造设计时，应综合考虑建筑造价，能源耗损，工程运行、维护、管理成本以及环境保护等各方面因素，一切从实际出发，在保证工程质量与安全性的前提下，因地制宜，降低工程造价。

5）注意美观。构造是否精致和美观，会影响防空地下室的整体效果，尤其是平时利用率较高的平战结合防空地下室尤其如此。

7.2 防空地下室的主要结构类型

防空地下室的结构是构成建筑物并为使用功能提供空间环境的支承体，主要由墙、板、柱、梁各部分组成，承受着上部建筑自重、空气冲击波以及土壤中的压缩波等荷载作用。由于上部建筑的结构形式对防空地下室的结构选型影响较大，因此防空地下室的结构形式相对比较单一，为保证防护、密闭及防水要求主要采用钢筋混凝土结构。常用的结构形式有墙板结构、梁板柱结构、无梁楼盖结构、双向密肋板结构等。

7.2.1 墙板结构

防空地下室的墙板结构主要指由纵、横受力墙体直接支撑的结构形式。它充分发挥了隔墙的支撑作用，因此结构荷载传递简捷、明确，受力状态合理，防护可靠。一般适用于房间小而多，抗力相对比较高的防空地下室工程。当地面建筑采用的是墙承重结构时可采用墙板结构，以做到上下部建筑结构受力体系协调一致，如图 7-1 所示为某人防救护站采用的墙板结构平面示意图。

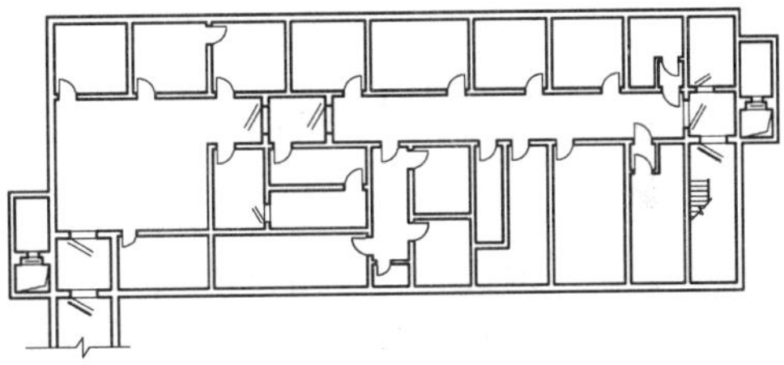

图 7-1 防空地下室墙板结构平面示意图

7.2.2 梁板柱结构

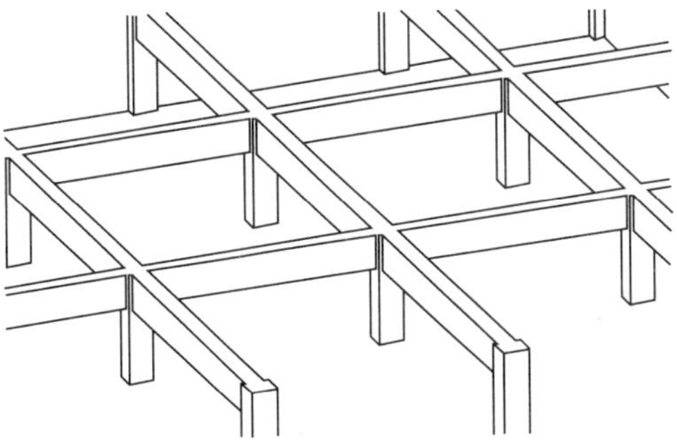

图 7-2 防空地下室梁板柱结构三维示意图

防空地下室的梁板柱结构是指顶板由梁、柱支撑的结构，有时为保证工程的整体性和防护安全性，其底板也可设置梁体系承重。其结构荷载传递简捷、明确，受力状态比较合理，可以提供连续、大型的室内空间。此种结构类型是我国防空地下室建设中，特别是平战结合人防工程中采用最为普遍的结构体系，如图 7-2 所示。此种结构的柱网间距有一定的限制，因为防空地下室要考虑爆炸动荷载作用，柱距加大势必极度增加梁高，过高的梁会直接影响风管等设备管道的布置，使工程的层高增加。为克服上述缺点，有条件时可在顶部结构采取反梁形式。

7.2.3 无梁楼盖结构

防空地下室的无梁楼盖结构是指由平顶板和柱体直接构成的结构，如图7-3所示。它最大的特点就是没有梁结构，有利于在板下直接布置管道，从而使层高降低，降低工程整体埋深。它的结构延性较差，即使板的受弯与柱体的受压均足够安全，但由于楼板与柱接触面抗冲切强度不够也会导致结构的破坏。为了提高板的抗冲切强度，柱的上、下端均可扩大做成上下柱帽。此种结构在纵横两个方向都不应少于3跨，长短跨之比不应大于1.5；承受爆炸动荷载的防空地下室，通常采用4.0～7.2m的柱网；过大时结构设置不经济，同时安全性较差。

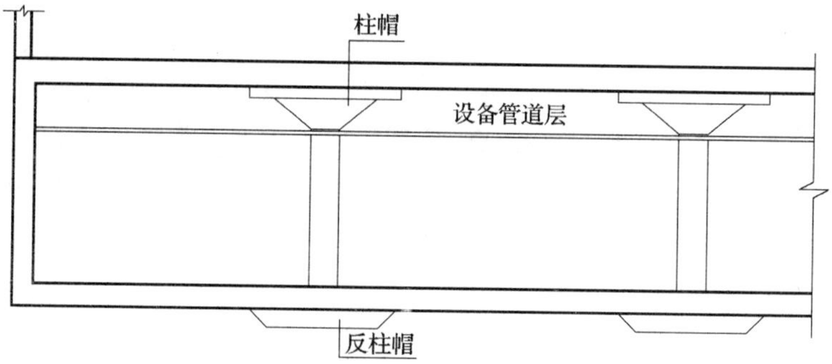

图7-3 防空地下室无梁楼盖剖断面示意图

7.2.4 双向密肋板结构

防空地下室的双向密肋板结构是指平顶板下由双向小跨度连续梁和柱网支撑的结构。它集无梁楼盖和梁板柱结构的优点，具有外形新颖美观、材料省、施工快和加固快捷等优点，适用于较大空间的防空地下室工程中采用，如图5-18所示。施工时可采用制式塑料模壳，既方便又可保证质量。有抗力要求的防空地下室双向密肋板结构常用的柱网尺寸如表7-1所示。

表7-1 防空地下室常用双向密肋板柱网尺寸

设计抗力（MPa）	常用柱网尺寸（m）
0.1	6.0×6.0、6.6×6.6、7.2×7.2
0.2	6.0×6.0、6.6×6.6、7.2×7.2、7.8×7.8

7.3 防空地下室防水构造设计

地下工程防水设计和施工应遵循“防、排、截、堵相结合，刚柔相济，因地制宜，综合治理”的原则。随着我国石油、化工、建材工业的快速发展和科技事业取得的成就，合成高分子材料、高聚物改性沥青材料、防水混凝土、聚合物水泥砂浆、水泥基防水涂层材料等新型材料已在各类工程中广泛应用。2001 年相继修订的《地下工程防水技术规范》GB 50108—2001 和《地下防水工程质量验收规范》GBJ 50208—2002，为地下工程防水技术的发展和提高地下工程的防水质量及其可靠性发挥了重要作用。

7.3.1 概述

防空地下室一般全部或大部分位于地下，常年受到地下水的威胁，有的甚至常年处于地下水的包围之中，因此防空地下室防水设计应考虑地表水、地下水和毛细管水的作用，以及由于人为因素引起的附近水文地质改变的影响。防空地下室的钢筋混凝土结构，应采用防水混凝土，并根据防水等级的要求采用其他的防水附加设施。工程的变形缝、施工缝、后浇带、穿墙管（盒）、预埋件、预留通道接头、桩头等细部构造，应加强防水措施。

（1）防水设计原则

总的来讲，地下工程防水设计和施工应遵循“防、排、截、堵相结合，刚柔相济，因地制宜，综合治理”的原则。对于防空地下室来讲，具体原则如下：

1）以防为主，防排结合。防空地下室一般不能自流排水，应立足于工程防水，也可结合排水手段，降低地下水水位。

2）建筑外形尽量简单。简单的外形可以为防水层的施工带来方便也更易于保证防水层的施工质量，因此有防空地下室的地面建筑在设计时应结合地下建筑的要求，兼顾地面外形美观与地下防水问题。

3）应优先考虑结构自防水。混凝土具有良好的防水性，防水混凝土的防水性更好，利用结构的自防水是一项经济而又可靠的措施。

4）重视施工缝、沉降缝、变形缝等的处理。“千里之堤溃于蚁穴”，工程细部防水施工工序比较复杂，质量也难以绝对保证，因此是工程防水的薄弱环节，在防水设计时应加以重视。

（2）防水设计内容

防空地下室防水设计主要包含以下几方面的内容：

1）防水等级和设防要求。

2）防水混凝土的抗渗等级、技术指标及其质量保证措施。

3）其他防水层选用的材料、技术指标及其质量保证措施。

4）工程细部构造的防水措施，选用的材料、技术指标及其质量保证措施。

5）工程的防排水系统，地面挡水、截水系统及工程各种洞口的防倒灌措施。

（3）防水等级及设防要求

根据《地下工程防水技术规范》GB 50108—2001，地下工程防水共分四个等级，防空地下室的防水多属于Ⅰ级和Ⅱ级，其防水标准及适用范围见表 7-2。

防空地下室的防水设防要求应根据适用功能、结构形式、环境条件、施工方法、材料性能以及环保要求选用相应的防水措施，按照表 7-3 确定；对于侵蚀性介质中的工程，应采用耐侵蚀的防水混凝土、防水砂浆、卷材或涂料等防水材料；处于冻土层中的混凝土结构，其混凝土抗冻融循环不得少于 100 次；结构刚度较差或受振动作用的工程，应采用卷材、涂料等柔性防水材料。

表 7-2　防空地下室防水等级标准及适用范围

防水等级	标　　准	适用范围
Ⅰ级	不允许漏水，结构表面无湿渍	人员长期停留的场所； 因少量湿渍会使物品变质、失效的贮物场所及严重影响设备正常运转和危及工程安全运营的部位；极重要的战备工程
Ⅱ级	不允许漏水，结构表面可有少量湿渍。 工业与民用建筑：总湿渍面积不应大于总防水面积（包括顶板、墙面、地面）的 1/1000；任意 $100m^2$ 防水面积上的湿渍不超过 1 处，单个湿渍的最大面积不大于 $0.1m^2$。 其他地下工程：总湿渍面积不应大于总防水面积的 6/1000；任意 $100m^2$ 防水面积上的湿渍不超过 1 处，单个湿渍的最大面积不大于 $0.2m^2$	人员经常活动的场所； 在有少量湿渍的情况下不会使物品变质、失效的贮物场所及基本不影响设备正常运转和危及工程安全运营的部位； 重要的战备工程

表 7-3　防空地下室的防水设防措施

工程部位	主　体					施工缝					后浇带				变形缝、诱导缝						
防水措施	防水混凝土	防水卷材	防水涂料	金属板	防水砂浆	遇水膨胀止水条	中埋式止水带	外贴式止水带	外抹防水砂浆	外涂防水涂料	膨胀混凝土	遇水膨胀止水条	外贴式止水带	防水嵌缝材料	中埋式止水带	外贴式止水带	可卸式止水带	防水嵌缝材料	外贴式防水卷材	外涂防水涂料	遇水膨胀止水条
Ⅰ级	应选	应选一、二种				应选二种					应选	应选二种			应选	应选二种					
Ⅱ级	应选	应选一种				应选一、二种					应选	应选一、二种			应选	应选一、二种					

7.3.2　主体防水构造

防空地下室的防水等级多属于Ⅰ级和Ⅱ级，因此主体防水一般可采用的方案是结构混凝土自防水与附加防水层结合的方法。由于防空地下室的渗透主要是从混凝土的裂缝、孔隙及细部处理不当中产生。抑制孔隙、减少裂缝、增加混凝土的密实度是提高混凝土抗渗性的关键，因此主体应优先考虑结构自防水，再根据工程的防水等级选用适宜的防水卷材、防水涂料、金属板或塑料板等附加防水材料。

（1）主体结构自防水（防水混凝土）

结构自防水材料是指以水泥、砂石为原料，掺入少量外加剂、高分子聚合物等材料，通过调整配合比，抑制或减少孔隙率、改变孔隙特征，增加材料界面间密实性等方法，形成一种具有一定抗渗透能力的水泥砂浆、混凝土类防水材料。

其中防水混凝土是一种靠材料自身的密实性来达到防水目的的防水材料。它的耐久性强，刚度整体性好，具有较高的抗渗透性，同时能起到承重、围护和防水等作用。与卷材和金属板相比，防水混凝土造价低，施工方便，易于修补，目前应用广泛。但由于防水混凝土的施工必须按严格的配合比和其他技术要求进行，当工程量比较大或施工条件比较困难时就不易完全做到。只要有少部分质量不好，就会影响整个工程的抗渗性能，所以对于Ⅰ级和Ⅱ级防水要求的地下工程应结合其他防水措施共同确保工程防水性能良好。

主体采用的防水混凝土结构，其厚度不应小于250mm；裂缝宽度不得大于0.2mm，并不得贯通；迎水面钢筋保护厚度不应小于50mm。防水混凝土底板的混凝土垫层，强度等级不应小于C15，厚度不应小于100mm，在软弱土层中不应小于150mm。

防水混凝土使用的水泥，应符合下列规定：

1）水泥的强度等级不应低于32.5MPa。

2）在不受侵蚀性介质和冻融作用时，宜采用普通硅酸盐水泥、硅酸盐水泥、火山灰质硅酸盐水泥、粉煤灰硅酸盐水泥、矿渣硅酸盐水泥，使用矿渣硅酸盐水泥必须掺用高效减水剂。

3）在受侵蚀性介质作用时，应按介质的性质选用相应的水泥。

4）在受冻融作用时，应优先选用普通硅酸盐水泥，不宜采用火山灰质硅酸盐水泥和粉煤灰硅酸盐水泥。

5）不得使用过期或受潮结块的水泥，并不得将不同品种或强度等级的水泥混合使用。

防水混凝土可根据工程需要掺入减水剂、膨胀剂、防水剂、密实剂、引气剂、复合型外加剂等，外加剂其品种和掺量应经试验确定。所有外加剂应符合国家或行业标准一等品及以上的质量要求。

防水混凝土可掺入一定数量的粉煤灰、磨细矿渣粉、硅粉等。粉煤灰的级别不应低于二级，掺量不宜大于20%；硅粉掺量不应大于3%；其他掺和料的掺量应经过试验确定。

防水混凝土可根据工程抗裂需要掺入钢纤维或合成纤维。

每立方米防水混凝土中各类材料的总碱量（Na_2O当量）不得大于3kg。

施工时，普通防水混凝土坍落度不宜大于50mm。防水混凝土采用预拌混凝土时，入泵坍落度宜控制在120±20mm，入泵前坍落度每小时损失值不应大于30mm，坍落度总损失值不应大于60mm。防水混凝土应连续浇筑，宜少留施工缝。

（2）附加防水层构造

附加防水层有水泥砂浆防水层、卷材防水层、涂料防水层、塑料防水板防水层和金属防水层等。其主要施工步骤为：选择材料、清理基层、搭接严密、焊接或留槎、保证厚度和遍数以及细部处理等。

水泥砂浆防水层。防水砂浆是在需要防水的建筑物表面涂抹掺有外加防水剂的水泥砂浆，提高砂浆的密实性和增加相互重叠的层次达到防水的目的。水泥砂浆类防水材料多作为附加防水层，用于有防水、防潮要求的地下工程结构的迎水面和背水面，弥补工程中出现的蜂窝、麻面等缺陷。水泥砂浆一般只适用于不会发生变形和开裂，表面坚实平整的刚性建筑物。水泥砂浆防水层包括普通水泥砂浆、聚合物水泥防水砂浆、掺外加剂或掺和料防水砂浆等，宜采用多层抹压法施工。水泥砂浆防水层应在基础垫层、初期支护围护、结构及内衬结构验收合格后方可施工。聚合物水泥砂浆防水层厚度：单层施工宜为6～8mm；双层施工宜为10～12mm；掺外加剂、掺和料等的水泥砂浆防水层厚度宜为18～20mm。

卷材防水层。防水卷材主要用做建筑的防水层、防腐层、建筑防潮、简易防水及临时性建筑防水等，目前防水卷材主要分为沥青系防水卷材、高聚物改性沥青系防水卷材、合成高分子防水卷材三大系列。卷材防水层适用于受侵蚀性介质作用或受振动作用的地下工程。卷材防水层应铺设在混凝土结构主体的迎水面上。卷材防水层用于建筑物地下室，应铺设在结构主体底板垫层至墙体顶端的基面上，在外围形成封闭的防水层，如图7-4和图7-5所示。卷材防水层一般为1～2层。高聚物改性沥青防水卷材厚度不宜小于3.0mm，单层使用时厚度不应小于4.0mm，双层使用时总厚度不应小于6.0mm。合成高分子防水卷材，单层使用时厚度不应小于1.5m，双层使用时总厚度不应小于2.4mm。

涂料防水层。防水涂料包括无机防水涂料和有机防水涂料。无机防水涂料可选用水泥基防水涂料、水泥基渗透结晶型涂料。有机涂料可选用反应型、水乳型、聚合物水泥防水涂料。无机防水涂料宜用于结构主体的背水面，有机防水涂料宜用于结构主体的迎水面。用于背水面的有机防水涂料应具有较高的抗渗性，且与基层有较强的粘结性。如图7-6和图7-7所示。水泥基防水涂料的厚度宜为1.5～2.0mm；水泥基渗透结晶型防水涂料厚度不应小于0.8mm；有机防水涂料根据材料的性能，厚度宜为1.2～2.0mm。

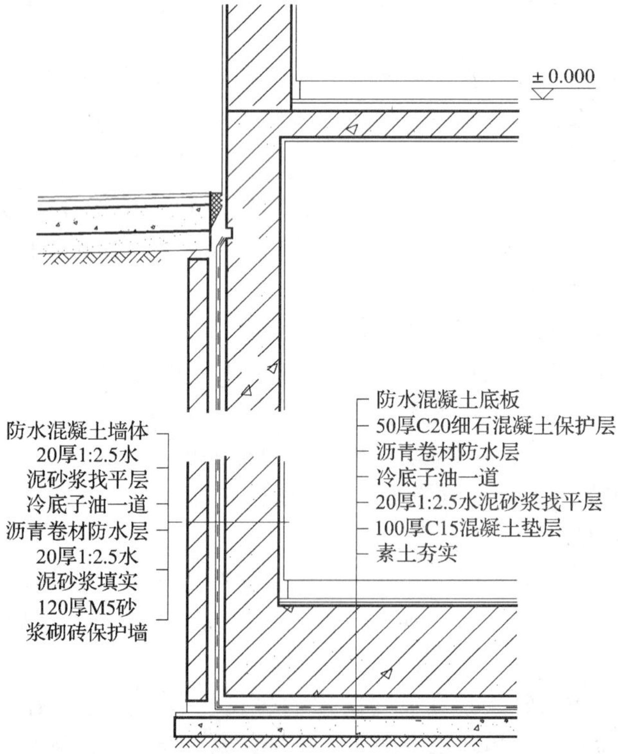

图7-4 防空地下室的防水卷材附加防水层做法

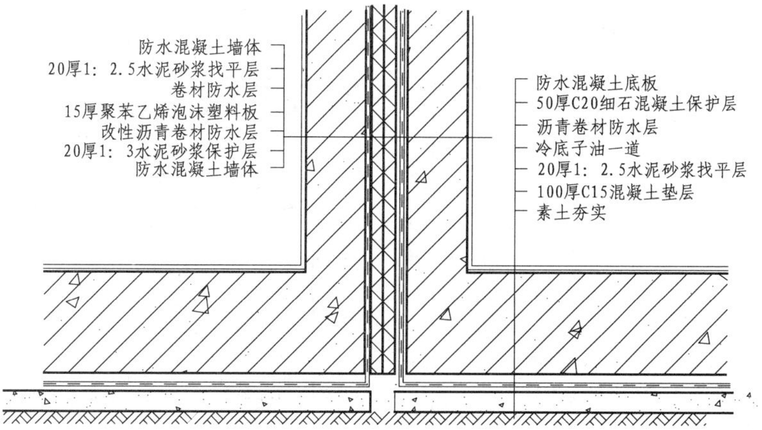

图 7-5　双墙结构防水卷材附加防水层做法

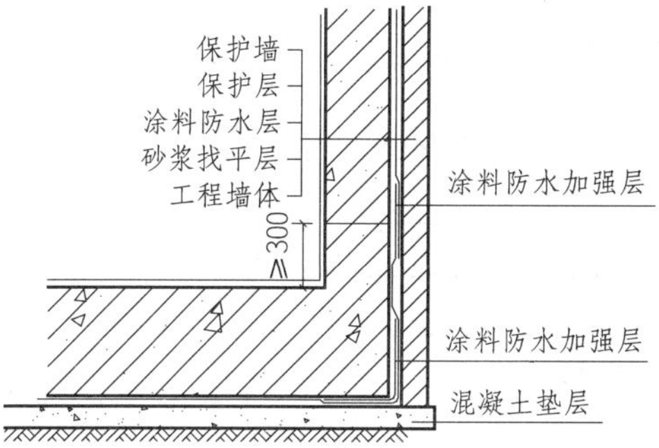

图 7-6　防水涂料外防外涂法

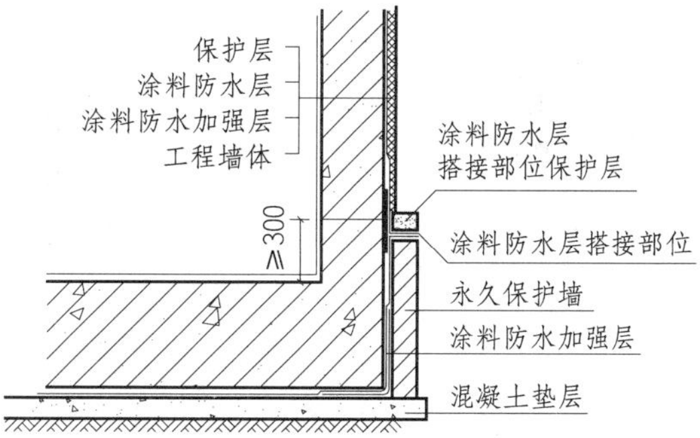

图 7-7　防水涂料外防内涂法

塑料防水板防水层。塑料防水板可选用乙烯－醋酸乙烯共聚物（EVA）、乙烯－共聚物沥青（ECB）、聚氯乙烯（PVC）、高密度聚乙烯（HDPE）、低密度聚乙烯（LDPE）类或其他性能相近的材料。塑料防水板幅宽宜为 2.0～4.0mm，厚度宜为 1.0～2.0mm。耐刺穿性好，耐久性、耐水性、耐腐蚀性、耐菌性好。塑料防水板物理力学性能应符合《地下工程防水技术规范》GB 50108—2001 中的相关规定。铺设防水板前应先铺缓冲层，并应用暗钉圈固定在基层上，详见图 7-8 所示。

金属防水层。金属防水层一般采用 4～6mm 厚，含碳量小于 0.22% 的低碳钢。金属防水层只起防水作用，防空地下室的承重部分仍为钢筋混凝土结构。采用金属防水层时，金属板的拼接应采用焊接，拼接焊缝应严密；竖向金属板的垂直接缝应相互错开。结构施工前在工程内侧设置金属防水层时，金属防水层应与围护结构内的钢筋焊牢，或在金属防水层上焊接一定数量的锚固件，如图 7-9 所示。在结构外设置金属防水层时，金属板应焊在混凝土或砌体的预埋件上。金属防水层经焊缝检查合格后，应将其与结构间的空隙用水泥砂浆灌实，如图 7-10 所示。金属板防水层应采取防锈措施，避免因其锈蚀影响工程的防水性能。

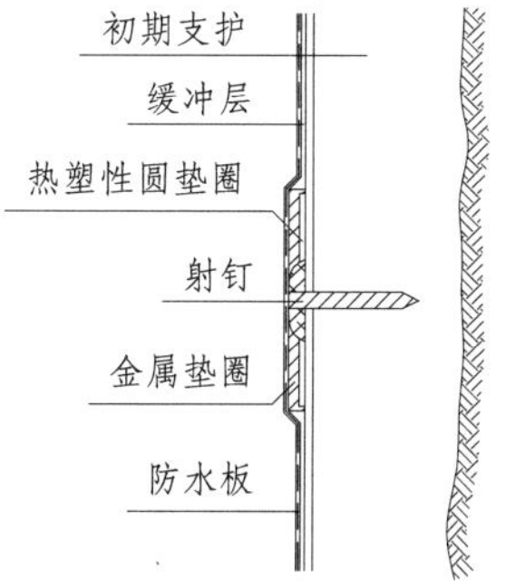

图 7-8　塑料防水板防水层

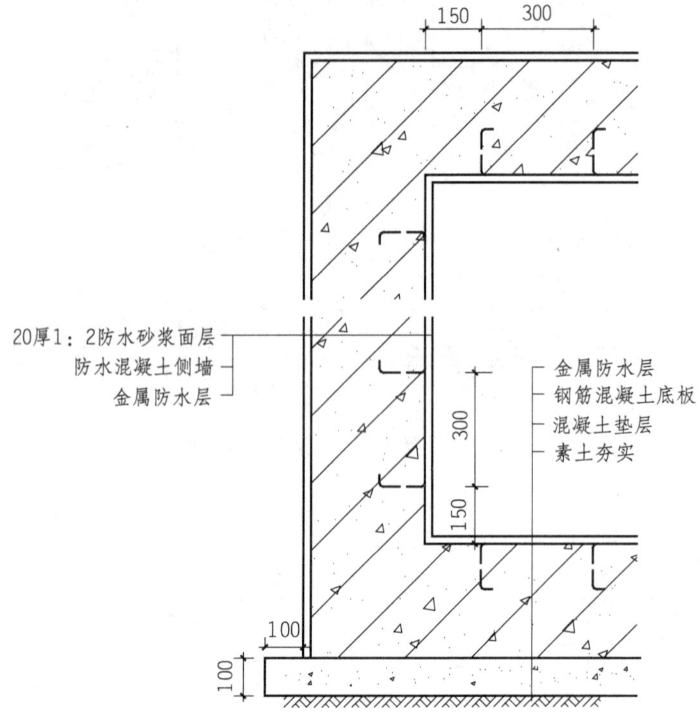

图 7-9　金属板内防水层

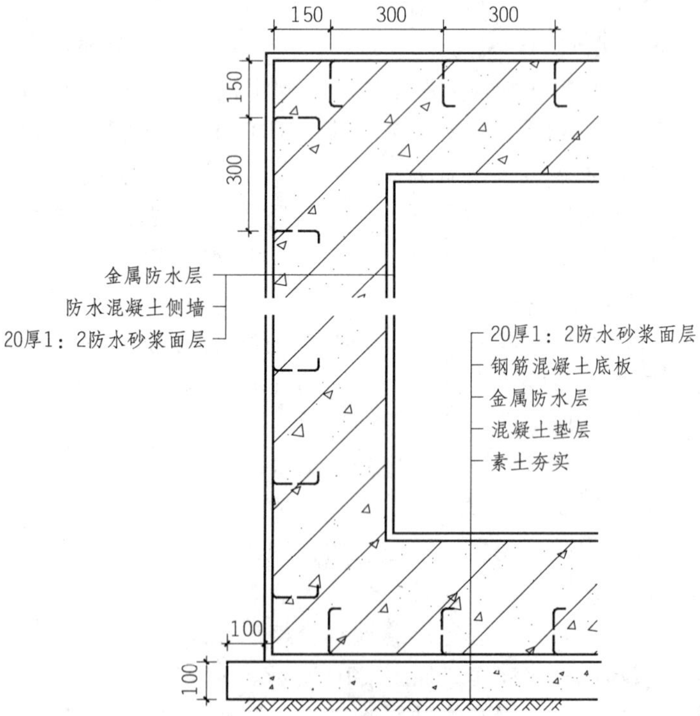

图 7-10　金属板外防水层

(3) 全封闭防水措施

防空地下室不仅受到地下水、地表水、裂隙水等的渗透，有些渗漏水中含有多种侵蚀性介质，对混凝土的危害极大。因此在考虑主体结构防水设计时，采取全封闭的柔性附加防水层是完全必要的。有些防空地下室由于设计时仅考虑单一的结构主体防水，当混凝土出现裂缝，则伴有严重的渗漏水现象。另一些工程，由于地下水位低，地下水压力不大，只在立墙部位增加了柔性防水层，最终造成工程渗漏严重的现象。大量的工程经验表明：工程必须采用全封闭防水方案，并且对于分期施工搭接部位，还需要设置可靠的加强与保护措施。

7.3.3 结构细部防水构造

防空地下室细部防水主要是指工程的施工缝、变形缝、后浇带以及其他一些穿越工程维护结构的管线等的防水。为确保防空地下室防水的整体性和密封性，必须对这些细部精心设计，细致施工。实践证明，工程细部一旦发生渗漏，难以修补。防水处理是相当复杂和繁琐的，实际工程中应根据实际情况，选用或设计相应的型式。

(1) 施工缝

在防空地下室施工过程中，当混凝土的浇筑能力或施工顺序不能保证连续浇筑时，应设置施工缝。由于先后浇筑的混凝土之间的粘接能力较差，所以施工缝属于工程的一个薄弱环节，应不设施工缝。当必须设置时，Ⅰ级防水可参照图 7-11 所示的做法。施工缝浇筑前，应将其表面清理干净，刷涂净浆或混凝土界面处理剂，并及时浇灌混凝土。

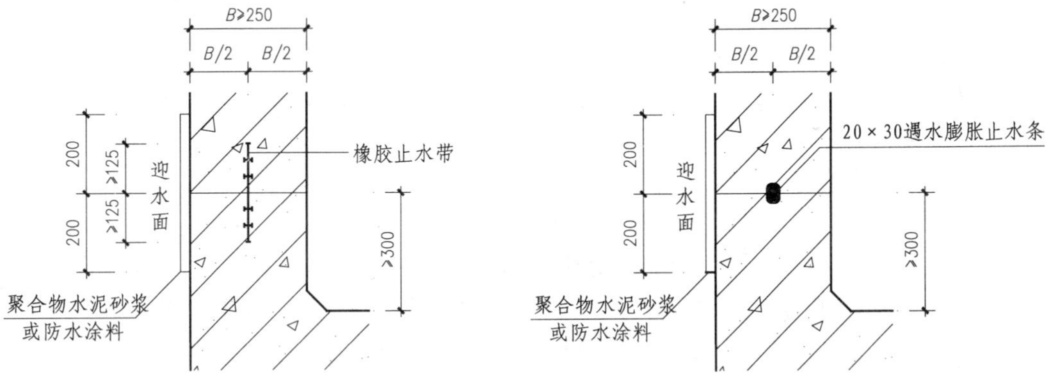

图 7-11 工程施工缝防水做法

(2) 变形缝

地下工程防水混凝土结构为适应地震、温度变化及工艺的需要或适应构筑物的高低差、荷载不均等引起的沉降、伸缩等，必须设置各类变形缝（如伸缩缝、沉降缝、抗震缝等）。变形缝也是结构防水中的薄弱环节。对变形缝的防水处理，不仅要考虑结构沉降、伸缩的位移变形，还必须在变形的状况下保证其水密性。结构型式、防水材料的选用、施工工艺的正确实施，以及严格的全过程监理都会对变形缝的施工质量产生巨大影响，任何一个环节的马虎，都会影响整个防空地下室的防水系统。

用于沉降的变形缝的宽度宜为 20 ~ 30mm，用于伸缩的变形缝的宽度宜小于 30mm；变形缝处的混凝土结构厚度不应小于 300mm。工程底板变形缝细部构造如图 7-12 和图 7-13 所示。

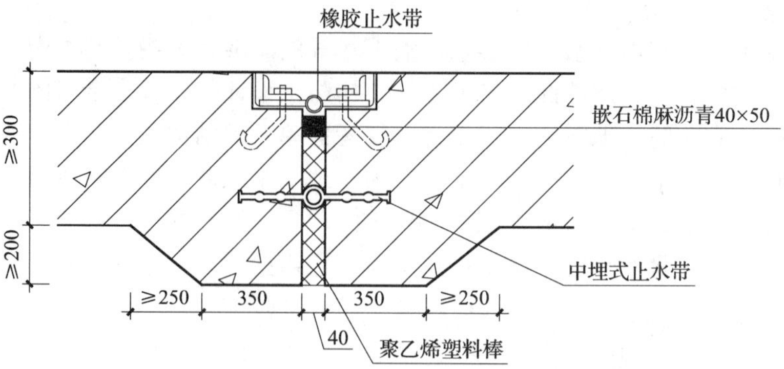

图 7-12　中埋式与可卸式止水带复合使用

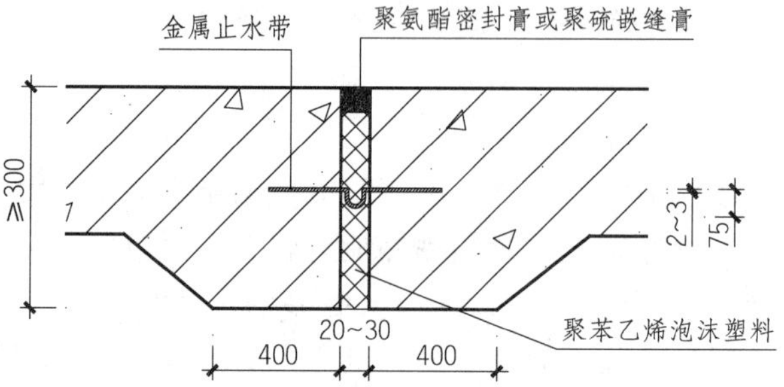

图 7-13　金属止水带变形缝防水构造

为保证防空地下室防护密闭以及防水安全，用于伸缩的变形缝宜不设或少设，可根据不同的工程结构类别和工程地质状况采用诱导缝、加强带以及后浇带等替代措施。

（3）后浇带

后浇带为刚性接缝，采用不低于两侧结构的补偿收缩混凝土浇筑，适用于不允许留柔性变形缝的工程。后浇带应设在受力和变形较小的部位，间距宜为 30 ~ 60m，宽度宜为 700 ~ 1000mm。后浇带应在其两侧混凝土龄期达到 42d 后再施工，施工前应将接缝处的混凝土凿毛、洗净并保持湿润，后浇带的养护期不应少于 4 周。后浇带可做成平直缝，结构主筋不宜在缝中断开，如必须断开，则主筋搭接长度应大于 45 倍的主筋直径，并按照设计要求加设附加钢筋。后浇带防水构造详如图 7-14 所示。需要超前止水时，后浇带部位的混凝土应局部加厚并增设外贴式或中埋式止水带，如图 7-15 所示。

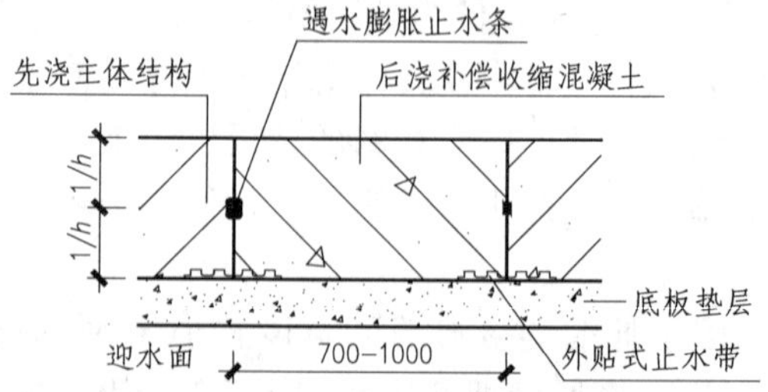

图 7-14　后浇带防水构造

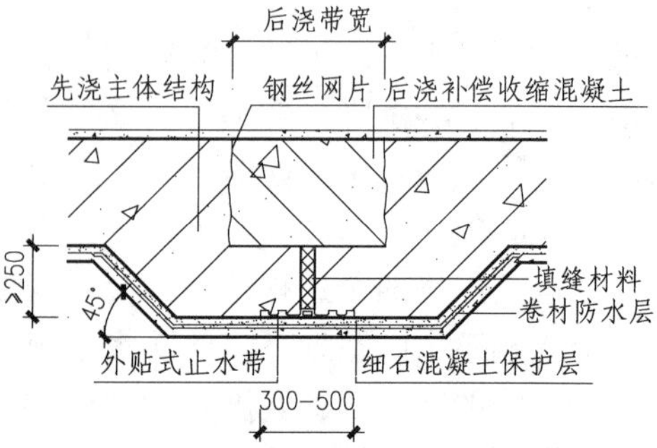

图 7-15　后浇带超前止水构造

(4) 穿墙管(盒)

管道穿过防空地下室的外墙时会穿破工程的防水层，所以应对该薄弱部位进行妥善处理，使其满足防水及防护等多方面的要求。为保证穿墙管防水技术措施的实施，穿墙管与内墙角、凹凸部位的距离应大于250mm。当结构变形或管道伸缩量较小时，穿墙管可采用主管直接埋入混凝土内的固定式防水法，并应预留凹槽，槽内用嵌缝材料嵌填密实，其防水构造如图7-16所示。当结构变形或管道伸缩量较大或有更换要求时，应采用套管式防水法，套管应加焊止水环，其防水构造如图7-17所示。

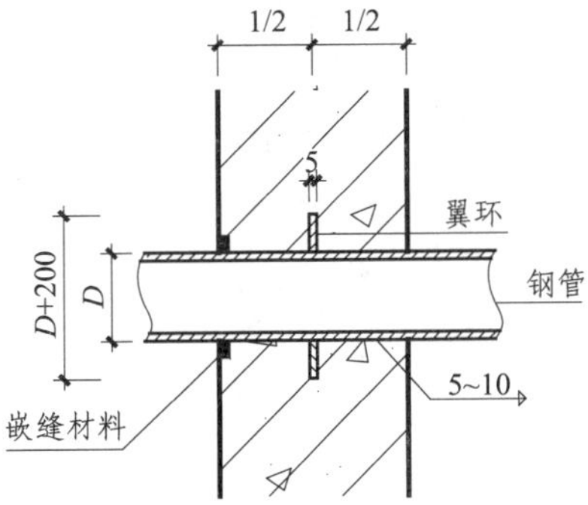

图7-16 固定式穿墙管防水构造

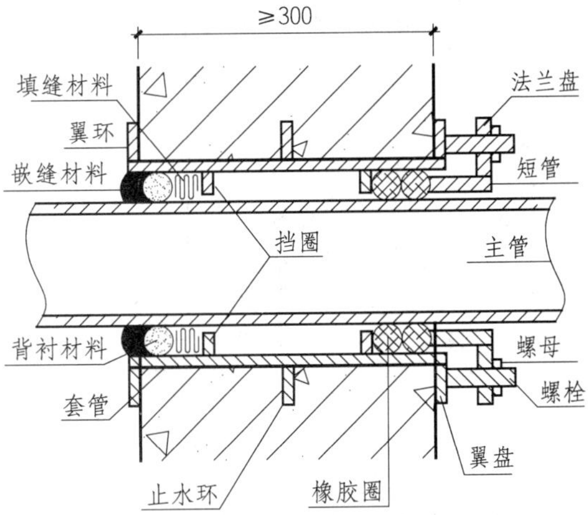

图7-17 套管式穿墙管防水构造

当工程穿墙管线较多时，宜将管线相对集中，采用穿墙盒的方法。穿墙盒的封口钢板应与墙上的预埋角钢焊严，并从钢板上预留的浇注孔注入改性沥青柔性密封材料或细实混凝土处理，如图7-18所示。

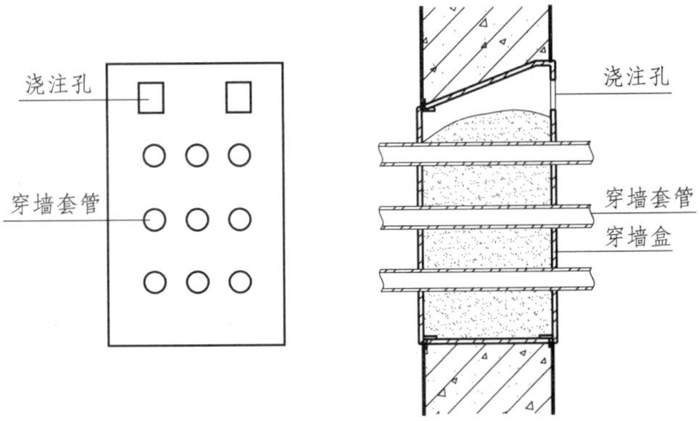

图7-18 穿墙盒防水构造示意

(5) 预留通道接口

为便于平时使用以及提高工程的防护可靠性与使用效率，防空地下室应与周边人防工程相连通。考虑到通道有一定的建设和施工时序，因此预留通道接口的防水措施十分重要。

工程预留通道接缝处的最大沉降差值不得大于30mm。预留通道接头应采取复合防水构造，如图7-19所示。在接头混凝土施工前应将先浇混凝土端部凿毛，露出钢筋或预埋的钢筋接驳器钢板，与待浇混凝土部位的钢筋焊接或连接好后再浇筑。当先浇混凝土中未预埋可卸式止水带的预埋螺栓时，可选用金属或尼龙膨胀螺栓固定可卸式止水带。

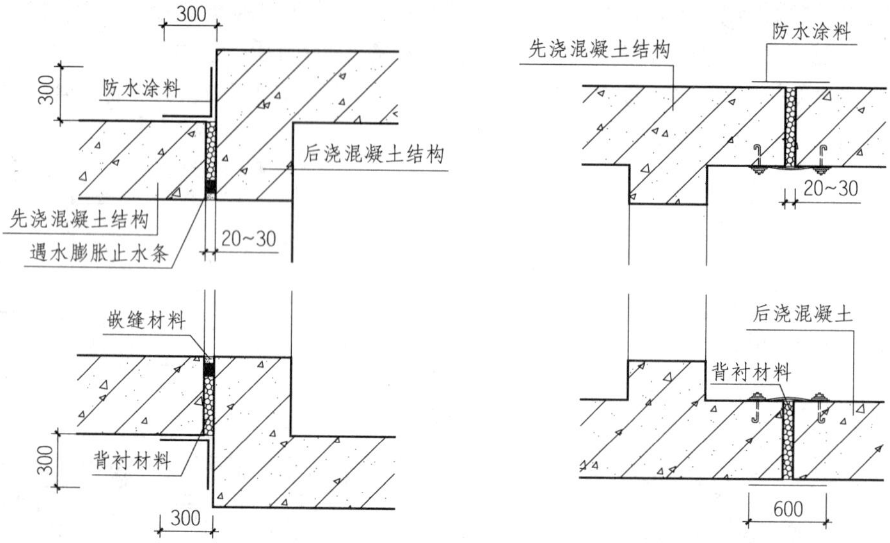

图7-19 预留通道接头防水构造

7.3.4 工程渗漏水治理措施

包括防空地下室的地下工程渗漏水是工程严重的病害，是工程隐患，危害极大。实际工程中，防空地下室渗漏水的原因有很多，比如设计时地勘资料不准确、设防不足，或是材料低劣，或是施工质量不高等，尤其是工程的细部等薄弱环节，最容易出现渗漏水的问题。

（1）混凝土裂缝及防水

混凝土裂缝是工程常见的现象，裂缝的产生与防水设计有密切的关系。实践表明，在具有一定厚度（如300mm左右）和承受水压不大的防水混凝土工程中，表面裂缝宽度小于或等于0.2mm时，不致造成影响使用的明显渗漏。当水压不大，轻微渗漏时，这种混凝土的裂缝有自愈能力，对钢筋锈蚀影响也不太明显。因此，处于地下水（淡水）的混凝土允许裂缝宽度，其上限可定为0.2mm；在特殊重要的工程中裂缝允许宽度可控制在0.10～0.15mm之间。

（2）治理措施与材料选用

地下工程渗漏水主要有点、线、面三种形式，按渗水量不同又可分为：慢渗、快渗、漏水和涌水。对于不同的渗漏情况要作具体分析，查找并切断漏水源，选用适宜的材料和工艺，最大限度地减少漏水的面积。

孔眼渗漏水。对于水压较小孔洞不大的情况可采用直接快速堵塞法，在漏水点位置，用适宜的促凝胶浆修堵材料直接修堵；对于水压较高（水头在4m以上）、漏水孔洞不大的情况，可采用木楔堵塞法，先用圆木堵孔，以尽量减少漏水量，再用促凝胶浆封堵；对于水压较大、孔洞较大、漏水量大的渗漏情况，则应考虑用灌浆法封堵。

裂缝渗漏水的处理。收缩裂纹和结构变形出现的裂缝渗漏水，均属于裂缝渗漏水。修堵时，应根据水压大小采用不同的方法，封堵材料主要采用促凝胶浆（砂浆）或灌浆材料。对于水压较大的慢、快渗漏水，可以采用下线堵漏法。对于水压较大的急流渗漏水，可采用下半圆铁片，用管引水堵漏法。

大面积渗漏水的处理。应先将水位降低，形成无水情况下封堵；如不能降水，应设法引水，使面漏变成线漏，线漏变成点漏，最后逐点处理。最常用的大面积渗漏水修补材料可选择水泥砂浆、膨胀水泥砂浆、氯化铁防水砂浆、环氧煤焦油涂料、环氧贴玻璃布等。

7.4 噪声控制设计与装饰装修

在防空地下室中，虽然较少受到地面喧闹环境的影响，但机械设备的噪声、人员的脚步声和说话声、停车库中汽车发动机的噪声等混合在一起，可能产生强的噪声源，极易使人感到心情烦躁、精神紧张、反应迟钝、注意力不集中，并降低工作效率。由于防空地下室形体和空间的封闭性，使得同一噪声源在地下环境内的声压级要大于地面 3 ~ 8dB，因此在防空地下室设计中应重视噪声控制设计。由于防空地下室具有防护及地下建筑的双重特征，其工程装修设计必须符合工程防护、密闭、防水、抗震以及缓解人员对地下建筑不良心理反应等要求。

7.4.1 噪声基本知识

(1) 噪声对听觉及人体的影响因素

噪声对听觉及人体的影响，主要由噪声级、频率和作用时间决定，同时也与个人反应、噪声值大小、有调无调等因素有关。

一般认为：噪声在 80dB（A）以下，对听觉和人没有什么影响；在 85dB（A）以下，对 90% 的人没有影响；在 90dB（A）以下，对 85% 的人没有影响。

在一般情况下，中频噪声（125 ~ 2000Hz）对人体危害更大。

噪声的作用时间，对听觉及人体的影响关系极大。国际标准化组织制定相关劳保标准时，是按每天工作 8h，每周工作 5d，每年工作 48 周，在噪声环境下工作 10 年计算的。如果每天不是工作 8h，而是小于 8h，最大允许噪声级可相应地提高。

在相同的噪声级和作用时间下，每个人对噪声的反应是不同的。一个噪声级对某个人的听力可能造成损失，甚至造成噪声性耳聋，而对另一些人，则却没有明显的影响，这与每个人的身体健康状况、经历和所处的工作环境有关。所以，有关噪声的标准是统一性的，它并不能保证每个人在允许标准下都健康、不受影响，而是以能保证大多数人安全为标准的。

(2) 防空地下室声学特点

防空地下室一般为封闭空间，其内表面由钢筋混凝土、混凝土等硬质材料组成。因此，其声学特性与地面建筑有所区别，主要有两种情况：

第一，声波在封闭空间内遇到具有刚性壁面的界面时，会产生强烈的反射。由于防空地下室无窗洞等大面积吸声面，声波经多次反射衰减迟缓；又由于地下建筑内的吸声量低于地面建筑，因此地下建筑内的噪声级有所增加，其值为：

$$\Delta R = 10\lg a_1/a$$

式中　a_1 ——相应的地面建筑内各表面上所具有的平均吸声系数；

ΔR ——噪声级增加值（dB）；

a ——地下建筑内各表面上所具有的平均吸声系数。

防空地下室内的噪声级在频率分布上是不均匀的，即在低频率范围内噪声级增加少或不增加，甚至有减少的情况；在中高频率范围内噪声级有显著的增加。因此，防空地下室中的噪声级的增加值不像上式所示的那样多，实际测量表明，一般的增加值大约为 3～8dB。

第二，无隔墙时，两个刚性边墙往往相互平行，声波在壁面间往返反射，形成很强的颤动回声。

由此可见，由于内部体积大而封闭，墙、顶的吸声系数很小，声波在各壁面间多次反射，声能衰减极慢，以致混响声级很强，混响时间也很长。所以同一声源在防空地下室内所产生的声波也就比在地面建筑内高。

（3）允许噪声级

允许噪声级是一个噪声评价的标准，它是对于人的机体还不至于产生有害作用的一种极限的噪声级别。强烈的噪声对人体健康和工作产生不利影响，但要完全消除噪声一般是不可能的，也是不必要的。因此，应根据使用要求和对人员的身体健康无害的最低要求来确定这个允许噪声级。防空地下室主要房间的噪声等级和隔音量，应符合下列规定：

1）噪声等级不应大于表 7-4 的规定。

表 7-4 防空地下室主要用房允许噪声级（dB）

房间类别	允许噪声级（A 级，dB）
电话间等有音质要求的房间	40
会议室及有语言清晰要求的房间	50
办公室	50
睡眠用房	40
值班室、电站控制室	55
电站机房、空调机房、通风机房、水泵房（工作人员连续接触噪声 8h）	90

2）主要用房隔墙和楼板的空气声级计权隔声量不应小于 40dB，楼板的计权归一化撞击声压级不应大于 75dB。

7.4.2 噪声控制技术

防空地下室噪声控制主要包括两个方面：一是噪声控制技术；二是噪声控制行政法令。噪声控制技术主要包括降低噪声源和传播途径上控制噪声等内容；噪声控制行政法令也是噪声控制工程中很重要的组成部分，为保护环境和人民的健康，应拟定行政措施来控制工程中的噪声发展和污染。

（1）降低噪声源

降低声源的噪声是最有效的方法，主要措施有：

1）选择低噪声设备。宜选用低转速设备代替高转速设备、液压设备代替风动设备、卧式机械代替立式机械、封闭式设备代替敞开式设备等。采用风机时，应优先考虑使用、转速低、效率高的通风机，并使风机大部分时间在高效点附近工作。

2）控制通风管道中产生的噪声。主要是严格控制风管内及风口的气流速度，以避免风管及风口产生噪声。此外，还要尽量避免风管弯头、三通和各个死角引起的涡流所产生的噪声。

当对噪声源采取措施后，还不能完全降低到允许标准时，就需要考虑从传播途径上采取控制措施。

（2）合理的平面布局

在进行防空地下室建筑设计时，要合理安排建筑内部各单元或功能区域之间的距离，以减少噪声和振动的干扰。如要求防空地下室的通风机房、水泵房、柴油发电机房及其他有噪声或振动的设备用房，不应与主要功能用房毗邻。

（3）隔声措施

应用隔声结构或设施，控制噪声的传播，把噪声环境与安静环境隔离开，这种在防空地下室中常用的方法称为隔声。噪声的传播主要靠空气的波动或某种固体媒介如楼板、底板。因此，噪声的隔绝措施应从防止空气传声与固体传声两方面着手：

防止空气传声措施。最简单的方法是将产生噪声的设备用罩子封闭起来，这种方法如能实施是很有效的，但是要把机器设备完全封闭起来，从发热和产生气体及维护检修的要求看往往是无法实现的。封闭起来而不成问题的是风机，因为它的热可以由出入的空气带走。将噪声源控制在一个局部范围内，以不使有害噪声传播出去的有效方法是设置隔音套间以及采用隔声性能好的隔墙和门等设施，如图 7-20 所示。因此，防空地下室的通风机房、空调机房、水泵房等设备用房宜设置隔音套间和隔音门。此外应堵塞一切缝隙和孔洞，以防止噪声通过这些不严密处，利用空气介质进行传递，这种噪声的传播，是不可低估。堵塞的办法可用沥青麻丝、环氧树脂或黄油灌注或用水泥砂浆填充密实；对于地沟等可采用砖墙隔断。

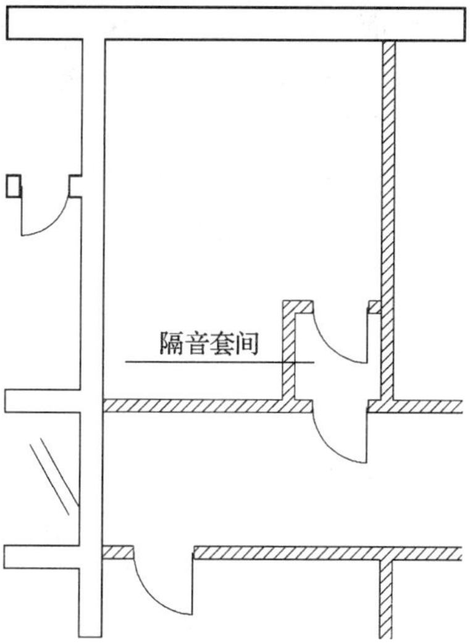

图 7-20　隔音套间的设置

防止固体传声的措施。其主要措施是采用设备的隔振基础、管道隔振以及其他减振措施。隔振基础通常是把设备安装在一个重量较大的基础上，然后在其下设置隔振器，如图 7-21 所示。基座板的尺寸应稍大于设备底盘尺寸，其重量应尽可能大于机组的重量，最好能大于机组重量 2～5 倍。基座板的重量大小可有效控制隔振系统的谐振频率，质量越大，谐振频率越低，有利于提高隔振效率。所谓管道隔振就是在设备与管道之间采取软性连接，根据不同设备和要求，采用不同的材料和构造。当设备基础采用隔振时，就需要采取管道隔振，根据工程的不同，可降低噪声 4～7dB（A）。同样，也需要注意风管与风管、风管与设备及风管与支架之间的防振，采用柔性联结或柔性材料衬垫。精密仪表等超静、防微震的房间，为防止振动的干扰，地面、墙体、吊顶等可采用减震措施，还可在地面加铺地毡或采用软性地面。为避免门启闭时产生撞击声，可在门框处粘贴柔性材料。

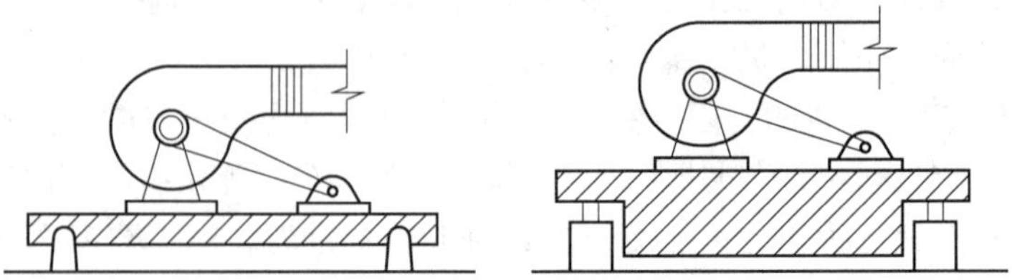

图 7-21 隔振基座的两种形式

（4）室内减噪措施

在防空地下室中，为达到降低室内噪声和改善室内音质的目的，应采用吸声材料或吸声结构。但必须区分吸声材料和隔声材料这两种根本不同的概念，好的吸声材料能够吸收大部分入射声能，而被吸收的声能，一部分转化为热能，另一部分穿过吸声材料射到另一侧，而隔声材料能防止声音从一侧传到另一侧。在特殊情况下，很多吸声材料也能作为很好的隔声构件，但吸声与隔声绝不能混为一谈。

吸声材料。吸声材料按照吸声特性可分为低频吸声材料、中频吸声材料、高频吸声材料、全频带吸声材料。在治理工程中，一般常用的吸声材料都指多孔吸声材料。多孔吸声材料的吸声机理，是靠声波进入材料的孔隙进而发生作用。因此，多孔材料内部一要多孔，二要孔与孔之间连通，三要这些内部连通的孔与外界相通。国产的多孔吸声材料，按成型状态可分为制品和砂浆两大类。制品类可分为纤维状、颗粒状和泡沫状三种，每种又分为无机吸声材料和有机吸声材料，故共可分为六种，详细分类见表 7-5 所示。

表 7-5 多孔吸声材料分类

制品类	纤维状	有机	植物纤维	甘蔗板、软质纤维板、水泥木丝板
			动物纤维	羊毛
		无机	人造纤维	卡布隆、尼龙丝
			矿物纤维	玻璃棉、矿渣绵
	颗粒状	有机		软木制品、木屑制品
		无机		膨胀蛭石制品、膨胀珍珠岩制品
	泡沫状	有机		酚醛泡沫塑料、聚氨酯泡沫塑料
		无机		微孔吸声砖、氧化铝泡沫砖
砂浆类	骨料有粗木屑、膨胀蛭石等，胶结材料主要是水泥			

吸声结构。吸声结构指运用吸声材料构建内部空间的吸声系统，主要分为板状或薄膜吸声结构、穿孔板与微穿孔板吸声结构、空间吸声体结构和吸声尖劈结构等。板状或薄膜吸声结构是通过板（膜）面扭曲振动吸收部分入射声能，通过其后的空气层增加低频吸收；穿孔板与微穿孔板吸声结构是在金属或非金属的硬制板上穿孔，在其后设置空气层而组成，利用穿孔中的空气和其后的空气层组成共振系统；空间吸声体是一种悬挂式的高效吸声结构，由于声波可以撞击在空间吸声体的各个表面，它的吸声效果远比普通的吸声材料好，空间吸声体利用穿孔板做成各种形状，如板形、棱柱体形、球形、单锥和双锥壳体等，通常还需填

充或衬贴矿渣、玻璃棉等吸声材料；尖劈状吸声体由多孔材料构成，当声波从尖端入射时，由于吸收层的过渡性质，材料的声阻抗与空气的声阻抗能较好地匹配，使声波传入吸声体并被高效地吸收，尖劈状吸声体主要应用在消声室的墙面。

7.4.3 工程装饰装修设计

由于防空地下室一般都属于地下工程，因此其室内装饰装修的要求与地面建筑有一定的差别，同时由于防空地下室还具备一定的防护密闭要求，所以在其装修问题上还具有一定的特殊性。随着我国在科技和经济领域的快速发展，装饰装修工程的设计、施工、材料发生了很大的变化，人们的审美观和要求也发生了很大的变化，为此出现了大量的装饰装修新技术、新材料和新工艺，但由于防空地下室的某些特定因素，如防护、防火、抗震、防潮等特殊要求，使得在采用这些新技术、新材料和新工艺时，应谨慎行事。防空地下室装饰装修设计主要遵循的原则是应根据战时及平时功能的需要，做到适用、经济、美观，在灯光、色彩、饰面材料的处理上应有利于改善地下空间的环境条件。

防空地下室装饰装修设计主要应注意以下几方面的问题：

1）改善地下工程环境条件。在地下工程的设计中，始终贯穿着封闭感，缺少与外界地面环境的联系，方向感等问题使得地下工程室内环境与装修的设计比同样的地面建筑要求更高。不仅要创建功能合理、舒适、吸引人的空间，更要注意抵消地下工程负面因素。如图7-22所示为某平战结合防空地下室内部空间装饰装修效果。

图7-22 某平战结合防空地下室室内装饰装修效果

2）完善工程的防护要求。装饰装修工程的主要目的是保护主体结构，完善工程的使用功能和美化工程，但是在装饰装修活动中也存在着一些不规范甚至相当危险的做法，如为扩大使用面积随意拆改承重墙等，特别是防空地下室的防护功能有可能被减弱和破坏。应保证在任何情况下，装饰装修活动本身不会导致工程的防护功能和安全度降低，或影响到工程的主要使用功能。最后一道密闭门以外的出入口、通道、除尘室、滤毒室、洗消间或简易洗消等设施，考虑到战时进行防化洗消处理，要求该处的地面、墙面、顶面应平整光滑，增强洗消效果。

3）有主有次、重点突出。防空地下室装饰装修的部位应按工程的使用功能确定，应遵循有主有次，重点突出，经济合理，各部协调的原则。最后一道密闭门以内的区域是工程的主体部分，应按照房间的不同使用功能进行装饰装修。其中设备用房作为辅助用房，由于人员出入较少，装修等级应低一些。水泵房中潮湿度较大，设备启动后噪音较大，为不影响附近的使用房间，装修时应注意对该类房间进行防潮、降噪处理。活门室、滤毒室、扩散室不属于使用房间，一般只做初级装修。

4）注重防火、防潮、抗震等重点问题。防空地下室在选择装饰装修材料时，在防火、防毒、抗震、防潮、防腐等方面的要求比一般工程要严格，这是工程特点所决定的。如为防止工程在受到袭击产生震动时，装饰装修材料出现脱落而损伤人员和设备，要求防空地下室的顶板不应抹灰，平时设置吊顶时，应采用轻质、坚固的龙骨。

小　结

无论对于普通的地面建筑还是本章所介绍的防空地下室工程，其构造设计都是一门亟具实践性和综合性的学科。要想真正做好防空地下室的构造设计，需要对建筑材料、建筑力学、建筑结构、建筑施工以及建筑经济学等各方面的知识都有所了解，才能根据实际情况，采用合理的构造方式，保证防空地下室的功能性、安全性、美观性。本章主要介绍了防空地下室的主要结构类型、防水构造措施、噪声控制设计及工程装饰装修设计等内容。

8 工程范例及设计要点

结合现行的《人民防空地下室设计规范》GB 50038—2005，本书的以上章节针对防空地下室的特点和各类武器杀伤破坏效应作用原理，较为详细地阐述了防空地下室工程口部及主体的防护措施，工程平战功能转换措施，以及在防空地下室建筑设计中涉及的防火安全及建筑构造的相关内容。作为本书的总结，本章按照《人民防空地下室设计规范》规定的适用范围，针对人防工程的使用功能，以列举工程范例的方式讲述医疗救护工程、防空专业队工程、人员掩蔽工程，以及人防物资库工程的设计要点与相应的技术措施。

8.1 人防医疗救护工程

战时，城市遭受空袭打击后，将在短时间内造成大面积的人员伤亡，大量伤员急待抢救、治疗、护理。这些伤（病）员的病情极为复杂，有各种烧伤、各部位的冲击伤、不同程度的急性放射性病及各种复合伤。上述伤情发展较快，有时在短时期内就可能危及人员的生命。因此抢救工作不能沿用平时医院的常规程序和方法，以有利于争取时间，抢救更多的伤员。因此，在城市抗空袭作战的体系中，必须设置若干能在平时为医疗工作发挥效益，又能适应战争条件下对医疗工作迫切需要的各级人防医疗救护工程。

8.1.1 工程组成及相互关系

与其他防空地下室一样，医疗救护工程主要由口部与主体组成，但由于医疗救护工程使用功能的特殊性，其工程主体一般划分为两个区域：第一密闭区和第二密闭区。

各级医疗救护工程的第一密闭区位于战时人员主要出入口的第一防毒通道和第二防毒通道之间。它主要担负受核武器及生化武器袭击的伤员在来不及完全消除身上沾染的条件下及时抢救和手术的任务。所以该区可能有一定程度的沾染，但可以利用通风换气和其他方法不断降低其浓度。人防医疗救护工程与地面医院的显著区别就在于此。第一密闭区由分类厅、急救室、抗休克室、诊察室、污物间、厕所、盥洗室等组成。

各级医疗救护工程的第二密闭区应位于第一密闭区之后，用第二防毒通道和洗消间与第一密闭区相连接。该区域必须满足防护密闭要求。根据医疗业务功能，第二密闭区主要由手术部、医技部、护理单元以及公共设施等部分组成。

手术部。手术部由手术室、洗手间、无菌敷料器械室、麻醉药械室、医护办公室、换鞋处、男女更衣浴厕室、污物室、石膏室等组成。手术部应邻近护理单元设置，并自成一区，其平面布置应符合功能流程和污洁分区的要求。

医技部。医技部由放射科、检验科、血库、药房、中心供应室、功能检查室等组成，其应设置在主要出入口附近，与手术部、护理单元联系方便。

护理单元。中心医院和急救医院设置战伤外科护理单元、烧伤护理单元以及部分内科、传染隔离病房；救护站可只设置战伤外科观察和部分内科、传染病隔离病房。战伤外科护理单元由病房、治疗室、医护办公室、库房、男女厕所、盥洗室、水库、风机房等组成；烧伤护理单元由病房、监护室、治疗室、医护办公室、污物室、男女更衣室、男女厕所、盥洗室、水库、风机房等组成；内科、传染隔离病房宜设置在战伤外科区的末端。战伤外科护理单元和烧伤护理单元分别宜按一个防护单元设置。

公共设施。医疗救护工程的公共设施应由管理部门、生活与设备用房等组成。管理部门主要由院长或站长室、医务办公室、后勤办公室、总机室、三防值班室等组成；生活与设备用房应由通风机房、发电机房、配电间、水库及水泵房、厕所、配膳室、食品库和人员休息寝室等组成。中心医院与急救医院应设置柴油发电站。管理部门应单独成区设置，生活与设备用房根据需要分布设置。

医疗救护工程的组成与其相互关系示意如图 8-1 所示。

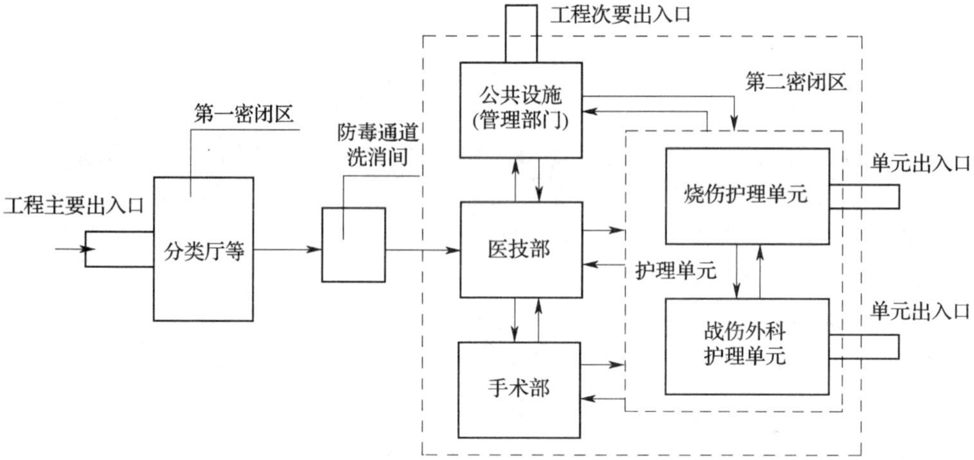

图 8-1　医疗救护工程的组成及关系

8.1.2　任务和设计标准

（1）工程的任务

现代战争条件下，人防医疗救护工程应是对伤员进行早期救治的医疗机构，分为三等：中心医院、急救医院和救护站。中、小城市宜设置急救医院、救护站两级战时医疗机构；大城市或特大城市宜设置中心医院、急救医院、救护站三级医疗机构。其任务分别为：

救护站。救护站主要是对伤员进行检伤、分类，然后按伤情、伤类进行紧急救治或转送。对伤员的治疗主要是伤口消毒、止血、包扎等紧急治疗；对中度伤员进行力所能及的治疗；对休克、重伤员做急救处理，然后转送急救医院和中心医院。

急救医院。急救医院除承担救护站的一些任务外，对从救护站送来的伤员，或从杀伤区直接送来的重伤员，进行全面检查和早期治疗；对休克、病危伤员进行手术和复苏工作，待病情稳定后做进一步的确定性治疗。

中心医院。中心医院除对附近地区伤员承担救护任务外，还接受救护站、急救医院送来的重伤员，进行手术等确定性治疗；并承担战时专科性医疗，如放射性复合伤、烧伤、传染病等。

人防医疗救护工程的总任务可概括为：

1）作为战时医疗救护工作的主要基地，与群众医疗力量相结合，组成战时医疗网。

2）作为保存城市医疗专业人员和医疗设备、药物的防空掩蔽设施。

3）平战结合，充分利用地下空间，为平时医疗工作服务，其中中心医院宜结合市级医院修建，急救医院宜结合区、县级医院修建，救护站宜结合街道医院修建。

（2）工程的规模与相关设计标准

地下医疗救护工程的设置规模应根据城市所处的战略地位、人口密度、交通运输条件、医疗设备、技术力量以及地面医疗设施的情况综合确定。规模一般不宜过大，应适当分散设置并尽量与地面医疗设施相结合，便于战时和平时群众就近就医。各级人防医疗救护工程的规模与相关设计标准可参照表 8-1 确定。

表 8-1 医疗救护工程的规模与设计标准

类别		中心医院	急救医院	救护站
规模	有效面积（m^2）	2500～3300	1700～2000	900～950
	床位（个）	150～250	50～100	15～25
	人数（含伤员）	390～530	210～280	140～150
	日伤员通过量（人）	500～700	250～500	250～400
参考标准	手术台数（台）	6～9	2～4	1
	每班医护人员（人）	70～90	40～50	30
	每班工作人员（人）	50	40	34
	第一密闭区（m^2）	230～260	180～220	170～190
	医技部（m^2）	270～280	200	160
	手术部（m^2）	200～250	110～140	110
	内、外、隔离护理单元（m^2）	400～770	170～250	100～120
	烧伤护理单元（m^2）	520～740	270～400	—
	公共设施（m^2）	630～670	560～570	250

注：1. 中心医院、急救医院的有效面积中含电站，救护站不含电站。

2. 参考标准的面积为使用面积，不含出入口、三防设施以及工程走道的面积。

医疗救护工程的防化措施按照表 8-2 确定。

表 8-2 医疗救护工程的防化措施

防毒（密闭）通道数量	主要出入口	2
	次要出入口	1
主要出入口最小防毒通道换气次数（次/小时）		50～60
主要出入口洗消设施		设洗消间、口部洗消装置和洗消槽
次要出入口洗消设施		设冲洗水龙头

8.1.3 设计要点

医疗救护工程的建筑设计应贯彻“安全、适用、经济、合理”的原则，并注意以下几方面问题。

（1）总体要求

1）注意平面布置符合战时伤员救治程序，避免人流交叉以减少感染，同时应尽量简化医疗程序，缩短伤员救治时间，以提高救治率。

2）各级人防医疗救护工程应分为第一密闭区和第二密闭区，并用洗消间和防毒通道连接为一个防护单元的基本方式。按照建筑面积不超过 $1000m^2$ 划分防护单元的面积指标，中心医院宜分为 4 ~6 个防护单元；急救医院宜分为 2 ~4 个防护单元；救护站宜为 1 个防护单元。各防护单元之间可以运用连通道或连通口组成中心医院或急救医院。由于医疗救护工程为多房间廊式组合，因此可以不设置抗爆隔墙。

3）医疗救护工程的内部通道宜按两辆平行手推车通过考虑，净宽度不应小于 2. 1m。通道的净高宜为 2. 2 ~2. 4m。

4）医疗救护工程中除通风设备机房、X 光机室、手术室净高宜为 3. 0 ~3. 2m，其他房间宜为 2. 6 ~2. 8m。

（2）出入口及第一密闭区

医疗救护工程出入口、防毒洗消设施以及第一密闭区等部位相关设计要求如下：

1）中心医院和急救医院应设置两个直通地面的出入口。为保证战时伤员出入方便、安全与快捷，中心医院和急救医院的战时主要出入口宜采用坡道方式；当主要出入口采用阶梯方式时，踏步宽度不宜小于 0. 28m，高度不应大于 0. 16m。主要出入口防护密闭门外的通道净宽不应小于 2. 1m。

2）医疗救护工程应设置两道防毒通道，位置应位于第一密闭区两侧，其内的停留区大小应满足担架及相关人员停留的需要。

3）医疗救护工程的战时主要出入口处应设置洗消间。脱衣间的入口开向第一密闭区；穿衣检查间的出口应位于第二防毒通道内；脱衣间、淋浴间以及穿衣检查间的使用面积均不小于 $12m^2$。

4）各级人防医疗救护工程的第一密闭区由分类厅、抗休克室、诊察室、污物间、厕所、盥洗室等组成。分类厅应位于第一防毒通道之后，宜设计为厅式房间，与急救室、抗休克室、诊察室以及其他附属用房连为一体。如图 8-2 所示。

（3）第二密闭区

第二密闭区位于工程的清洁区，是工程主体的重要组成部分。根据医疗业务功能，第二密闭区主要由手术部、医技部、护理单元以及公共设施等部分组成。其中重要用房设计要求如下：

手术室。手术室宜布置在清洁区比较安静的地段，避开人流交叉处，减少交叉感染；与手术室联系密切的辅助房间应按手术工作流程布置，严格划分污染与清洁路线。手术室的平面净尺寸不应小于表 8-3 的要求，其无影灯装置高度不应小于 3. 0m。

病房。病房宜按照 2、4、8 床进行设置，以 8 床大病房为主，病床宜采用 1. 9m ×0. 9m 的标准床，两床平行净距不应小于 0. 7m，病房的使用面积可按每病床 $6.0m^2$ 设计。病房门应直接开向走道，房门净宽不应小于 1. 2m，宜按大小门扇设置。

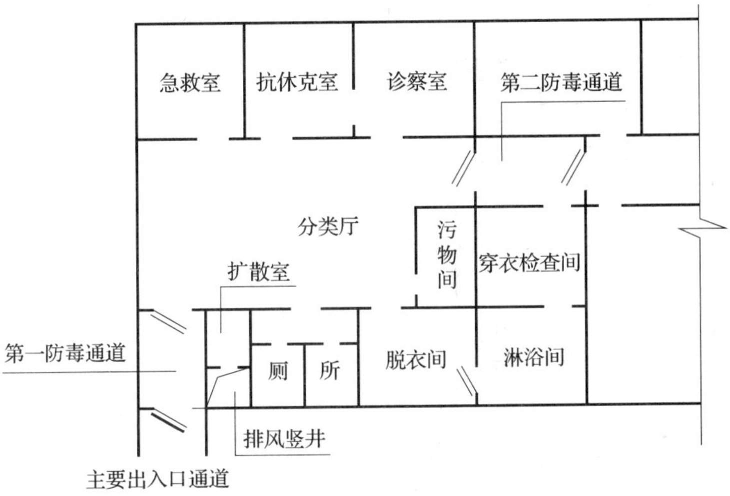

图 8-2 医疗救护工程第一密闭区平面布置示意

表 8-3 手术室平面净尺寸

手 术 室	平面净尺寸（m）（长×宽）
大手术室	5.4×5.1
小手术室	3.3×4.8

检验科室。检验科室是带菌房间，在平面布置上应避免对其他清洁房间的影响。中心医院设置有化验室、生化室、细菌检查室、血清检查室、洗涤室等；急救医院设置有化验室、生化室、细菌检查室、洗涤室等；救护站只设置化验室。其中化验室应位于检验科室的入口处，细菌检查室应位于科室的尽端，洗涤室位于化验室与生化室之间。

X 光机室。X 光机室的房门净宽不应小于 1.2m，其控制台应设置在存片办公室。X 光机室与存片办公室之间的隔墙上设置 0.8m×2.0m（宽×高）的防护门和 0.8m×0.8m（宽×高）的铅玻璃观察窗；暗室与 X 光机室相邻，应设置 0.6m×0.5m（宽×高）的传片箱以及指示灯、洗片池、洗手池、挂片架等设置。

医护人员休息寝室的设计应按照两班工作制考虑，寝室按双层床考虑，使用面积宜按每床 3.0m^2设计。

人防医疗救护工程应集中设置配膳室和食品库，并按 15d 要求贮存食品，食品以干粮为主，伤员以流质食品为主。

8.1.4 工程范例

图 8-3 所示为某人防救护站，该工程为防空地下室，建筑面积约 1050m^2。共划分为一个防护单元，内设置第一密闭区和第二密闭区。其中第一密闭区使用面积为 175m^2；医技部使用面积为 160m^2；手术部使用面积为 105m^2；外科及隔离病房为 98m^2；其他管理机构及设备辅助用房约为 240m^2。

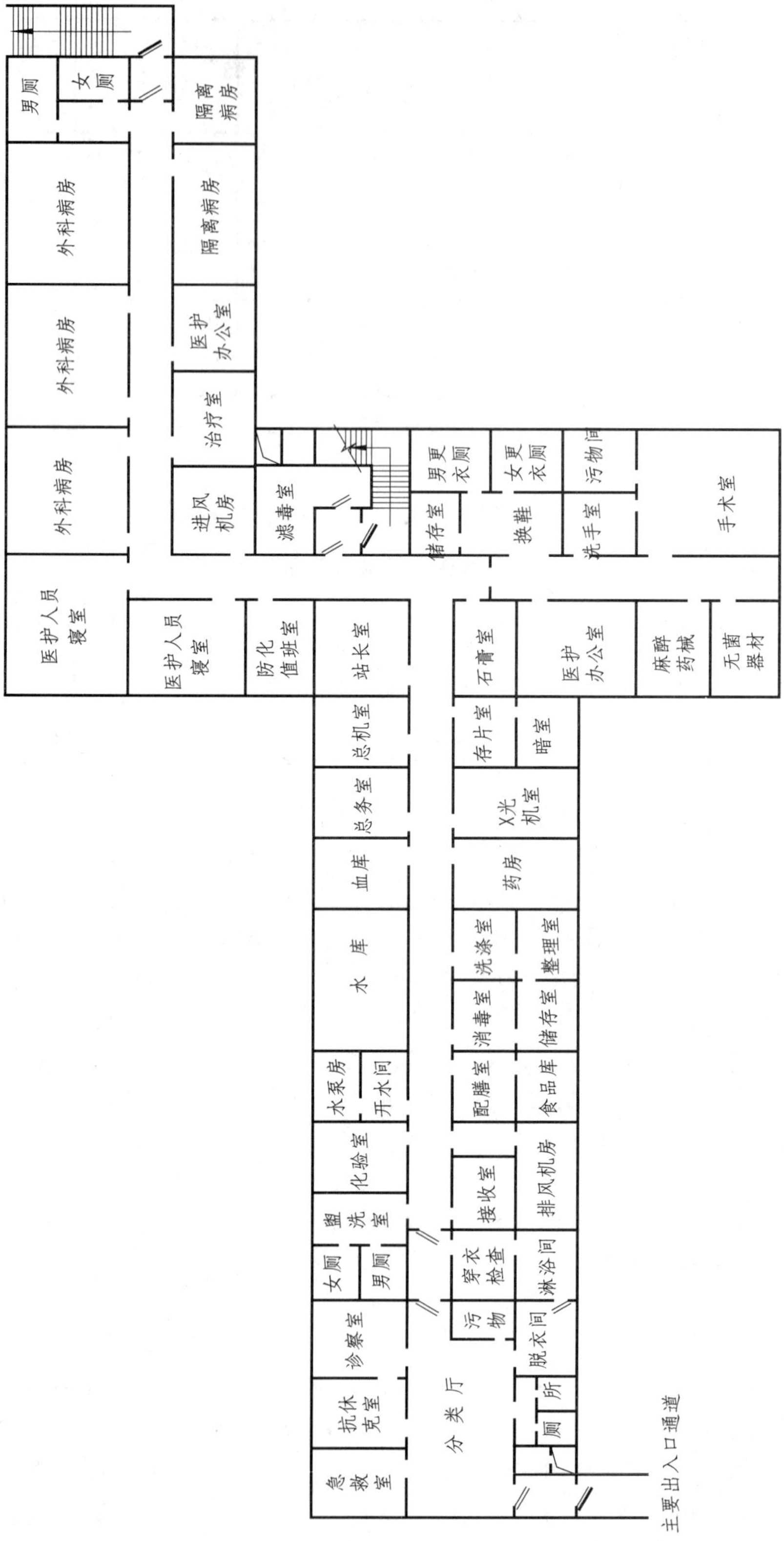

图 8-3 人防救护站平面示意图

工程设置有一个坡道式战时主要出入口，结合第一密闭区的相关房间设置两道防毒通道和洗消间，以及工程排风设施；一个结合工程进风口的楼梯式室内出入口，设置一道密闭通道和除尘滤毒室等进风系统用房；除此之外，工程还设置有一个阶梯式的室外次要出入口。

8.2 防空专业队工程

防空专业队工程是战时保障各类专业队掩蔽和执行勤务而修建的人防工程。根据《人民防空法》规定，防空专业队伍包括抢险抢修、医疗救护、消防、治安、防化防疫、通信、运输七种。该类人防工程的主要特点是防空专业队工程由防空专业队队员掩蔽部与专业队装备（主要指车辆）掩蔽部两部分组成。在实际设计中，可根据特定条件，将其设于一个工程内或分设在两个工程内。

8.2.1 工程任务及设计标准

（1）工程任务

防空专业队掩蔽工程的主要任务是：战时担负抢险抢修、医疗救护、防火灭火、防疫灭菌、消毒和消除沾染、保障通信联络、抢救人员和抢运物资、维护社会治安等任务，平时协助防汛、防震等部门担负抢险救灾任务。

（2）设计标准

防空专业队工程的规模应根据掩蔽人数和车辆数，按照下列标准确定。

1）专业队队员掩蔽部人员掩蔽面积可按3.0m^2/人计算。

2）专业队装备掩蔽部车辆掩蔽面积：轻型车40～50m^2/台，轻型车中型车50～80m^2/台。

防空专业队队员掩蔽部的防化措施与医疗救护工程基本相同，按照表8-2确定。

8.2.2 设计要点

（1）防空专业队队员掩蔽部

防空专业队队员掩蔽部的设计要点如下：

1）防空专业队队员掩蔽部战时主要出入口设置两道防毒通道与标准洗消间；次要出入口设置一道密闭通道。洗消间中淋浴间的淋浴器与洗脸盆的数量，当掩蔽部防护单元面积小于400m^2时分别设置2个；当掩蔽部防护单元面积为400～600m^2时分别设置3个；当掩蔽部防护单元面积大于600m^2时分别设置4个；使用面积按每个淋浴器3m^2计。

2）防空专业队队员掩蔽部防护单元建筑面积应不大于1000m^2，抗爆单元应不大于500m^2。内部宜设置干厕，防化通信值班室可按10～12m^2设计。

（2）防空专业队装备掩蔽部

防空专业队装备掩蔽部主要掩蔽专业队救灾工作所用的特种车辆，其设计要点如下：

1）防空专业队装备掩蔽部主体有防护要求，无防毒要求，因此只设置一道防护密闭门即可。消防专业队装备掩蔽部室外车辆出入口不应少于 2 个。防护单元建筑面积不应大于 4000m²，抗爆单元不应大于 2000m²。

2）防空专业队装备掩蔽部车辆宜按小型车、轻型车和中型车设计，车型外廓尺寸及相关设计技术指标参照表 8-4 确定。为保证车辆出行快捷迅速，满足防空专业队的工作要求，车辆的停放宜采取后退停车方式。

表 8-4　车型外廓尺寸及相关设计指标

车型	轮廓尺寸 长×宽×高(m)	最小净高（m）	通车道最小宽度（m）		通车道最大坡度（%）	
			垂直停（后退停）	斜列 60°（后退停）	曲线	直线
小型车	4.8×1.8×2.0	2.2	5.5	4.2	12	15
轻型车	7.0×2.1×2.6	2.8	8.0	5.5	10	13.3
中型车	9.0×2.5×3.2	3.4	0.9	6.3	10	12

（3）队员与装备掩蔽部的联系

防空专业队队员掩蔽部与专业队装备掩蔽部可以合并设置在同一工程内，也可以分别设置在不同的工程，用连通道进行连接。防空专业队队员掩蔽部与专业队装备掩蔽部的连接口应设置洗消间与防毒通道，具体设置方式按队员掩蔽部与装备掩蔽部是否属于同一个防护单元分为两种，如图 8-4 所示。

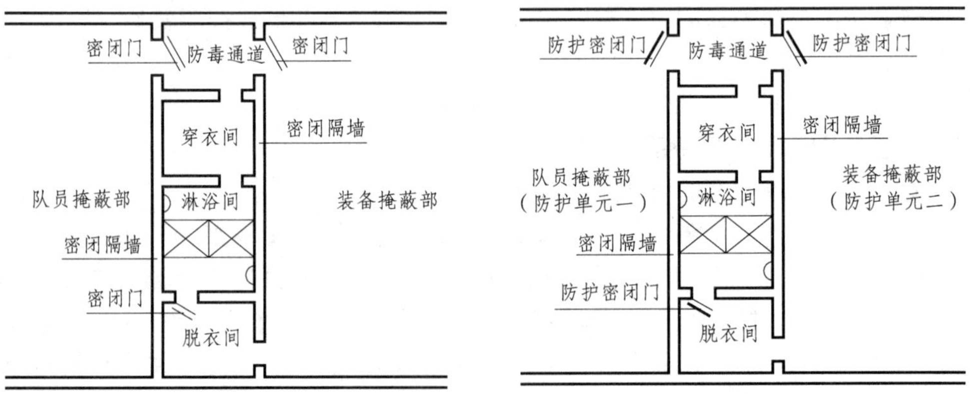

(a)同防护单元设置　　(b)不同防护单元设置

图 8-4　防空专业队队员掩蔽部与装备掩蔽部连接口示意图

1）防空专业队队员掩蔽部与装备掩蔽部同属于一个防护单元时，连接两部分的防毒通道两侧应设置密闭门，淋浴间的入口应设置密闭门。

2）当防空专业队队员掩蔽部与装备掩蔽部分属于不同的防护单元时，连接两部分的防毒通道两侧应设置防护密闭门，淋浴间的入口应设置密闭门。高抗力的防护密闭门设置在低抗力防护单元一侧，低抗力的防护密闭门设置在高抗力防护单元一侧。

8.2.3 工程范例

范例一

图 8-5 所示为某运输专业队工程的平面图。专业队队员掩蔽部及装备掩蔽部合并布置在一个工程内，工程共有两个出入口，一个是汽车出入口（作为工程战时主要出入口），一个是人员出入口（作为工程战时次要出入口）。汽车库战时允许染毒，故汽车出入口只设一道防护密闭门，专业队队员掩蔽工程有防毒要求，故人员出入口设有一道密闭通道。专业队队员掩蔽工程与汽车库之间设有连接口，设置防毒通道和由脱衣间、淋浴间、穿衣间组成的洗消间。汽车库染毒后，专业队队员必须从设有洗消间的连接口进出。汽车库内设有排风机室以及扩散室和室外排风竖井，为保证车辆出行快捷迅速，车辆停放采取后退停车方式，并在防护密闭门外的通道内设置车辆小型车辆回场。

战时敌人空袭时，汽车库不通风，空袭解除后采用负压通风，此时汽车出入口作为进风口；队员掩蔽工程的进风口设在人员出入口附近，其进风口附近设置有室外进风竖井、扩散室、滤毒室、密闭通道和进风机室等设施。

范例二

图 8-6 所示为某平战结合的防空地下室战时平面图。平时作为地下商场，与地面的商业中心共同作为该区域的商业服务设施，战时作为抢险抢修专业队队员掩蔽工程，并通过连通口与附近的防空专业队装备掩蔽部相连接。该工程抗力级别为核 5 级、常 5 级，建筑面积 $1210m^2$，掩蔽面积 $750m^2$，掩蔽专业队队员 250 人。按战时使用要求设置滤毒室、进风机室、排风机室、防化值班室、配电室等设备用房及设施，厕所、盥洗室、玻璃钢水箱等生活设施，以及洗消间、防毒通道、抗爆挡隔墙等防护设施。

工程西南侧为工程的战时主要出入口，为室外独立式出入口，设置两道防毒通道，以及由脱衣间、淋浴间、穿衣检查间构成的标准洗消间；附近还设置有排风机室、防化器材室、配电间等设施。

工程东侧为结合进风口设置的战时次要出入口，按照要求设置一道密闭通道，附近还设置有滤毒室、进风机室、防化值班室等设施，其中滤毒室的出入口通向密闭通道，并设置密闭门。

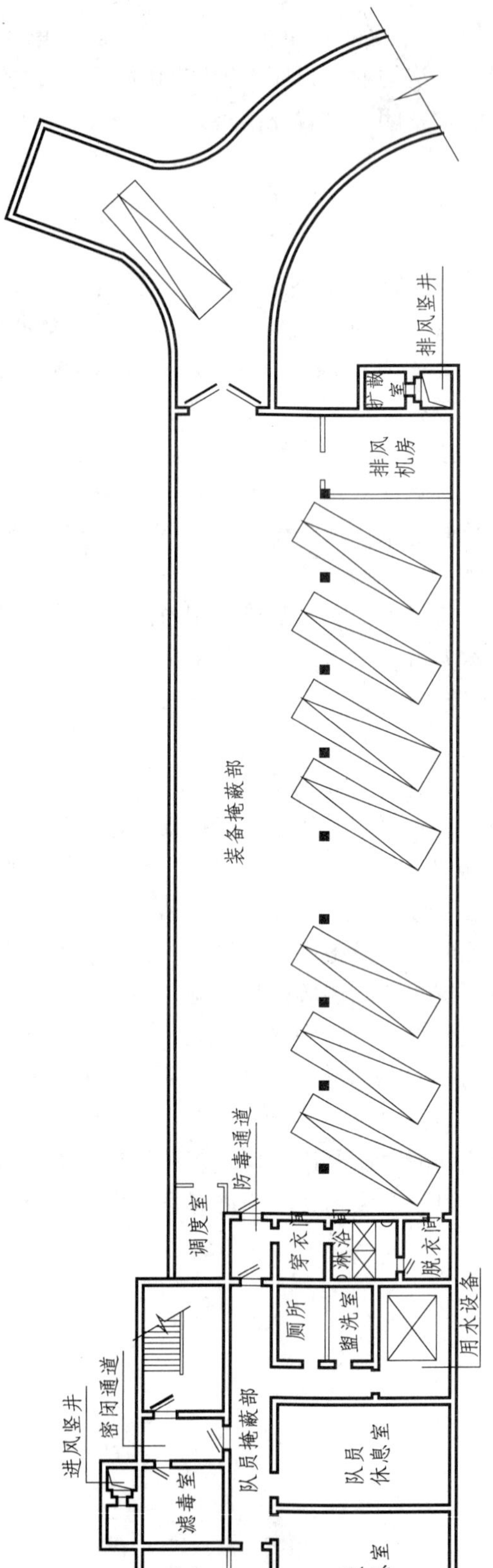

图 8-5 运输专业队工程平面示意图

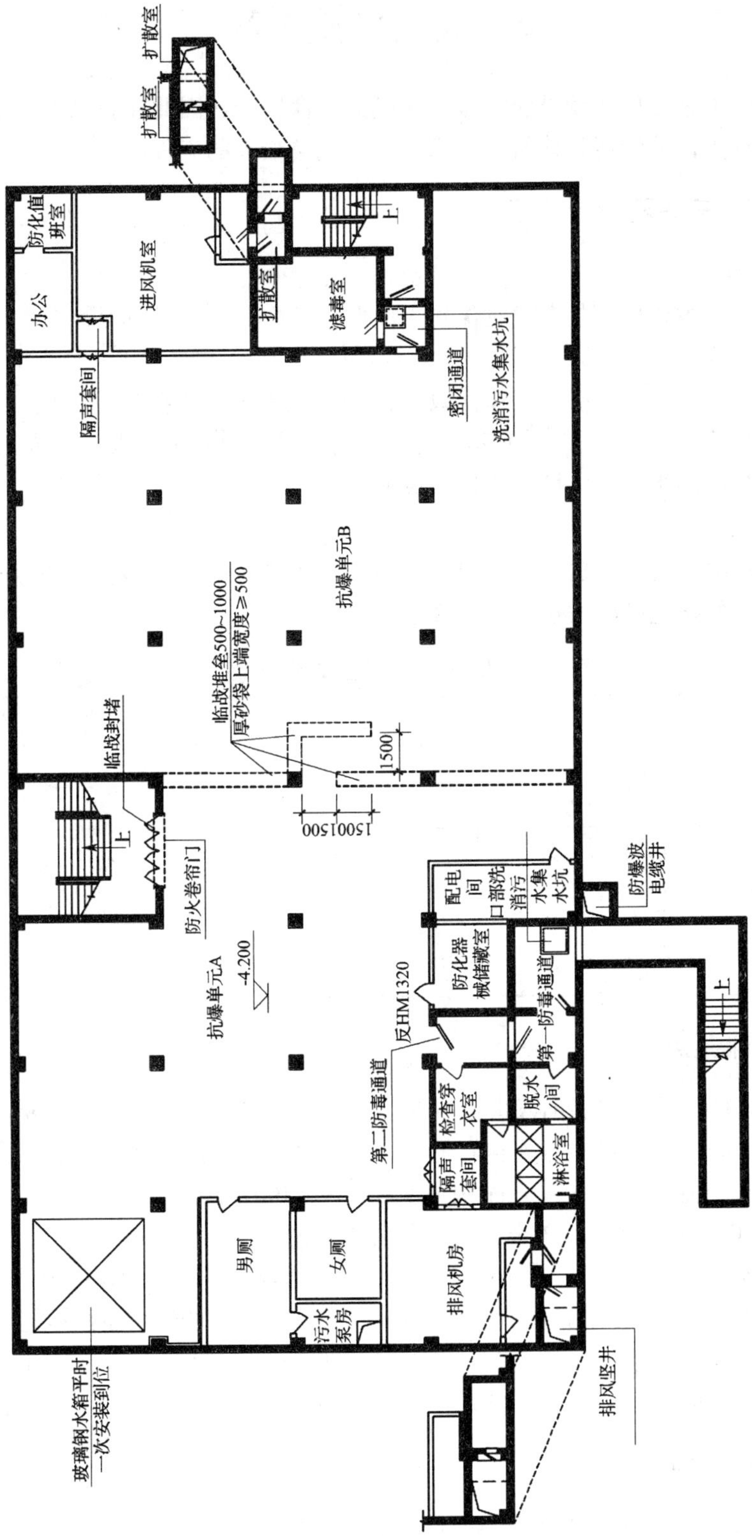

图 8-6　防空专业队队员掩蔽部战时平面示意图

8.3 人员掩蔽工程

人防工程的一项重要任务就是保护城市居民的生命安全，因此在我国，以至于世界范围内，人员掩蔽工程无论数量还是建筑面积都是所占比例最大的工程类型。

8.3.1 工程任务及设计标准

(1) 工程任务

人员掩蔽工程的主要任务是在战时保护人民群众的生命安全以及保存有生力量。按照所掩蔽人员的作用分为二等：

一等人员掩蔽所。指战时坚持工作的政府机关、城市生活重要保障部门（电信、供电、供气、供水、食品等）、重要厂矿企业和其他战时有人员进出要求的人员掩蔽工程。

二等人员掩蔽所。指战时留城的普通居民掩蔽工程。

(2) 设计标准

人员掩蔽工程的规模应根据掩蔽人数，按照人员掩蔽面积 $1.0m^2$/人计算确定。

人员掩蔽工程的防化措施按照表 8-5 确定。

表 8-5 人员掩蔽工程的防化措施

项 目		一等人员掩蔽所	二等人员掩蔽所
防毒（密闭）通道数量	主要出入口	2	1
	次要出入口	1	1
主要出入口最小防毒通道换气次数（次/小时）		50～60	40～50
主要出入口洗消设施		设洗消间、口部洗消装置和洗消槽	设简易洗消和口部洗消装置

8.3.2 设计要点

一等人员掩蔽所的战时主要出入口设置两道防毒通道与标准洗消间；次要出入口设置一道密闭通道。洗消间中淋浴间的淋浴器与洗脸盆的数量，当掩蔽部防护单元面积小于 $500m^2$ 时分别设置 1 个；当掩蔽部防护单元面积为 $500m^2$ ～ $100m^2$ 时分别设置 2 个；当掩蔽部防护单元面积大于 $1000m^2$ 时分别设置 3 个；使用面积按每个淋浴器 $3m^2$ 计。

二等人员掩蔽所的战时主要出入口设置一道防毒通道与简易洗消设施；次要出入口设置一道密闭通道。简易洗消区的使用面积不宜小于 $2m^2$；简易洗消间的使用面积不宜小于 $5m^2$。

人员掩蔽工程的防护单元建筑面积应不大于 $2000m^2$，抗爆单元应不大于 $500m^2$。内部宜设置干厕。防化通信值班室一等可按 10～$12m^2$ 设计，二等可按 8～$10m^2$ 设计。

8.3.3 工程范例

图 8-7 所示为某二等人员掩蔽工程的战时平面图。工程上方地面建筑为砌体结构，平时用做自行车库，存放 230 辆自行车，战时为二等人员掩蔽部。该工程抗力标准为核 6 级、常 6 级，建

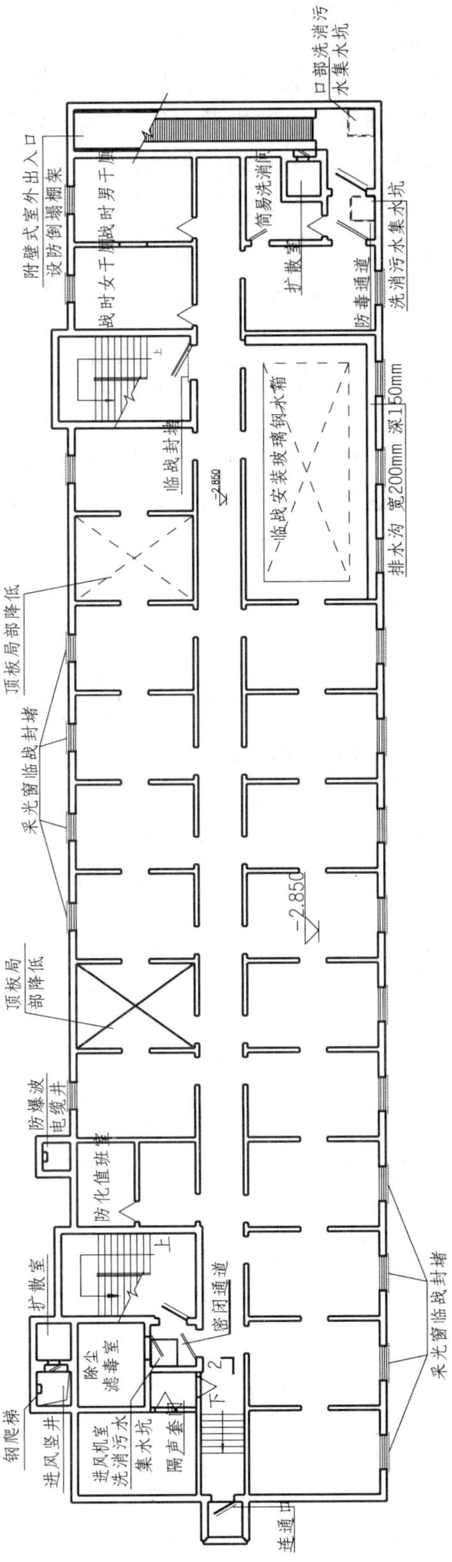

图 8-7 二等人员掩蔽工程战时平面示意图

筑面积850m^2，掩蔽面积617m^2，掩蔽人数约600人。地面建筑的厕所、厨房等有下水管道的房间，下面的防空地下室顶板局部降低500mm，以避免地面建筑下水管穿过防空地下室顶板。

工程的战时主要出入口结合自行车坡道的附壁式室外出入口设置，出入口处设置防毒通道、简易洗消间、洗消污水集水井、排风口以及扩散室等主要出入口和排风口的防护密闭措施。主要出入口附近的楼梯间出入口应用防护密闭门封堵。

工程西侧为结合工程进风口设置的战时次要出入口。该出入口设置在工程西侧的楼梯间处，附近设置有密闭通道、除尘滤毒室、进风机房、防化配电值班室等防护密闭设施。附近的预留连通口便于与周边其他人防工程连通，暂不连通时应在端部采用防水封堵措施。

8.4 人防物资库工程

人防物资库是人防配套工程中的一种常见类型。一般情况下，该工程应设置在人员掩蔽工程附近，或在一个人防工程内部通过防护单元的划分，将物资库设置为一个相对独立的防护单元，但应与相邻的人员掩蔽防护单元相连通，以便于工程间的联系和物资的配给使用。

8.4.1 工程任务及设计标准

（1）工程任务

人防物资库是属于保障性人防配套工程的一种常见类型，主要用于贮存城市防空防灾的必需品，主要包括粮食、食用油、食品和战时必需的物资器材。

（2）设计标准

人防物资库工程的规模应根据贮存物资类型，以及堆放方式综合确定。

考虑到人防物资库工程要求防毒，但不设置滤毒通风方式，以及人员在染毒情况下不准进入工程等情况，工程出入口处不设置防毒通道、洗消以及滤毒等设施，只需设置密闭通道；工程战时进、排风口或平战两用的进、排风口可采用“防护密闭门+密闭通道+密闭门”的防护做法。

8.4.2 设计要点

1）工程的出入口以及通风口均可以采用“防护密闭门+密闭通道+密闭门”的防护密闭措施。当工程平时为停车库时，战时主要出入口宜设置在坡道处，并采用“大口变小口”的平战功能转换措施。

2）工程的主要出入口宜按照物资进出口设计，建筑面积不大于2000m^{2}的物资库物资进出口门洞净宽不应小于1.5m；建筑面积大于2000m^{2}物资库的物资进出口门洞净宽不应小于2.0m；需要运输车辆进出时，物资进出口门洞净宽不应小于4.0m。

3）可以利用平时的通风竖井作为战时物资的垂直运输口，其竖井平面尺寸以及吊挂设施应按满足物资垂直运输的条件要求设计。

8.4.3 工程范例

图8-8所示为某人防物资库工程的平战时平面图。该工程平时作为地下停车库，战时作为人防物资库，防护抗力等级为核6级、常6级，人防建筑面积约2790m^2，物资存储面积约为2400m^2。

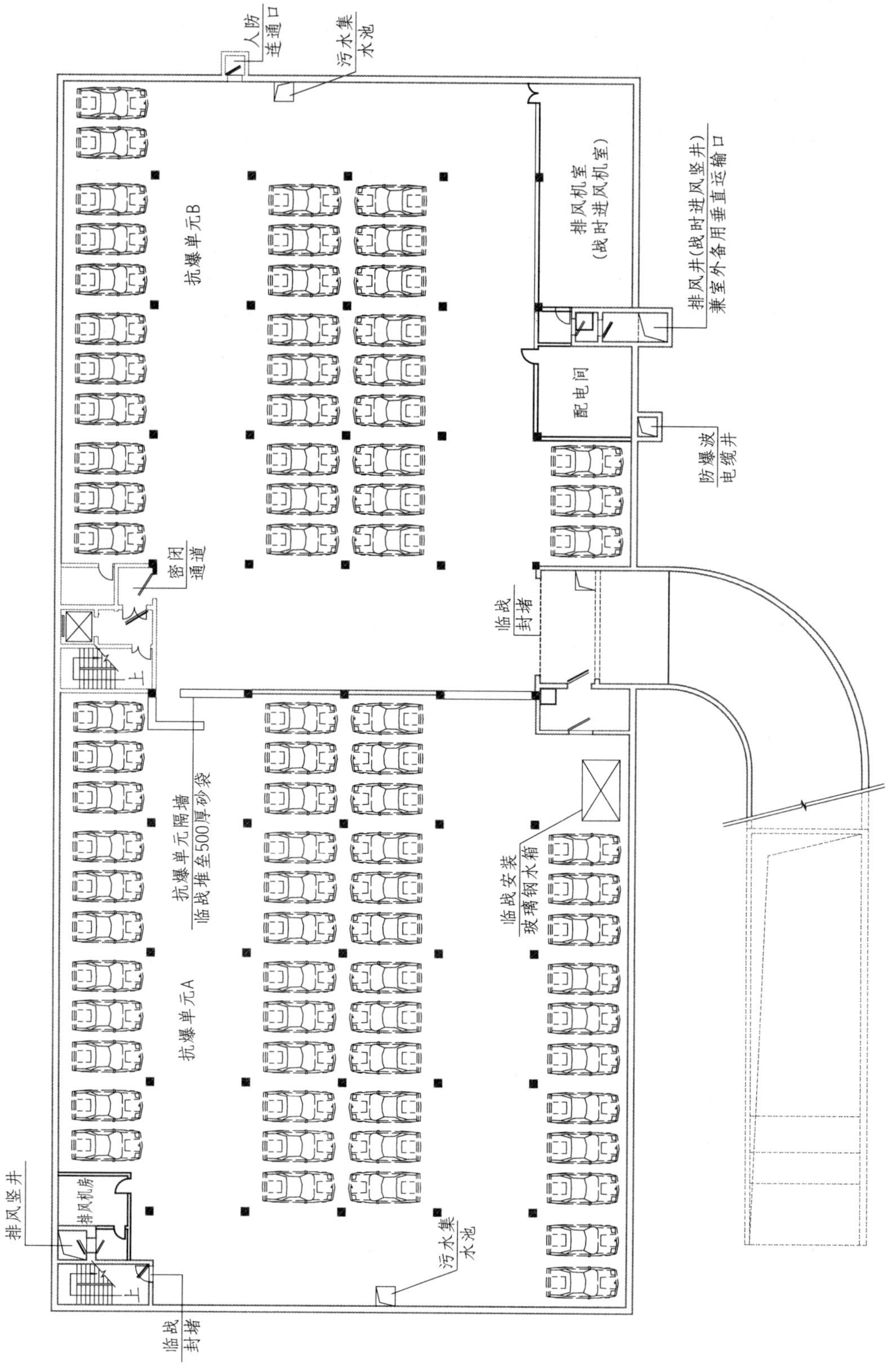

图 8-8 人防物资库平战时平面图

工程按照规范划分为两个抗爆单元，抗爆隔墙的一段在不影响平时使用的前提下，用厚度不小于250厚的素混凝土已整浇完成；临战时采用粗砂袋堆垒的方式将预留口进行封堵，其中一个预留口的位置设置人员与物资的连通口，并按照构造要求设置抗爆挡隔墙。

战时主要出入口设置在车库坡道出入口处，采用出入口临战封堵方式进行“大口变小口”的防护功能转换措施。利用平时排风竖井兼作工程的物资垂直运输口和工程的应急出入口。工程的通风口采用“防护密闭门+密闭通道+密闭门”的防护密闭措施。

小　结

本章按照人防工程使用功能的分类，结合工程范例，较为详细地讲述了防空地下室设计中常见的人防医疗救护、防空专业队、人员掩蔽以及人防物资库等工程的工程任务、相关设计标准以及设计要点。

附录A 防空地下室设计文件编制要求（建筑）

防空地下室各阶段设计与项目设计同步进行，一般分初步设计、施工图设计两个阶段，各专业应协同处理好防护、密闭、口部设置、平战转换、设备安装等重要问题。对大型和重要的防空地下室工程，在初步设计前，应进行工程项目的可行性研究及方案优选；对小型工程可以方案设计代替初步设计。

防空地下室设计各阶段设计文件的主要组成包括：

初步设计阶段：设计说明书（人防专篇）、设计图纸、主要设备及材料表和概算。

施工图阶段：设计说明书（人防专篇）、设计图纸、计算书、选用的标准设计、主要设备及材料表和施工图预算。

A.1 防空地下室建筑方案设计

防空地下室建筑方案设计文件的内容主要包括方案图纸与方案说明。

A.1.1 方案图纸

防空地下室建筑方案图纸主要由总平面图、人防平面图和剖面图（人防部分）等组成。

总平面图：除按地面建筑需要绘制的内容外，应标示人防主要出入口的位置。

平面图：平战结合的防空地下室应在平时使用功能的平面图上绘出战时防护系统、单元划分、口部设计及主要使用房间（包括平时用途的设备房间），标出主要轴线的尺寸、地下室标高等，标出需要设置的伸缩缝、沉降缝、抗震缝的位置。

剖面图（人防部分）：防空地下室必须绘制剖面图，标示出防空地下室埋深、覆盖层厚度，与地面建筑竖向关系等。

当绘制的平面图比例较小无法清晰地表示出人防防护系统时，应加绘局部（如口部）放大平面图。

A.1.2 方案说明

防空地下室建筑方案说明应载明下列内容：

——设计依据。

——地下室的层数、标高、总面积、防空地下室设置层数、层高、埋深。

——防护等级、防护单元数、每个防护单元面积。

——平时用途和战时用途，战时出入口的数量与形式。

A.2 防空地下室建筑初步设计

防空地下室初步设计文件中相关建筑设计的内容主要包括建筑初步设计图纸与建筑说明。

A.2.1 设计图纸

防空地下室建筑初步设计图纸主要由总平面图、战时平面图、平时平面图、局部大样图、剖面图（人防部分）等组成。

总平面图：工程设计总平面图中应标明防空地下室战时室外主要出入口的位置及地面标高、设计范围内的原有人防工事的位置及出入口和地面建筑的倒塌范围线等。

剖面图（人防部分）：工程竖向设计图中应标明防空地下室埋深、防护层厚度及与上部结构的关系。

战时平面图：应按人防工程战术技术要求，在平时平面图基础上绘制，内容主要有：防护单元、抗爆单元划分，防护设计，防护密闭门，各防护设备型号、位置、开启方向等，必要时应加绘口部放大图，以及各种孔、口位置及尺寸，标出临战时需要加固、封堵的方法和技术措施。

A.2.2 建筑说明

防空地下室初步设计建筑说明除具有方案设计说明书的内容外，应增加的内容为：工程性质、每个防护单元战时使用面积、主要出入口位置及周围人防工程的关系。

A.3 防空地下室建筑施工图设计

防空地下室施工图设计文件中相关建筑设计的内容主要包括建筑施工设计图纸与施工说明。

A.3.1 设计图纸

防空地下室施工图设计主要由总平面图、战时平面图、平时平面图、剖面图（人防部分）、战时功能转换设计图、口部大样图、节点详图等组成。

（1）总平面图

工程总平面图除按地面建筑要绘内容外，增加防空地下室位置，主要出入口位置，周围人防工程及口部位置、倒塌范围线等内容。

（2）战时平面图

防空地下室战时平面图应在平时平面图的基础上绘制，其内容为：

1）防护系统设置，防护单元划分与抗爆隔墙位置，口部封堵位置以及用料、做法、尺寸等。

2）各战时使用房间的用途与编号、尺寸，所有防护设备的位置、编号、主要尺寸，门的开启方向等。

3）墙板上各种孔洞的位置、标高、尺寸，穿越防护墙的防护密闭措施及孔洞的战时封堵、材料、方法等。

4）地沟平面图可直接绘制在战时和平时平面图上。

5）防空地下室的出入口、连通口、平时的进排风口及平面图不易表达的部位，应绘局部详图。

6）详图索引。

（3）剖面图（人防部分）

剖面图应选在排风口、竖井、人防门等空间比较复杂的和最有代表性的部位，特殊部位应绘制局部剖面图或详图。

（4）平战功能转换设计图

完全为平时使用而开设的孔口，如人员、机械、车辆、物资出入口，进排风口，排烟口等，必须在设计时做好临战的处理方案和措施，保证必要的物资、构件、器材等加固封堵材料的就近储存位置，并绘制加固、封堵等详图。

为战时使用设置的房间、设施，如进排风机室、洗消间、除尘室、滤毒室、防毒通道等应按战时要求做出设计。标示出预埋孔槽和位置，做好必要的物资、器材准备，使之在最短的时间（规定的时间）内完成功能转换。需临战时设置的干厕、给水点、装配式水箱、抗爆隔墙等部分，应在设计中预留位置，预定方案和措施，绘制施工安装详图或编制施工安装说明。

工程防护的重要部分，需采用混凝土或钢筋混凝土浇筑，例如消波系统和洗消系统房间、防护（防密、密闭）门框墙与门窗、防护单元隔墙、临空墙、战时使用的出入口、进排风（管线）竖井等，使之能同时满足战时和平时两种功能的需要。

A. 3. 2　防空地下室建筑施工图说明

防空地下室建筑施工图说明应说明的内容主要包括：工程性质，防护单元数，各部分面积，防护等级，防护设备安装，临战封堵、临战构筑等平战转换措施，以及工程装修及施工中应需要说明的问题等。

附录 B　防空地下室设计文件审查要点（建筑）

防空地下室作为人防工程的重要组成部分，在战时起着不可估量的作用。防空地下室的建设质量好坏，设计环节起着至关重要的作用，设计不合格，防空地下室建设质量更无从谈起。与地面建筑设计相比，防空地下室设计有许多特殊要求。

B.1　防　　护

防空地下室对战时要有合理的防护措施，以确保人员、物资的安全。

防空地下室的主要防护内容为对核武器、常规武器、生物武器和化学武器效应的防护。常 5 级、常 6 级防空地下室不考虑常规武器直接命中，但要在规划时采取分散布置，在单体设计中采取划分防护单元、抗爆单元等技术措施，将炮弹直接命中所带来的杀伤效果减低到最小程度。核武器的主要杀伤破坏效应主要有光辐射、冲击波、早期核辐射、放射性沾染和核电磁脉冲五种。

化学武器是利用化学物质的毒性，大面积杀伤人员、破坏植物。

生物武器是以致病微生物，如细菌、病毒等使人失能及致死的武器。

根据对上述武器的分析，防空地下室的防护设计，要保证工程结构强度，有可靠的防护密闭措施及消波措施。

B.1.1　冲击波的防护

（1）出入口的防护

出入口是供人员、车辆、物资进出，要有可靠的防护密闭措施。出入口主要防冲击波设备是防护密闭门。防空地下室的每个防护单元，均应不少于两个出入口（不包括防护单元间的连通口），战时使用的主要出入口应设于室外，且不应采用竖井式。室外出入口宜布置在地面建筑倒塌范围以外。多层砖混结构建筑物的倒塌范围可按建筑高度的一半考虑，钢筋混凝土结构建筑可不考虑倒塌影响。

门的数量：防空地下室的某一口部，若为二等人员掩蔽工程或物资库等战时需防毒的配套工程，应设一道防护密闭门和一道密闭门；若为战时汽车库等不需要防毒的配套工程，只要设一道防护密闭门。

门洞尺寸：门洞尺寸应满足人员、设备等通过要求，用作人员掩蔽的防空地下室，其战时出入口门洞净宽之和（不包括竖井出入口和防护单元之间的连通口）应按掩蔽人数每 100 人不小于 0.3m 确定，同时每樘门通过人数不应超过 700 人。

（2）通风口的防护

按动力可分自然通风和机械通风。战时通风可分为清洁式通风、滤毒式通风、隔绝式通风。通风口的防护措施主要包括：

悬板活门。悬板活门由悬板、悬板铰座、限位座、活门门扇、活门门框等组成。悬板在重力作用下张开一定的角度，风可以从板侧通过。冲击波到来时，悬板在冲击波的作用下迅速关闭，从而起到消波的作用。为使冲击波从正前方作用在活门上，要求活门在安装时，一般要凹入墙内一定深度。

扩散室（箱）。仅用活门不能满足余压要求时，可采用活门加扩散室或扩散箱的消波措施。扩散室宜采用钢筋混凝土整体浇筑。为便于施工和沾染后冲洗，应设有50cm×80cm的检查孔，并设置防护密闭门，门式活门可不设检查孔。使用制式钢板扩散箱时，平时可不安装，以方便平时使用。扩散箱采用不小于3mm厚钢板制成。

（3）其他孔口的防护

其他孔口的防护措施主要包括：

排烟口防护：柴油发电站排烟口的防冲击波原理和措施与通风口基本相同，但也有不同之处。主要包括胶管活门不适用；允许余压较大，例如抗力为0.6MPa以上的通信指挥工程发电机的排烟管允许余压为0.1MPa，其他人防工程此类排烟管允许余压为0.3MPa。

给水口、排水口防护：采用外部水源且不允许间断供水时，应在给水管上设消波槽，允许间断供水的应设相应抗力的阀门。机械排水管道上应设相应抗力的阀门。自流排水有粪便污水的管道上应设防爆波化粪池，排无粪便污水的应设防爆波水封井。

通风采光窗：核抗力在0.1MPa以下的防空地下室，可设通风采光窗。孔宽、孔高一般为900mm×1500mm。窗孔应有相应的防护措施，一般采用钢筋混凝土防护挡板，板厚约80mm（可查相关标准图）。平时挡板打开或放在适当位置，战时安放好挡板后分层回填土并夯实。

B.1.2 对毒剂的防护

（1）出入口的防护

出入口主要利用密闭门、密闭通道、防毒通道、洗消间等防毒措施对毒剂进行防护。

密闭门。具有预定防毒但无防冲击波功能的门称密闭门。其密闭性能除靠门扇、门框墙保障外，主要靠门扇与门框间的胶条来保障。既有预定防冲击波又有防毒功能的门称为防护密闭门。

密闭通道。两道密闭门或防护密闭门与密闭门之间无换气等措施的通道称密闭通道。只有密闭门关闭，密闭通道才能起作用。在面积允许的条件下，密闭通道宜适当增大。

防毒通道。仅设密闭门或密闭通道，在出入口外受染时门不便开启，人员无法正常通行。若要保障此时人员能正常进出，需设防毒通道。有换气设施的密闭通道称防毒通道。防毒通道由防护密闭门与密闭门或两道密闭门、门间通道和换气设备组成。人员带入防毒通道内的沾染空气主要靠换气使浓度降低。

洗消间：员皮肤上的毒剂和放射性沾染，只能靠消毒剂和水冲洗来除掉，这就需要用洗消间来解决。洗消间一般由脱衣间、淋浴间和检查穿衣间三部分组成。洗消间一般设在排风口部。它的进口在第一防毒通道内，出口在第二防毒通道内。淋浴间的入口应设密闭门。在满足条件的情况下，防毒通道的体积应尽量小。洗消间应设有换气设备，地面和墙面应光滑，以便于洗消。洗消间应有相应的给水、排水设备和水加热设备。采用局部洗消的称为简易洗消。战时作为二等人员掩蔽的防空地下室，都采用简易洗消方式。简易洗消宜在防毒通道的一侧单独设置，简易洗消区不会小于 $2m^2$；简易洗消间不会小于 $5m^2$。

（2）通风口的防护

机械通风系统的管道上应设密闭阀门，排风时阀门打开，不排风时关闭。无滤毒设备的机械进风系统的防毒设备同排风系统。有滤毒设备的进风系统还应在管道上增设滤毒设备，为保证滤毒器不受潮，在滤毒器两端均设密闭阀门。自然通风口的防毒措施同排风口。

（3）其他孔口的防毒措施

给水、排水管道上应有水封措施。

密闭区与非密闭区之间的隔墙称为密闭隔墙。密闭隔墙一般采用不小于200mm厚的现浇混凝土墙，该墙上的穿墙管均应采取相应的密闭措施。

B.1.3 防护设计的通病

在设计防空地下室时，容易遗漏或出错的问题，主要包括：

1）部分设计单位对防空地下室的特点认识不够，有的把防空地下室混同于普通地下室。

2）错误地把单纯为地面建筑服务的水泵房、配电房、冷冻机房等设备用房和金库作为防空地下室。

3）多数防空地下室未解决室外出入口问题，出入口数量和宽度不满足防空地下室防护标准以及防火的要求。

4）结构设计中，未对临空墙、门框墙进行专门设计。

5）平战转换设计没有引起足够重视，造成有的项目平时使用不方便，有的项目战时无法进行功能转换。

6）防护设备选用不恰当，新设备新技术应用极少。

7）防空地下室整体防护能力不协调，使战时功能无法满足，如管道无防毒措施、随意穿越防护密闭墙，电梯井设在清洁区等。

8）防空地下室未进行战时通风、给排水和电气的设计。

9）结构设计中，对钢筋混凝土延性比、最大含钢率未进行验算，多数达不到要求，人防工程特有的构造要求未引起注意。

B.2 建　　筑

B.2.1 综述

防空地下室建筑设计中选址、规划以及总体设计中应注意以下几方面的问题：

（1）选址与规划

掩蔽人员的防空地下室应布局在人员居住、工作的适中位置，其服务半径不宜大于200m。防空地下室距甲类、乙类易燃易爆生产厂房、库房的距离不应小于50m，距有害气体的贮罐不应小于100m。根据战时和平时使用的需要，邻近的防空地下室之间以及防空地下室与邻近的其他类型人防工程及地下建筑之间应在一定的范围内连通。

（2）管道穿越

专供上部建筑使用的设备房间宜设置在工程防护密闭区以外，穿过防空地下室的管道应符合下列规定：

1）与防空地下室无关的管道，不宜穿过人防围护结构；上部建筑的生活污水管、雨水管、燃气管不得进入防空地下室。

2）穿过防空地下室顶板、临空墙和门框墙的管道，其公称直径不得大于150mm。

3）凡进入防空地下室的管道及其穿过的人防围护结构，均应采取防护密闭措施。

（3）染毒区与清洁区划分

医疗救护工程、专业队队员掩蔽工程、人员掩蔽工程、物资库等有防毒要求的防空地下室设计，应根据战时功能和防护要求划分染毒区与清洁区。染毒区应包括下列房间、通道：

扩散室、密闭通道、防毒通道、除尘室、滤毒室、洗消间或简易洗消设施。

医疗救护工程的分类厅及配套的急救室、抗休克室、诊察室、厕所、污物间等。

柴油发电机室及进、排风机室、贮油间等。

战时不需要防毒的其他房间或通道。

染毒区与清洁区之间应设置整体浇筑的钢筋混凝土密闭墙，其厚度不应小于200mm，并应在染毒区一侧墙面用水泥砂浆抹光。

（4）防护分区

防护分区设置的应符合下列要求：

1）防空地下室中每个防护单元的防护设施和内部设备应自成体系。

2）按照防护分区面积设置指标，结合工程实际划分防护单元和抗爆单元。

3）相邻两个防护单元之间应设置防护密闭隔墙。当墙上开设连通口时，应按照墙体设置的具体情况，在其两侧设置防护密闭门。

4）防护单元内不应设置伸缩缝和沉降缝。

（5）工程埋深

乙类防空地下室的顶板底面高出室外地平面的高度不得大于该地下室净高的1/2，且其高出室外地平面的外墙必须满足战时防常规武器爆炸、密闭以及墙体防护厚度等各项要求。

上部建筑为钢筋混凝土结构的甲类防空地下室，其顶板底面不得高出室外地平面；上部建筑为砌体结构的甲类防空地下室，其顶板底面可高出室外地平面，但必须符合下列规定：

1）当地具有取土条件的核5级甲类防空地下室，其顶板底面高出室外地面的高度不得大于0.5m，并在临战时覆土。

2）核6级、核6B级的甲类防空地下室，其顶板底面高出室外地面的高度不得大于1.0m，且高出室外地面的外墙必须满足战时防常规武器爆炸、防核武器爆炸、密闭以及墙体防护厚度等各项要求。

B.2.2 口部设计

（1）结合排风口设置的战时主要出入口

设洗消间或简易洗消的防空地下室，战时排风口应设在室外主要出入口。其口部一般由防毒通道、竖井、防护密闭门、密闭门、扩散室、洗消间（简易洗消）、排风机房等组成。洗消间下设洗消污水池。厕所、盥洗间、污水泵房、水库、贮存室等房间尽量靠近排风口。

排风口部组成部分，除排风机房应设在清洁区外，防毒通道、竖井、防护密闭门、密闭门、扩散室、洗消间（简易洗消）等都在染毒区。

（2）结合进风口设置的次要出入口

战时进风口宜在室外单独布置。对于用作二等人员掩蔽所的乙类防空地下室和核5级、核6级、核6B级的甲类防空地下室，当室外确无单独设置进风口条件时，进风口可结合室内出入口设置，但在防爆波活门外侧应采取防堵塞措施。其口部一般由密闭通道、竖井、扩散室、防护密闭门、密闭门、除尘滤毒室、进风机房等组成。

进风口部组成部分，除进风机室在清洁区，其余均应设在染毒区。

（3）倒塌范围

甲类防空地下室中，战时作为主要出入口的室外出入口通道的出地面段（无防护顶盖段），宜布置在地面建筑的倒塌范围以外，地面建筑的倒塌范围规定如下：核5级、核6级、核6B级的防空地下室，如地面建筑为砌体结构，按0.5倍的建筑高度确定；如为钢筋混凝土结构或钢结构，可按照5.0m确定；当邻近工程出地面段的地面建筑外墙为钢筋混凝土剪力墙结构时，可不考虑倒塌范围的影响。

附录C　防空地下室设计互提资料深度要求

C.1　建筑专业为其他专业提供设计资料的深度

建筑专业为其他专业（包括结构、采暖通风、给水排水、电气、技术经济等）提供资料的深度要求：

1）设防等级（根据建设单位提供的设计资料）。

2）防空地下室平时平面图、战时平面图、剖面图（主要包括防护单元的划分、口部设防条件、通风采光窗井、沉降缝等）。

3）平时使用要求及平战功能转换措施等。

4）战时用水人数、水箱设置位置。

5）防空地下室平时防火设计要求及分区。

6）防空地下室的防水、排水方案及相关位置等。

7）防空地下室的竖向设计尺寸（主要包括结构层厚度、覆土层厚度、设备管道高度以及工程净高等）。

8）地面建筑与防空地下室结构、设备结合设计内容。

9）平时及战时供电情况。

10）防空地下室掩蔽人数和平时使用人数。

11）需要空调设施时，提出有关空调的技术要求。

12）防空地下室的建筑设计说明。

C.2　结构专业向其他专业提供资料的深度

结构专业为其他专业（包括建筑、采暖通风、给水排水、电气、技术经济等，主要指建筑专业）提供资料的深度主要有：

1）结构布置图（包括顶板布置、主要梁板尺寸、基础形式等）。

2）墙体厚度及墙体材料（包括工程主体以及口部的防护密闭门、活门的门框墙，扩散室，防毒通道，密闭通道，滤毒室等房间及设施）。

3）出入口、进排风竖井、防倒塌棚架等做法。

4）防空地下室的结构说明。

C.3　给排水专业为其他专业提供资料的深度

C.3.1　建筑、结构专业

给排水专业为建筑与结构专业提供资料的深度主要有：

1）染毒房间清洗时的排水地漏、集水井的位置、尺寸与标高等。

2）厕所（包括干厕所）的位置，当为水冲厕所时提供有关给排水管道的布置及消波、密闭措施等。

3）战时水箱或水库的位置及有关做法。

C.3.2 电气专业

给排水专业为电气专业提供资料的深度主要有：

1）用电点名称、容量、相别及位置。

2）用电设备控制要求。

C.4 采暖通风专业向其他专业提供资料的深度

C.4.1 建筑、结构专业

采暖通风专业为建筑与结构专业提供资料的深度主要有：

1）根据风量标准选用的活门型号。

2）根据工程进排风设施的布置，提供墙体（特别是防护密闭墙体）开洞的尺寸与标高。

3）提出室内测压装置埋设的部位与标高。

4）有较严格防振要求的设备提供设备规格、隔振基础尺寸、型号、重量等。

5）有空调、除湿设备的，提供设备规格、基础尺寸、型号等。

C.4.2 给排水专业

有空调、除湿设备的，需要埋设给排水管道时，提出有关的给排水要求。

C.4.3 电气专业

给排水专业为电气专业提供资料的深度主要有：

1）用电点名称、容量、相别、位置及进线标高。

2）用电设备控制要求。

参考文献

[1] 中华人民共和国人民防空法

[2] 人民防空地下室设计规范 GB 50038—2005. 2006

[3] 人民防空工程设计防火规范 GB 50098—98（2001 年版）. 2001

[4] 地下工程防水技术规范 GB 50108—2001. 2001

[5] 中国建筑标准设计研究院. 国家建筑设计标准图集：防空地下室建筑设计FJ01～04（2004 年合订本）. 2004

[6] 中国建筑标准设计研究院. 国家建筑设计标准图集：人民防空地下室设计规范图示 05SFJ10. 2005

[7] 中国建筑标准设计研究院. 国家建筑设计标准图集：地下建筑防水构造 02J301. 2002

[8] 汽车库建筑设计规范 JGJ 100—98. 北京：中国建筑工业出版社，1998

[9] 人民防空医疗救护工程设计标准 RFJ 10—95. 1995

[10] 陈志龙. 人民防空工程技术与管理. 北京：中国建筑工业出版社，2004

[11] 刘悦耕，朱忠吉，陈志龙，等. 防护工程建筑学. 北京：军事科学出版社，1993

[12] 建设部工程质量安全监督与行业发展司，国家人民防空办公室工程组，中国建筑标准设计研究所. 全国民用建筑工程设计技术措施 - 防空地下室. 2003

[13] 马景月. 防护工程浅说. 济南：黄河出版社，1996

[14] 本书编委会. 城市地下空间开发利用关键技术指南. 北京：中国建筑工业出版社，2006

[15] 蒋永琨，皮声援. 高层建筑和地下工程防火设计问答. 北京：地震出版社，1996